AWS認定資格試験テキスト

AWS認定
ソリューションアーキテクト
[アソシエイト]

NRIネットコム株式会社
佐々木拓郎／林 晋一郎
金澤 圭

改訂第2版

本書に関するお問い合わせ

この度は小社書籍をご購入いただき誠にありがとうございます。小社では本書の内容に関するご質問を受け付けております。本書を読み進めていただきます中でご不明な箇所がございましたらお問い合わせください。なお、お問い合わせに関しましては下記のガイドラインを設けております。恐れ入りますが、ご質問の際は最初に下記ガイドラインをご確認ください。

ご質問の前に

小社Webサイトで「正誤表」をご確認ください。最新の正誤情報をサポートページに掲載しております。

▶ **本書サポートページ**

URL　https://isbn2.sbcr.jp/07388/

上記ページの「正誤情報」のリンクをクリックしてください。なお、正誤情報がない場合、リンクをクリックすることはできません。

ご質問の際の注意点

- ご質問はメール、または郵便など、必ず文書にてお願いいたします。お電話では承っておりません。
- ご質問は本書の記述に関することのみとさせていただいております。従いまして、○○ページの○○行目というように記述箇所をはっきりお書き添えください。記述箇所が明記されていない場合、ご質問を承れないことがございます。
- 小社出版物の著作権は著者に帰属いたします。従いまして、ご質問に関する回答も基本的に著者に確認の上回答いたしております。これに伴い返信は数日ないしそれ以上かかる場合がございます。あらかじめご了承ください。

ご質問送付先

ご質問については下記のいずれかの方法をご利用ください。

▶ **Webページより**

上記のサポートページ内にある「この商品に関する問い合わせはこちら」をクリックすると、メールフォームが開きます。要綱に従って質問内容を記入の上、送信ボタンを押してください。

▶ **郵送**

郵送の場合は下記までお願いいたします。

〒106-0032
東京都港区六本木2-4-5
SBクリエイティブ　読者サポート係

- 本書の記述は、筆者、SBクリエイティブ株式会社の見解に基づいており、Amazon Web Services, Inc. およびその関連会社とは一切の関係がありません。
- 本書内に記載されている会社名、商品名、製品名などは一般に各社の登録商標または商標です。本書中では®、™マークは明記しておりません。
- 本書の出版にあたっては正確な記述に努めましたが、本書の内容に基づく運用結果について、著者およびSBクリエイティブ株式会社は一切の責任を負いかねますのでご了承ください。

©2021 Takuro Sasaki, Shinichiro Hayashi, Key Kanazawa
本書の内容は、著作権法による保護を受けております。著作権者および出版権者の文書による許諾を得ずに、本書の内容の一部あるいは全部を無断で複写、複製することは禁じられております。

はじめに（改訂第2版）

　初版の執筆から2年も経たずに改訂することになりました。AWS認定ソリューションアーキテクト アソシエイト試験は、2020年3月に改訂され、SAA-C02というコードネームに変わっています。変更点としては、対象の分野が5つから4つに少なくなっている点で、分野としてのオペレーションはなくなりパフォーマンスとコストに関する配点が高くなっています。といっても筆者の見るところ、前回の試験と問われることについては大きく違いはなく、対象となるサービスが最新のものまで含まれるようになるなどのアップデートが中心です。

　AWS認定ソリューションアーキテクトの試験は、AWSの設計思想と実際の使い方を学ぶ上で非常にバランスが良く、AWSを本格的に使い始める人にピッタリな試験です。また本書は、単なる試験対策ではなく、そういったAWSの考え方が伝わるように心がけて書いています。実際に改訂前の本を読んで、AWSを学んだという人や、また合格したという嬉しい報告を受けることも多数あり、著者冥利に尽きます。この本をきっかけに、AWSに入門する人や、より深く活用していく人が増えることを願っています。

著者を代表して

2020年12月26日　佐々木拓郎

はじめに（初版）

　この本を手にとった方の多くは、AWSに関するスキルアップや資格取得を目指している方でしょう。Amazon S3というたった1つのサービスから始まったAWSは、今や100を優に超えるサービス・機能があります。その勢いはとどまるところを知らず、日々新しい機能やサービスが追加されていっています。サービスの範囲があまりに多岐に及ぶため、AWSを学び使っていくなかで自分がどこまでAWSを理解できているのか不安になることもあると思います。

そういったときに、客観的に自身の実力を測るためにAWS認定ソリューションアーキテクトの試験はよい指標となります。またAWSの認定試験は単純に指標となるだけではなく、受験を通じて学んでいく中でAWSの目指すクラウドの在り方というのがよく解るようになっています。

本書は14章構成です。まず第1章では効率的にAWSを学ぶために、各種の資料へのアクセスの仕方や、学習のチュートリアルを解説しています。次に、第2章から第12章でAWSのグローバルインフラストラクチャからネットワークや仮想サーバーといった中核となるサービスを、ポイントを押さえて解説しています。そして、第13章ではAWSのアーキテクチャ設計の中核をなす「AWS Well-Architectedフレームワーク」に沿った形で、5つのアーキテクチャの考え方を解説しています。最後に、実力アップのための試験問題と解答の選択肢の選び方・考え方の解説をみっちりとしています。

著者（佐々木）は、AWSに出会ってもう13年になります。その間、AWSに関する仕事やセミナー・ユーザーグループでの講演、プライベート・パブリックでのトレーニングやハンズオンを通じて、たくさんのAWSユーザーと話す機会を得ることができました。その中の多くの人はAWSとの出会いをチャンスととらえ、上手くキャリアアップを果たしていきました。私自身もAWSに関する本を何冊も出版させていただく機会を得るなど、AWSによって人生が変わりました。

この本が単なる試験対策本にとどまるのではなく、AWSを学んでいくためのガイドブックとなることを願って書いています。そして、AWSをより使いこなすことによって、ご自身のキャリアや事業がよりよいものになっていくことを願っています。そのきっかけの1つになれれば幸いです。

著者を代表して
2019年3月26日　佐々木拓郎

目次

はじめに（改訂第2版）.. iii

はじめに（初版）.. iii

第1章　AWS認定資格   1

1-1　AWS認定試験の概要   2
AWS認定試験とは.. 2
資格の種類.. 2
取得の目的.. 4
AWS認定ソリューションアーキテクトーアソシエイト........................ 5
2018年2月版（SAA-C01）と2020年3月版（SAA-C02）の試験範囲の違い...... 7

1-2　学習教材   9
公式ドキュメント.. 9
オンラインセミナー（AWS Black Belt）.. 10
ホワイトペーパー.. 11
講座.. 12
実機での学習ーハンズオン（チュートリアル＆セルフペースラボ）...... 13
AWS Hands-on for Beginners.. 14
AWS関連書籍.. 14

1-3　学習の進め方   15
AWS認定ソリューションアーキテクトーアソシエイト（SAA）合格への
    チュートリアル.. 15
サービス対策.. 16
アーキテクチャ対策.. 16

1-4　何に重きをおいて学習すべきか   18
重点学習ポイント.. 18
重点学習サービス.. 19

第2章　グローバルインフラストラクチャとネットワーク   25

2-1　リージョンとアベイラビリティゾーン   26
リージョンとアベイラビリティゾーン.. 26
AZの地理的・電源的独立による信頼性の向上.................................... 26
マルチAZによる可用性の向上.. 27

v

2-2	VPC	29

IPアドレス 30
サブネット 31
サブネットとAZ 32
ルートテーブル 33
セキュリティグループとネットワークACL 33
ゲートウェイ 34
VPCエンドポイント 36
ピアリング接続 37
VPCフローログ 38
Direct ConnectとDirect Connect Gateway 38

第3章 ネットワーキングとコンテンツ配信　　43

3-1	CloudFront	44

CloudFrontのバックエンド 44
ディストリビューション 45
キャッシュルール 45

3-2	Route 53	47

ドメイン管理 47
権威DNS 47
トラフィックルーティング 48
トラフィックフロー 49
DNSフェイルオーバー 50

第4章 コンピューティングサービス　　53

4-1	AWSにおけるコンピューティングサービス	54

4-2	EC2	56

EC2における性能の考え方 57
EC2における費用の考え方 58
スポットインスタンスとリザーブドインスタンス 59
インスタンスの分類と用途 60
Savings Plansとスケジュールされたリザーブドインスタンス 61

4-3	ELB	63

ELBの種類 64
Auto Scaling 65

vi

	スケーリングポリシー	67
	スケールアウトの猶予期間・ウォームアップ・クールダウン	68
	その他のAuto Scalingのオプション	70
	ELBとAuto Scalingを利用する際の設計ポイント	71

4-4　ECS　73

	ECSの特徴	73
	AWSにおけるその他のコンテナサービス	75

4-5　Lambda　77

	Lambdaがサポートしているイベントと、	
	よく使われるアーキテクチャパターン	77
	Lambdaがサポートしているプログラミング言語	79
	Lambdaの課金体系	81

第5章　運用支援サービス　85

5-1　AWSにおける運用支援サービス　86

5-2　CloudWatch　87

	CloudWatch	87
	CloudWatch Logs	88
	CloudWatch Events	89

5-3　CloudTrail　91

	CloudTrailで取得できるログの種類	91
	CloudWatch Logsとの連携	92

第6章　ストレージサービス　95

6-1　AWSのストレージサービス　96

	ストレージサービスの分類とストレージのタイプ	96

6-2　EBS　98

	EBSのボリュームタイプ	99
	ベースライン性能とバースト性能	101
	EBSの拡張・変更	102
	EBSの可用性・耐久性	103
	EBSのセキュリティ	103
	Amazon EBSマルチアタッチ	104

vii

6-3	EFS	106
	EFSの構成要素	106
	EFSのパフォーマンスモード	107
	EFSのスループットモード	108

6-4	S3	111
	S3の構成要素	112
	S3の耐久性と整合性	112
	ライフサイクル管理	114
	バージョニング機能	115
	Webサイトホスティング機能	115
	S3のアクセス管理	116
	署名付きURL	117
	データ暗号化	118
	S3のブロックパブリックアクセス機能とS3 Access Analyzer	118
	S3のその他の機能	118

6-5	S3 Glacier	120
	S3 Glacierの構成要素	120
	データの取り出しオプション	121
	S3 Glacier Select	121
	データ暗号化	122
	削除禁止機能（ボールトロック）	122

6-6	Storage Gateway	124
	Storage Gatewayのタイプ	125
	Storage Gatewayのセキュリティ	129

6-7	FSx	130
	ストレージ種別	130
	FSx	131
	ストレージ種別とAWSサービスのマッピング	132

第7章　データベースサービス　137

7-1	AWSのデータベースサービス	138
	データベースの2大アーキテクチャ	138
	RDBとNoSQLの得意・不得意を理解する	140

7-2	RDS	141
	RDSで使えるストレージタイプ	142

目次

RDS の特徴..143
Amazon Aurora..147

7-3　Redshift..**151**
Redshift の構成..151
Redshift の特徴..152

7-4　DynamoDB..**156**
DynamoDB の特徴...156

7-5　ElastiCache..**161**
Memcached 版 ElastiCache の特徴........................162
Redis 版 ElastiCache の特徴..................................163

7-6　その他のデータベース......................................**166**
Amazon Neptune...166
Amazon DocumentDB..166
Amazon Keyspaces..166
Amazon Timestream..167
Amazon QLDB...167

第8章　セキュリティとアイデンティティ..................**171**

8-1　セキュリティとアイデンティティ........................**172**
AWS のアカウントの種類......................................172
AWS アカウント...172
IAM ユーザー..173
IAM の機能...173
IAM ポリシー..174
IAM ユーザーと IAM グループ..............................176
IAM ロール...177

8-2　KMS と CloudHSM..**179**
KMS と CloudHSM...179
KMS の機能..180
マスターキーとデータキー...................................180
クライアントサイド暗号化とサーバーサイド暗号化....182

8-3　AWS Certificate Manager................................**183**
証明書の役割と種類...183
ACM...184

ix

第9章　アプリケーションサービス　189

9-1　AWSのアプリケーションサービス　190
AWSのアプリケーションサービスに共通する基本的な考え方........................190

9-2　SQS　192
StandardキューとFIFOキュー...193
ロングポーリングとショートポーリング...193
可視性タイムアウト...194
遅延キューとメッセージタイマー...194
デッドレターキュー...195
メッセージサイズ...196

9-3　SWFとStep Functions　197
AWSのワークフローサービス...197

9-4　SNSとSES　199
SNSの利用について...200
SNSを使ったイベント通知...200
SES...201

第10章　開発者ツール　205

10-1　AWSにおける継続的なアプリケーション開発の支援サービス　206
Codeシリーズの概要と各サービスの役割..206

10-2　CodeCommit　208
CodeCommitの特徴...208

10-3　CodeBuild　211
CodeBuildの特徴...211

10-4　CodeDeploy　214
CodeDeployの特徴...215

10-5　CodePipeline　217
CodePipelineの特徴...217

目次

第11章　プロビジョニングサービス　223

11-1　AWSにおけるプロビジョニングサービス　224

11-2　Elastic Beanstalk　225
Elastic Beanstalkで構築できる「定番」構成　225
Elastic Beanstalkの様々な利用方法　226
アプリケーションデプロイのサポート　226

11-3　OpsWorks　229
OpsWorksスタック　230
OpsWorks for Chef Automate　231

11-4　CloudFormation　233
CloudFormationスタック　234
CloudFormationテンプレート　234

第12章　分析サービス　243

12-1　EMR　244
EMRのアーキテクチャ　244
分散処理基盤としてのEMR　245
分散処理アプリケーション基盤としてのEMR　246

12-2　ETLツール　248
Kinesis　248
Data Pipeline　249
Glue　250

12-3　その他の分析サービス　253
Amazon Athena　253
Amazon QuickSight　253

第13章　AWSのアーキテクチャ設計　257

13-1　AWSにおけるアーキテクチャ設計　258

13-2　回復性の高いアーキテクチャ　259
回復性の高いアーキテクチャの構成要素　259

xi

13-3 パフォーマンスに優れたアーキテクチャ　263

リソースの選択 263

リソースの確認とモニタリング 265

トレードオフの判断 265

13-4 セキュアなアプリケーションおよびアーキテクチャ　266

AWS利用に関するセキュリティ 266

構築したシステムのセキュリティ 267

13-5 コスト最適化アーキテクチャ　268

需給の一致 268

インスタンス購入方法によるコスト削減 268

アーカイブストレージの活用 269

通信料 270

コストの把握 270

13-6 オペレーショナルエクセレンスを備えたアーキテクチャ　271

コードによるオペレーション（Infrastructure as Code） 271

障害時の対応 271

変更の品質保証 272

第14章　問題の解き方と模擬試験　275

14-1 問題の解き方　276

単一障害点のない設計になっているか 277

スケーリングする設計になっているか 278

セキュリティ面に問題はないか 280

コスト最適化がされているか 281

14-2 模擬試験　283

14-3 模擬試験の解答　304

索引 324

xii

第1章

AWS 認定資格

AWS認定試験はAWS（Amazon Web Services）に関する知識・スキルを測るための試験で、全部で12種類の資格があります（2020年12月時点）。本書はこのうちのAWS認定ソリューションアーキテクト－アソシエイト（SAA）を対象としています。第1章では、このSAAの概要と、資格取得に向けての勉強方法について説明します。

1-1　AWS認定試験の概要

1-2　学習教材

1-3　学習の進め方

1-4　何に重きをおいて学習すべきか

1-1

AWS認定試験の概要

AWS認定試験とは

AWS認定試験は、AWSに関する知識・スキルを測るための試験です。レベル別・カテゴリー別に認定され、ベーシック・アソシエイト・プロフェッショナルの3つのレベルがあり、アーキテクト・開発者・運用者・クラウドプラクティショナーの4つのカテゴリーがあります。そして、専門知識を確認するネットワーク・データ分析・セキュリティ・機械学習・Alexa、データベースの6つのスペシャリティがあります。この中でクラウドプラクティショナーは少し馴染みのない言葉だと思いますが、クラウドの定義や原理を説明し導入を推進する役割です。エンジニアの他に、営業職のような人に推奨されています。

資格の種類

AWS認定試験には12種類の資格があります（2020年12月現在）。

○ AWS認定ソリューションアーキテクト－アソシエイト（SAA）
○ AWS認定ソリューションアーキテクト－プロフェッショナル（SAP）
○ AWS認定SysOpsアドミニストレーター－アソシエイト
○ AWS認定デベロッパー－アソシエイト
○ AWS認定DevOpsエンジニア－プロフェッショナル
○ AWS認定高度なネットワーキング－専門知識
○ AWS認定データアナリティクス－専門知識
○ AWS認定セキュリティ－専門知識
○ AWS認定データベース－専門知識
○ AWS認定機械学習－専門知識
○ AWS認定Alexaスキルビルダー－専門知識（2021年3月に廃止予定）
○ AWS認定クラウドプラクティショナー

1-1 AWS認定試験の概要

❏ AWS認定試験

　現時点でベーシックに該当するのはクラウドプラクティショナーのみです。プロフェッショナルはアソシエイトの上位資格となります。以前は、受験するのにアソシエイト資格を取得していることが必要でしたが、2018年10月以降、必須から推奨に変更されました。とはいえ、まずはアソシエイト資格からチャレンジしていくことをお勧めします。
　また、ネットワーク・データ分析・セキュリティ・機械学習、Alexa、データベースは専門知識認定で、特定分野のAWSサービスに習熟したことを証明する資格となります。

なお、AWS認定試験は3年ごとに更新する必要があります。アソシエイトの場合は、同じ試験を再受験するか、上位の資格であるプロフェッショナルを受験し合格することにより再認定を受けることが可能です。

　本書では、**AWS認定ソリューションアーキテクト－アソシエイト（SAA）**の取得を目標に、試験範囲の知識と考え方について解説します。なお、SAAには新旧3つのバージョンの試験があります。初期バージョンのテストと2018年2月から開始されたSAA-C01、それに2020年3月から開始されたSAA-C02があります。現在では、SAA-C02のみ受験可能です。本書は2020年3月リリース版を対象とします。

取得の目的

　AWS認定試験の勉強を始める前に、まずは認定を受ける目的を確認してみましょう。主に下記のメリットがあります。

- ○ 試験勉強を通じて、AWSに関する知識を体系的に学び直せる
- ○ AWSに関する知識・スキルが客観的に証明される
- ○ 就職・転職に有利

　まず挙げられるのが、試験を通じてAWSの体系的な知識を学べる点です。AWS認定試験はカテゴリー別・専門別に試験が分かれているものの、それぞれ相関する部分も多く広範囲の知識が必要となります。特にソリューションアーキテクトは仮想サーバー（EC2）、ストレージ（S3、EBS）、ネットワークサービス（VPC）といったAWSの最も基本的なサービスを中心に扱っている関係上、関係するサービスが多く広範囲な試験となっています。

　また試験に合格するには、それぞれのサービスの詳細な動作を把握している必要があります。試験の勉強をすることにより、実務でAWSの設計・操作をする上での手助けになります。AWSの認定試験に合格にするには、広範囲の知識と、サービスの実際の挙動の2つを理解する必要があります。必然的に、合格した者に対しては、AWSに関する知識・スキルが客観的に証明されることとなります。

　事実、AWS認定試験の評価は高く、米Global Knowledge Training社が発表した「稼げる認定資格トップ15」（15 Top-Paying Certifications for 2018）によると、

AWS認定ソリューションアーキテクト−アソシエイトは2位で、資格取得者の平均年収は12万1292ドルとなっています。また、2つのプロフェッショナル資格を持っている人の平均年収は20万ドルと言われています。

それでは、ソリューションアーキテクトの試験について、詳しく見ていきましょう。

AWS認定ソリューションアーキテクト −アソシエイト

AWS認定ソリューションアーキテクト−アソシエイトは、その名のとおりソリューションアーキテクト担当者向けの試験です。**ソリューションアーキテクト**は多岐にわたる役割を持っているため、具体的なイメージがつかみにくいかもしれません。日本語に直訳すると「問題解決のための仕組みを設計する人」で、アーキテクチャ設計原則に基づき具体的なシステムの構成を決定していく役割や、ソフトウェア・インフラ担当者などの技術スタッフと協力して詳細な設計をしていく役割があります。

AWS認定ソリューションアーキテクトには、AWSのサービスを適切に選択し、可用性・拡張性・コストなどシステムに必要な要件を満たした設計をする能力が求められます。

出題範囲と割合

出題範囲については、まず試験ガイドを読んでください。試験ガイドは、SAAの公式ページから「試験ガイド（SAA-C02）のダウンロード」ボタンでPDFとして取得できます。

📖 AWS認定ソリューションアーキテクト−アソシエイト

URL https://aws.amazon.com/jp/certification/certified-solutions-architect-associate/

試験ガイドには試験の範囲と割合が記載されており、以下のとおりです。

❏ 試験の範囲と割合

分野	割合
レジリエントアーキテクチャの設計	30%
高パフォーマンスアーキテクチャの設計	28%
セキュアなアプリケーションおよびアーキテクチャの設計	24%
コスト最適化アーキテクチャの設計	18%

○ **試験時間**：130分
○ **問題数**：65問
○ **解答方式**：択一選択問題／複数選択問題
○ **合格ライン**：720点（得点範囲：100〜1000点）

　上記の表にある「分野」というのが、問題を解く上で非常に重要になります。実は、サービスと分野の組み合わせで、答えが自動的に決まってくるものが多数あります。次の例題を見てみましょう。

 例題

　ある企業において、販売担当者が売上ドキュメントを毎日アップロードしています。ソリューションアーキテクトは、それらのドキュメントを格納するため、重要ドキュメントの誤削除防止機能を備えた高耐久性ストレージソリューションを必要としています。

　ユーザーによる誤削除を防ぐには、どうすればよいですか。

　A. データをEBSボリュームに格納し、週1回スナップショットを作成する。
　B. データをAmazon S3バケットに格納し、バージョニングを有効化する。
　C. データを別々のAWSリージョンにある2つのAmazon S3バケットに格納する。
　D. データをEC2インスタンスストレージに格納する。

　まず問題文の「高耐久性ストレージ」という文言に注目します。この時点で対象のサービスはS3に絞られるので、答えはBかCになります。次に誤削除防止機能をどう実現するかを検討します。一般論として、誤削除したファイルの復活にはバージョニングが有効です。よって**答えはB**となります。

1-1 AWS認定試験の概要

この「高耐久性ストレージ」からなぜS3が導かれるのか、おそらく現時点で多くの読者は分からないと思います。本書では、ややテクニック寄りな部分も含めて、AWSが考える各サービスの役割と機能を紹介していきます。

▶▶▶ **重要ポイント**

- サービスと分野の組み合わせで、解答が自動的に決まってくる問題が多数ある。

対象サービス

主な対象サービスは以下のとおりです。他にも多くのサービスが対象になりますので、本書で押さえておくようにしてください。

○ EC2	○ Aurora
○ S3	○ Route 53
○ EBS	○ S3 Glacier
○ ELB (ALB)	○ CloudWatch
○ DynamoDB	○ CloudFormation
○ Lambda	○ SQS
○ Redshift	○ SNS
○ IAM	他
○ ElastiCache	

2018年2月版 (SAA-C01) と
2020年3月版 (SAA-C02) の試験範囲の違い

ソリューションアーキテクト－アソシエイトの認定試験は、2018年2月から約2年と比較的短期間で改訂されました。この改訂では、試験範囲も明示的に変更されています。まず、SAA-C01とSAA-C02の試験範囲と配点の違いを比較してみましょう。

❏ SAA-C01とSAA-C02の試験範囲と配点

分野	SAA-C01	SAA-C02
回復性の高いアーキテクチャ	34%	30%
パフォーマンスに優れたアーキテクチャ	24%	28%
セキュアなアプリケーションおよびアーキテクチャ	26%	24%
コスト最適化アーキテクチャ	10%	18%
オペレーショナルエクセレンスを備えたアーキテクチャ	6%	−

　一番大きな違いは、対象とする分野が5つから4つに減っている点です。オペレーショナルエクセレンスを備えたアーキテクチャ（運用）が対象外となっています。次にコスト最適化の配点が10%から18%に増えています。その他は多少の変動はありますが、まずはこの2点を押さえておくとよいでしょう。

　その上で、対象となるサービスの最新化が図られています。実際の現場でコンテナの利用機会が増えていることもあり、ECSなどのコンテナに関する知識や、ELBではコンテナに対する負荷分散とALBとNLBの使い分けなどが重要になってきます。また、コストに関する配点が増えていることで、コスト観点でサービスを押さえておく必要性が高まっています。たとえば、Glaicer Deep Archiveや低頻度アクセス（S3標準−IA）など、様々なストレージクラスの特性とコストからの使い分け、リザーブドインスタンスやスポットインスタンスの使い分けが重要になります。

　一方で運用に関わる分野は試験の対象外となっています。これにより対象のサービス範囲は狭まっているのでしょうか？　筆者が見るところ、ほとんど変わりがありません。運用分野ではSNSやCloudWatchなどのサービス、あるいはAuto Scalingなどを利用した自動復旧が重要になってきます。これらのサービスは、他の分野でも必須です。全般的に難易度が上昇し、より深い理解が必要になってきているので、しっかりと準備して試験に挑みましょう。

　それでは、次にどのような教材を利用して学習するのかを確認していきましょう。

1-2

学習教材

　本書では、AWS認定ソリューションアーキテクト－アソシエイトに合格するために、次の2点に絞って解説します。

○ 試験範囲のサービスの基本的な説明
○ 問題を解く上での思考プロセスとテクニック

　試験に合格するための知識を身に付けるためのガイドの役割です。本書を読むだけでなく、以降で紹介する資料やツールを使いながら学習を進めていくことで、試験に必要となる広範で、実践でも役立つ知識を効果的に身に付けていけます。

公式ドキュメント

　AWSの仕様の1次情報としては、**公式ドキュメント**があります。サービスの機能や挙動などの仕様を確認する際には、必ず公式ドキュメントを確認する習慣をつけましょう。理由としては、AWSとして正確さが保証される情報は公式ドキュメントであることと、情報鮮度の問題です。

　AWSでは頻繁にサービスのアップデートがなされます。そのため、2次情報であるブログや解説サイト、書籍などでは古い情報を元に解説されている場合があります。そういった際に公式ドキュメントを確認することにより、機能の差異がないか確認することができます。

📖 AWSドキュメント
`URL` https://aws.amazon.com/jp/documentation/

　公式ドキュメントは日本語をはじめとする各国の言語に翻訳されています。しかし、公式ドキュメントはまず英語で記載されます。つまり英語サイトが1次情報となります。日本語サイトでは、日本語化が遅れること、情報のアップデートが遅いことも多々あります。また、翻訳の質に難があるケースもあります。そ

1

AWS認定資格

9

のため、可能な限り英語サイトで確認するようにしましょう。

▶ ▶ ▶ **重要ポイント**
- 英語サイトの公式ドキュメントが、最も信頼できる1次情報。

オンラインセミナー（AWS Black Belt）

　前項では、1次情報としては公式ドキュメントを確認しましょうと説明しました。一方で公式ドキュメントは、個々の仕様を詳細に正しく伝えることを目的としているため、初見では情報量が多すぎて概要をざっと理解するには難しい面もあります。そんなときに重宝するのが、**AWS Black Beltオンラインセミナー**です。

　Black Beltは、日本で勤務するAWSソリューションアーキテクトがサービス／機能ごとにスライドを利用してオンラインで解説するセミナーです。スライドにはアーキテクチャなどの図やグラフが多用され、視覚的にも分かりやすくなっています。その上で音声による解説もあり、チャットを通じてのQ＆Aもあります。情報密度としては非常に高くお勧めです。

　オンラインセミナー自体はスケジュールされた放送時間に聞く必要がありますが、ほとんどの資料はPDFファイルでも公開されています。また、一部のセミナーは動画アーカイブとしていつでも見られるようになっています。

　新しいサービスを学ぶときは、まずBlack Beltの資料を見て概要を理解し、その上で公式ドキュメントを見て詳細を確認するという流れが効率的です。

📖 AWSクラウドサービス活用資料集
`URL` https://aws.amazon.com/jp/aws-jp-introduction/

　AWSのオンラインセミナーはBlack Beltシリーズ以外にも多数あります。

📖 AWSトレーニングの概要
`URL` https://aws.amazon.com/jp/training/course-descriptions/

▶ ▶ ▶ **重要ポイント**
- オンラインセミナーで概要をつかみ、公式ドキュメントで詳細を確認。

ホワイトペーパー

　公式ドキュメントとBlack Beltの2つを紹介しましたが、これらは主にサービス単位でAWSを解説する資料となっています。AWS認定ソリューションアーキテクトになるには、AWSのアーキテクチャの考え方とベストプラクティスを理解する必要があります。その際に役立つのがホワイトペーパーです。

　ホワイトペーパーは、アーキテクチャ、セキュリティ、コストなどテーマごとにAWSのサービスの使い方や構成の考え方を解説しています。その中でもまず読むべきは、AWS Well-Architectedフレームワーク（AWSによる優れた設計のフレームワーク）です。設計の指針となる設計の原則と、フレームワークとしての5本の柱が解説されています。

- ○ 運用上の優秀性の柱
- ○ セキュリティの柱
- ○ 信頼性の柱
- ○ パフォーマンス効率の柱
- ○ コスト最適化の柱

　この項目を見ると分かるように、ソリューションアーキテクトで問われることがほぼすべてカバーされています。試験対策という観点のみならず、AWS上でシステムを構築する際には必須の考え方になります。本編は50ページ強と、さほどの分量ではありません。重要な資料なので必ず読んでおきましょう。

📖 AWSホワイトペーパー

URL https://aws.amazon.com/jp/whitepapers/

📖 AWS Well-Architectedフレームワーク

URL https://d1.awsstatic.com/whitepapers/ja_JP/architecture/AWS_Well-Architected_Framework.pdf

📖 クラウドコンピューティングのためのアーキテクチャ・ベストプラクティス

URL https://s3.amazonaws.com/awsmedia/jp/wp/AWS_WP_Cloud_BestPractices_JP_v20110531.pdf

講座

AWSでは、**公式トレーニング**が充実しています。オフラインの講座形式で、役割別・レベル別にそれぞれのカリキュラムが用意されています。

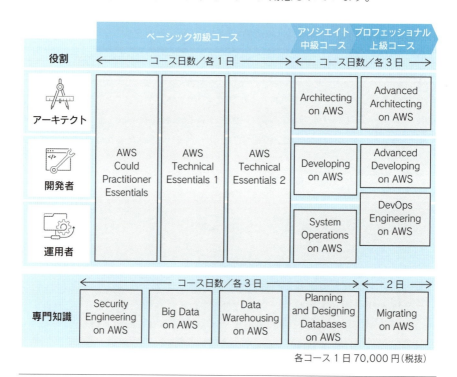

❏ AWS公式トレーニング

SAAの試験範囲に該当するのは以下のコースです。

○ AWS Technical Essentials 1・2
○ Architecting on AWS
○ Developing on AWS
○ System Operations on AWS

このすべてのトレーニングが受けられるなら、AWSの基礎知識向上と試験対策として万全です。しかし講座を受けるための時間や費用の負担は小さくあ

りません。そこで本書では、独習を中心に学習を進める手引きを紹介していきます。

実機での学習−ハンズオン（チュートリアル＆セルフペースラボ）

　AWSのスキルは、ドキュメントを読むだけでは習得できません。実際にAWSをWebコンソールやCLI（Command Line Interface）・プログラムから呼び出して使ってみることが必須です。そのために、ハンズオン形式でのトレーニングが有効です。ハンズオンとは、用意されたカリキュラムに沿って手を動かしながら学んでいく手法です。

　AWSでは、多くのサービスについてチュートリアルが用意されています。指示に従ってAWSを操作すると、サービスを起動・操作できます。10分程度で完了するものが多く、短い時間で学習できます。実際に動かしてみると、サービスへの理解度は格段に向上します。新しいサービスを利用する際は、時間の許す限り、チュートリアルを実施してみましょう。

📖 ハンズオンチュートリアル
URL https://aws.amazon.com/jp/getting-started/hands-on/

　学習方法として、実機でのハンズオンはお勧めです。一方でAWSを利用すると、その分の費用が発生します。また、その前にAWSのアカウント開設なども必要です。そこでAWSでは、手軽に自習ができるようにセルフペースラボというものを用意しています。

　セルフペースラボは、Qwiklabsという外部のサービスと提携して提供されています。AWSアカウントの開設は不要で、AWS環境を無料で実際に動かして学べます。多くのコースがあり、無料のコースも少なくありません。また、コースで作成した環境は、学習が終わると自動ですべて削除されます。そのため、消し忘れて想定外の費用が請求されるといった、AWS初心者によくある事態を防ぐことができます。そういった点からもお勧めです。

📖 セルフペースラボ
URL https://aws.amazon.com/jp/training/self-paced-labs/

▶ ▶ ▶ **重要ポイント**

● AWSのスキルを習得するには、実際に操作してみることが必須。

AWS Hands-on for Beginners

　AWSのオンライン講座として、「AWS Hands-on for Beginners」という
ものがあります。講師が解説する動画を見ながらハンズオンをするといった形
式で、名前のとおり初心者でも分かるように丁寧に解説がされています。対象
となるサービスは多岐にわたりますが、IAMやスケーラブルWebサイト構築
など基本的な内容が中心です。また、どんどんコンテンツが追加されているの
で、定期的にチェックして実践してみましょう。

📖 AWSハンズオン資料
`URL` https://aws.amazon.com/jp/aws-jp-introduction/aws-jp-webinar-hands-
on/

AWS関連書籍

　SAAの試験に合格するには、AWSの各サービスとアーキテクチャの考え方
に習熟していることが必須です。AWSを解説している書籍は、そのあたりを
バランスよくまとめているものが多いです。手前味噌ですが、筆者が執筆した
AWS書籍のうち『Amazon Web Servicesパターン別構築・運用ガイド』『Amazon
Web Services業務システム設計・移行ガイド』(SBクリエイティブ刊)の2冊は、
SAAの試験範囲のサービス・アーキテクチャについて詳細に説明しています。
参考書としてぜひ活用してください。

　次節では学習教材を使って、具体的にどのように学習していくかを見ていき
ましょう。

14

1-3
学習の進め方

　AWSには多くのサービスと膨大な機能があります。また日々、サービス・機能のアップデートが行われています。そのため、1人の人間がすべてを理解するのは現実的に不可能です。また、まずは試験に合格するという目標であるならば、効率的に学習することが重要になります。

AWS認定ソリューションアーキテクト －アソシエイト（SAA）合格へのチュートリアル

　SAA試験合格へのチュートリアルは、次のようになります。

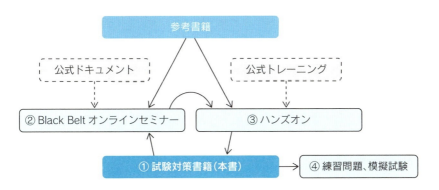

❏ SAA試験合格へのチュートリアル

　まずは試験対策書籍である本書を読み込んでください。第2章から第12章までがサービスの解説です。サービス解説の章では、カテゴリーごとに分類してサービスの説明をしています。また、節ごとに練習問題を用意しています。

　次に第13章がAWSのアーキテクチャの考え方です。回復性・信頼性・拡張性などの観点ごとにAWSのアーキテクチャの解説をしています。

　最後の第14章が問題の解き方です。例題を示しながら問題文の読み方・解き方を説明します。総仕上げとして模擬試験も用意しています。AWSの知識と考え方が身に付いているかを確認してください。

それでは、サービスとアーキテクチャ、それぞれの基礎力の向上方法について、もう少し見ていきましょう。

サービス対策

すべての基礎となるのが、まずAWSのサービスを正しく把握することです。2020年12月現在、AWSのサービスは170以上あります。いきなりこれをすべて覚えるのは難しいでしょう。しかしAWSのサービスといえども、それぞれのサービスが独立して作られているわけではありません。基本となるサービスの上に、組み合わせとなって新しいサービスができ上がっています。そういった意味で、基本的なサービスの機能・挙動を正しく把握することが非常に重要です。どれが基本的なサービスにあたるかについては、次節の「重点学習ポイント」の項で紹介します。

サービスを理解するためには、まず本書の第2章から第12章までの解説を読みましょう。理解が不十分であったり、詳細についてさらに調べたければ、対応するBlack Beltシリーズを読んだ上でハンズオンを実施しましょう。AWSの公式ドキュメントについては、その後に読んだほうが効率的です。

また、よくある質問（FAQ）やトラブルシューティングを読むことも非常に有益です。FAQには、それぞれの機能についての簡潔な説明と、利用する上で実際に出てくる疑問点が載っています。試験直前の復習にも最適なので、ぜひ活用してください。

▶▶▶ 重要ポイント

- 数あるサービスのうち、まずは基本となるサービスを把握する。

アーキテクチャ対策

アーキテクチャ対策は、AWSが考えるベストプラクティスを知ることから始まります。前述のAWS Well-Architectedフレームワーク（AWSによる優れた設計のフレームワーク）というドキュメントに、運用・セキュリティ・信頼性・パフォーマンス・コストという5つの観点で、どういうアーキテクチャである

べきかが書かれています。またここには、AWSのサービスを使ってどのように実現すべきかも書かれています。

アーキテクチャを検討する上で重要なのは、5つの観点の何を優先すべきかです。優先順位は組織・局面によって変わってきます。すべてを両立することができない場合もあります。そのため、SAAの試験もアーキテクチャを問う場合は、何を優先すべきかが問題文に書かれています。試験に合格するためには、その観点に沿って検討するという習慣づけが必要になります。

次節では、重点的に勉強すべき領域を紹介します。

▶▶▶ 重要ポイント

- アーキテクチャを考える際には、AWS Well-Architectedフレームワークの5本の柱（運用・セキュリティ・信頼性・パフォーマンス・コスト）に留意する。

Column

AWS認定試験とサービスのアップデート

AWS認定試験を受けていて悩ましい問題の1つは、今読んでいる設問がどの時点で作られたのか分からないことです。AWSのサービスは日進月歩で進化していて、過去にはできなかったことができるようになることも多々あります。

たとえば、DynamoDBのトランザクションだったり、直近であればS3の読み取り整合性など、アーキテクチャ自体を変える可能性があるくらいインパクトがある変更が加えられることもあります。試験を受けていると、新サービスが出ていない前提の設問が出てくることがあります。つまり、設問が古くなって、現実のサービスとタイムラグがあるのです。

これについての根本的な解決策は見つかりません。筆者も試験を受けていると、前提をどの時代にすればよいのか頭を悩ますことがあります。一方で、そこを気にしすぎるのもよくないと思っています。AWSの認定試験は満点を取らないと合格できない試験ではないのです。その試験で問われている範囲のことをしっかり理解しておけば、サービスアップデートの影響で間違えてしまったとしても、しょせんは1問や2問程度の問題です。試験の問題数は多いので、1問や2問間違えても大勢には影響ありません。細かい部分を気にしすぎるよりも、他の設問をしっかり見直してミスをなくすほうが重要でしょう。

1-4

何に重きをおいて学習すべきか

　AWSには170を超えるサービスがあり、すべてのサービスを短時間で理解するのは困難です。筆者のお勧めの学習方法は、まずはAWSにおけるコアサービスを使いこなせるレベルを目指すことです。ここで言う**コアサービス**は、AWSのサービス間に優劣があるという意味ではなく、様々なシーン・アーキテクチャで登場するサービスという意味です。このコアサービスを理解することで、設計の幅が広がりますし、それ以外のサービスを学ぶのも効率的になります。なお、このコアサービスはAWSが公式で定義しているものではなく、筆者がこれまでの経験と試験範囲を鑑みて独自に定義したものになります。

　ソリューションアーキテクト－アソシエイト試験でもコアサービスのことは多く問われるので、これらのサービスの特徴や、利用するときに意識すべきことを理解していきましょう。本節では、試験を受験する上で筆者が重要だと考える考え方とAWSサービス群を紹介します。

重点学習ポイント

　試験では各サービスの特徴だけでなく、その特徴をどのように使うべきかまで問われます。それに答えるためには、なぜそのサービスや機能があると嬉しいのかを理解しておく必要があります。そのために、まず試験ガイドを参考に、求められるアーキテクト像を整理してみましょう。

○ 可用性の高い設計ができること
○ スケーラビリティとパフォーマンスを意識した設計ができること
○ コスト効率を意識した設計ができること
○ セキュリティを担保した設計ができること

　AWSサービスごとの重点ポイントは後述しますが、どのサービスを使うにしても、これらの4つをバランスよく意識した設計が求められます。ですので、

1-4 何に重きをおいて学習すべきか

各サービスの使い方を学ぶときは、これらの4つの視点でそのサービスを語れるかを意識してみましょう。

たとえば、コンピューティングサービスであるEC2について、仮想サーバーを従量課金で使うことができるIaaS型のサービスだと学んだとします。そのとき「EC2で高いパフォーマンスが出る設計にするにはどのような選択肢があるのだろう？」と考えてみるようにしましょう。いくつか答えがあると思いますが、たとえば「サーバーのスペックを上げるスケールアップ」と「サーバーの数を増やすスケールアウト」あたりが代表的な答えです。

その上で「どちらが障害に強いだろうか？」と、続けて可用性を意識してみます。サーバーが1台の状態でスケールアップする場合、高いパフォーマンスで処理はできるかもしれませんが、その1台に不具合があればシステム全体に影響が出てしまいます。可用性も含めて考えるとスケールアウトを採用することが、AWSとしてのベストプラクティスです。

といったように、4つの観点からサービスの特徴をとらえてみてください。このトレーニングをすることで試験で問われることへの解答に近づくことができますし、何より実践で活きる知識を身に付けることができます。

▶ ▶ ▶ **重要ポイント**

- サービスについて学ぶ際には、4つの観点を意識する：高可用性、スケーラビリティとパフォーマンス、コスト効率、セキュリティ。

重点学習サービス

続いて、数あるAWSサービスの中から特に重点的に学びたいコアサービスについて筆者の考えを述べます。大きく下記の3つのサービスに分類しています。

- 最重要サービス
- 重要サービス
- その他のサービス

アーキテクチャの中心となるサービスは試験でも問われることが多いため、重要なサービスと位置づけています。また、学習を始めるにあたり、先に理解す

ると他のサービスも理解しやすくなるサービスについても重要なものとしています。そのため、その他のサービスに割り当てられているから重要でない、というわけではなく、あくまで学ぶ優先順を示している指標だと理解してください。

最重要サービス

まず、初めに学ぶべきサービスを6つ（+α）紹介します。これらのサービスは試験で問われないことはないと言ってもいいほど重要なサービスです。また、ソリューションアーキテクトとして、各サービスの特徴や設計パターンをしっかり語れるようにしておきたいサービスでもあります。表面的ではなく、深い知識を得られるような学習をしていきましょう。

❖ IAM

まずはなんと言っても権限管理が重要です。「EC2やRDSと比べると地味なサービス？」と思われる方もいらっしゃるかもしれませんが、**IAM（AWS Identity and Access Management）の機能や考え方を理解せずにAWSを使うと、重大なセキュリティ事故に繋がってしまいます。**ソリューションアーキテクトを目指す以上、必ずマスターすべきサービスの1つです。どのように権限ポリシーを作成し、どのようにユーザーに権限を紐付けるか。アカウント全体として権限設計の方針はどうするのがよいのか。また、ユーザーではなくAWSリソースに権限を与えるにはどのような方法があり、どう設定するとセキュアなのか。これらの問いにしっかり答えられるようにしましょう。

❖ VPC

続いて、ネットワークのコアサービスである**VPC**（Amazon Virtual Private Cloud）です。IAMと同様、派手なサービスではないと思われるかもしれませんが、**VPCを理解していないと絶対によい設計はできません。**パブリックサブネットとプライベートサブネットを分けることでセキュリティ面の向上を図る点、複数のアベイラビリティゾーンでAWSサービスを利用して可用性の向上を図る点は特に重要な考え方です。目に見えにくいサービスなので苦手意識を持たれる方がいるかもしれませんが、そういう方はぜひ手元の環境でネットワーク環境を構築してみてください。ひととおり構築することで、考え方を自然と身に付けることができます。

EC2（+ EBS）

アーキテクチャを検討する際に必ず登場するのがEC2（Amazon Elastic Compute Cloud）です。Webサーバーやバッチサーバーなど様々な役割を担うため、それに応じて最適な設計をする必要があります。ディスク領域としてEBS（Amazon Elastic Block Store）を使うことになるので、一緒に理解を深めるとよいでしょう。また、他のコンピューティングサービスであるECS（Amazon Elastic Container Service）やLambdaとの違いについても問われてきますので、各サービスのユースケースを押さえておくようにしましょう。

ELB（+ Auto Scaling）

EC2をWebサーバーのレイヤーで使う際に、負荷分散の役割をするのがELB（Elastic Load Balancing）です。重点学習ポイントでも少し触れましたが、サーバー1台で動作させることは可用性の低い構成となり推奨されません。Webサーバーとして EC2 を用いる際は、複数台のインスタンスを配置することが多く、**結果としてその前段にもれなく ELB が登場する**ことになります。また、動的にサーバーの数を増減させる Auto Scaling も、コスト最適化や可用性向上という意味で非常に重要なサービスです。ELB も Auto Scaling も実際に手を動かすことで理解が深まるので、手元にAWSアカウントがある方はぜひ構築してみてください。

RDS（Aurora）

データベースのマネージドサービスである RDS（Amazon Relational Database Service）です。マネージドサービスだと何が嬉しいのか、EC2上にデータベースを構築するのと何が違うのかをしっかり理解しましょう。特に、**AWSが独自に開発したAuroraについては力を入れて学びたい**ものです。というのも、既存のデータベースでは対応が難しい課題があったからこそ生まれたエンジンであり、その点を設問として問われやすいからです。Auroraの特徴とその背景をセットで理解しておくとよいでしょう。

S3（+ S3 Glacier）

オブジェクトストレージサービスであるS3（**Amazon Simple Storage Service）は、アーキテクチャの中核を担うサービス**です。ファイルが置かれたことをトリガーに後続の処理が動いたり、他のシステムとのファイル連携に利

用したり、あるいはサーバーのログの定期的な退避先に使われたりと、ユースケースが非常に多いサービスです。そのため、他のサービスと一緒に使うパターンを問われる可能性があります。典型的な利用例とその際に考慮することを押さえておきましょう。

重要なサービス

続いて、重要度が比較的高いサービス群を紹介します。

- DNSサービスの Route 53
- 監視サービスの CloudWatch
- AWSリソースの自動構築サービスである CloudFormation など
- その他のマネージドサービス
  - CloudFront
  - ElastiCache
  - SQS
  - SNS

Route 53 は AWS の DNS サービスです。API で設定を変更できるので、DNSの向き先を変更することで新旧のシステムを入れ替えるブルーグリーンデプロイメントとの相性がよいです。また、様々なルーティング方式をサポートしています。たとえば、各ルーティング方式を理解することで、独自実装することが難しい要件を簡単に実現することができます。

監視サービスである CloudWatch は、AWS リソースの状態や各種ログの監視を行うサービスです。他のサービスとの連携もでき、運用設計の中心を担うサービスと言えます。うまく使いこなすことで、システムの安定運用に寄与します。

AWSでは、インフラを自動構築するサービスも充実しています。特に CloudFormation は使われるシーンが多いので、細かい機能や使い方を押さえておきましょう。また、自動構築を支援するサービスとして Elastic Beanstalk、OpsWorks というサービスもあります。それぞれ使うべきタイミングや特徴を理解しておくことで、設問にも答えやすくなるでしょう。

最後に、設計でよく使われるマネージドサービス群についてです。Cloud Front は CDN サービスで、コンテンツをキャッシュすることで性能を改善した

い場面で用います。**ElastiCache**はインメモリキャッシュサービスで、データベースの負荷を軽減し、頻繁にやり取りするデータをすばやく取り出せるようにします。**SQS**はキューイングサービスで、**SNS**はPub/Sub型の通知サービスです。それぞれシステムの各機能間を疎結合にする上で重要なサービスです。これらのサービスはEC2上に独自で機能を実装することもできますが、マネージドサービスとして利用することでスケーラビリティを担保してもらえるなどのメリットを得られます。

　以上が筆者の考える重点ポイント／サービスです。各サービスが必要となる背景、他のサービスとの連携を意識して、点ではなく線で学ぶようにしてください。このように学習することで、効率的に試験対策を進められるだけでなく、実務でも引き出しの多いソリューションアーキテクトになれると思います。

　それでは次の章から、具体的なサービス群の説明をしていきます。

本章のまとめ

▶▶▶ **AWS 認定資格**

- AWS認定試験には12種類の資格があり、ソリューションアーキテクトはAWSのサービスを組み合わせ、最適なアーキテクチャを答える試験である。

- AWS認定試験に合格することはAWSに関する知識・スキルが客観的に証明されたことを意味し、転職・就職に有利に働く。

- AWS Well-Architectedフレームワークには5本の柱がある：運用性、セキュリティ、信頼性、パフォーマンス効率、コスト最適化。アーキテクチャを考える際には、この5つの観点に留意する。

- 学習資料には次のものがある：公式ドキュメント、オンラインセミナー、ホワイトペーパー、公式トレーニング、ハンズオントレーニング。

- サービスについて学ぶ際には、4つの観点を意識する：高可用性、スケーラビリティとパフォーマンス、コスト効率、セキュリティ。

- 個々のサービスを学ぶ際には、重要度（優先順位）の高いものから順に進めると効率がよい。特に重要なサービスは次の6つ：IAM、VPC、EC2（＋EBS）、ELB（＋Auto Scaling）、RDS（Aurora）、S3（＋S3 Glacier）。

Column

資格取得に意味があるのか？ 実務に活かす勉強方法

　この本の読者の大半は、AWS認定資格を取得しようとしている方でしょう。一方で、認定試験を取ることに意味があるのかという意見も散見します。この批判の対象は、大きく2つに分けられます。1つは、実務で既にAWSを利用し、認定を取得しないでも十分な実力を持っている人が、敢えて試験を受ける意味があるのかという点です。2つ目は、AWSの未経験者が認定試験から始めることです。それぞれ考えてみましょう。

　まずAWSの実務をしている人についてです。既に実務ができているのであれば、敢えて認定を取る必然性がないのではという意見です。一般的な傾向としては、実務で利用するAWSのサービスは、偏りがある一部のサービスのみを利用することになります。新規のサービスや機能のアップデートが発表されても、知らずに、あるいはスルーしてそのまま従来どおりの使い方をするケースが多いです。

　AWSの認定試験に合格するには、対象範囲のサービスについて体系的に理解しておく必要があります。試験勉強をしていると、知らない機能や使い方を知ることが多々あります。それらの機能を利用すると、今まで力づくで解決していたことが、スマートに解決できることもあります。AWSのサービスを体系的に学ぶことの意味はここにあり、体系だって勉強するには認定試験を通じて学ぶのが極めて効率的です。

　次に未経験者がAWS認定試験から入門していくパターンです。これについても、試験のための勉強と否定的にとらえる人も多いです。しかし認定試験は初学者がAWSを学ぶ道標になりえるので、試験から入るパターンもよいと思います。AWSが出た当初のS3やEC2くらいしかなかった時代とは違い、今や100を大きく超えるサービスが提供されています。これからAWSの利用を始める人は、何から手をつけたらよいのか途方にくれることもあるでしょう。そんなときに、認定試験が道標となって、分野ごとのサービスを体系的に学べるメリットは大きいでしょう。

　一方で、実機を触らずに試験対策だけするというのはお勧めしません。AWSを正しく使えるようになるのが認定試験の目的なので、ハンズオンと併用しながら勉強するのが、使える知識を身につけるための近道だと思います。筆者の場合は初見のAWSサービスのドキュメントをいくら眺めても全然理解できなかったのに、実際に動かしてみてどんなリソースができるのかと追っていく中で、すっと腑に落ちるということがよくあります。効率面を考えても、手を動かしながら勉強するのが王道なのではないでしょうか。

第2章

グローバルインフラストラクチャとネットワーク

本章ではまず、AWSのアーキテクチャを設計する上で重要になる2つの概念、リージョンとアベイラビリティゾーンについて説明します。世界規模のネットワークの基盤となるこれらを把握した後、AWSのネットワークサービスの中心となるVirtual Private Cloud（VPC）について、詳しく見ていきます。

2-1　リージョンとアベイラビリティゾーン

2-2　VPC

2-1 リージョンとアベイラビリティゾーン

リージョンとアベイラビリティゾーン

リージョンは、AWSがサービスを提供している拠点（国と地域）のことを指します。リージョン同士は、それぞれ地理的に離れた場所に配置されています。リージョン内には複数の**アベイラビリティゾーン**（以下**AZ**）が含まれ、1つのAZは複数のデータセンターから構成されています。

つまり複数のデータセンターがAZを構成し、複数のAZが集まったものがリージョンとなります。このリージョンとアベイラビリティゾーンが、AWSのアーキテクチャ設計の上で重要な役割を果たします。

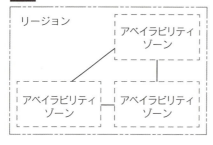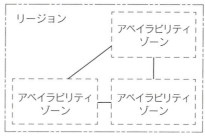

❏ リージョンとアベイラビリティゾーン

AZの地理的・電源的独立による信頼性の向上

それぞれのAZは、地理的・電源的に独立した場所に配置されています。地理的な独立が意味するのは、落雷や洪水・大雨などの災害によるAZへの局所的な障害に対して別のAZが影響されないように配置されているということです。それを実現するために、AZ間は数十キロ程度離れて配置されているようです。

ある程度の距離が離れているものの、各AZ間は高速なネットワーク回線で接続されているため、ネットワーク遅延の問題が発生することはほとんどありません。AZ間のネットワーク遅延（レイテンシー）は、2ミリ秒以下で安定していることが多いです。

次に電源的独立です。これは電源の系統の分離です。1か所の停電によりAZ内のすべてのデータセンターが一斉にダウンすることがないように設計されています。公表はされていませんが、AZの中にはAWS自身が作成した発電所を採用しているものもあるようです。

AZの地理的・電源的独立により、リージョン全体で見たときに、AWSは障害への耐久性が高くなり信頼性が高いと言えます。この高い信頼性が、AWSの数々のサービスの基礎となっています。

マルチAZによる可用性の向上

AZの地理的・電源的独立によりリージョン全体の信頼性は高くなっていますが、ユーザー側が単一のAZのみでシステムを構築していた場合、単体のデータセンターでオンプレミスのシステムを構築していた場合と耐障害性はそれほど変わりません。耐障害性を高めシステムの可用性を高めるには、複数のAZを利用してシステムを構築する必要があります。AWSでは、これを**マルチAZ**と呼びます。

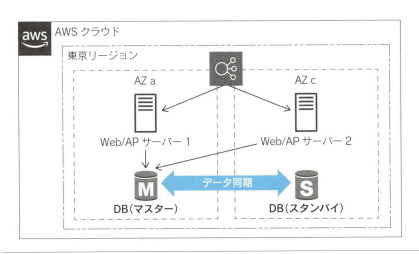

❏ Web＋DBシステムのマルチAZ基本構成

この図は、Web + DBシステムでマルチAZ構成にする場合の基本的な形です。ロードバランサーから2台の仮想サーバーに負荷分散し、AZ間でレプリケーションされたDBにアクセスしています。

EC2といった仮想サーバーやデータベースサービスであるRDSなど、インスタンスをベースとしたサービスは、可用性を高める際はマルチAZに冗長的に配置するのが基本となります。試験でもこの構成について繰り返し問われるため、必ず理解しておきましょう。

▶▶▶ **重要ポイント**

- 国・地域ごとにリージョンがあり、リージョン内には複数のAZがある。
- 各AZが地理的・電源的に独立した位置にあることが、リージョンの耐障害性を高めている。
- マルチAZにより可用性が高まる。

練習問題1

あなたは社内の受発注システムの維持保守を担当するエンジニアです。このシステムはミッションクリティカルなもので、高いサービスレベルが求められます。現在、自社のデータセンターで運用していますが、災害時にデータセンターの運営に影響が出ることを考慮し、システムをAWSに移行する検討を行っています。AWSに移行することで、複数のデータセンターにまたがる構成にできるので、可用性をより高くできることを期待しています。

下記のうち正しい記述はどれですか。

- **A.** RDSはマネージドサービスなので、単一のアベイラビリティゾーンにインスタンスを配置しても問題ない。
- **B.** アベイラビリティゾーンはAWSがサービスを提供している国・拠点を意味する。
- **C.** リージョンが複数集まってアベイラビリティゾーンを構成するため、可用性の高い設計ができる。
- **D.** VPC内のパブリックサブネットだけではなく、プライベートサブネットもアベイラビリティゾーンをまたがるように複数作ることが望ましい。

解答は章末（P.40）

2-2
VPC

　AWSのネットワークサービスの中心は**Amazon Virtual Private Cloud**（以下**VPC**）です。VPCは、利用者ごとのプライベートなネットワークをAWS内に作成します。VPCは**インターネットゲートウェイ（IGW）**と呼ばれるインターネット側の出口を付けることにより、直接インターネットに出ていくことが可能です。またオンプレミスの各拠点を繋げるために**仮想プライベートゲートウェイ（VGW）**を出口として、専用線のサービスであるDirect ConnectやVPN経由で直接的にインターネットに出ることなく各拠点と接続することも可能です。

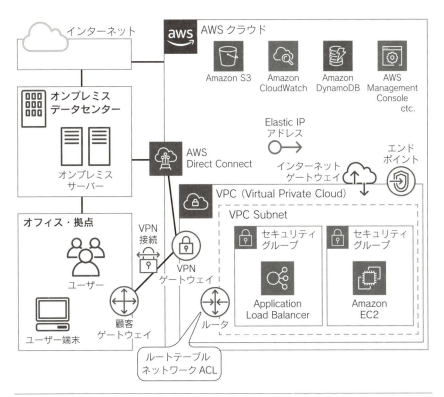

❏ AWSネットワークの構成要素

なお、S3やCloudWatch、DynamoDBなど、AWSの中にあるもののVPC内に入れられないサービスも多数あります。こういったサービスとVPC内のリソースをどのように連携するかは、設計上の重大なポイントとなります。ただし、SAAの試験でその部分を直接的に問われることは少なく、VPC内に配置するサービスかどうかだけ把握しておけば十分なことがほとんどです。

▶▶▶ **重要ポイント**
- VPCは、AWSのネットワークサービスの中心。

IPアドレス

　VPCには、作成者が自由なIPアドレス（CIDRブロック）をアサインすることができます。ネットワーク基盤の管理ポリシーに合わせたアドレスをアサインすることで、自社ネットワークの一部であるかのように接続することができます。CIDRブロックは/16から/28の範囲で作成できます。試験に関係しない部分ですが、ネットワーク空間は可能な限り大きなサイズ（/16）で作成しましょう。確保した空間が小さくIPアドレス不足に陥った場合、後から拡張する方法はいくつかありますが、困難です。

　IPアドレスとしては、クラスA（10.0.0.0 〜 10.255.255.255）、クラスB（172.16.0.0 〜 172.31.255.255）、クラスC（192.168.0.0 〜 192.168.255.255）が使えます。ただしクラスAの場合でも、/8でCIDRブロックは取ることができず、/16でなければならないので注意してください。

　また、実はプライベートIPアドレスの範囲外でもCIDRとして指定できます。ただし、トラブルの元となるので、基本的にはプライベートIPの範囲を指定しましょう。

　次頁の図は、東京リージョンに10.10.0.0/16でVPCを作成した例です。AWS全体に対する、リージョンとAZの配置に注目してください。

▶▶▶ **重要ポイント**
- ネットワーク空間は可能な限り大きなサイズ（/16）で作成する。

2-2 VPC

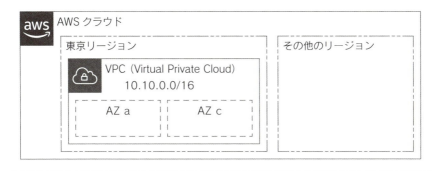

❏ 東京リージョンにVPCを作成した例

サブネット

サブネットは、EC2インスタンスなどを起動するための、VPC内部に作るアドレスレンジです。VPCに設定したCIDRブロックの範囲に収まる小さなCIDRブロックをアサインすることができます。個々のサブネットには1つの仮想のルータがあり、このルータが後述するルートテーブルとネットワークACLの設定を持っていて、サブネット内のEC2インスタンスのデフォルトゲートウェイになっている、とイメージすると理解しやすいでしょう。

- サブネットに設定するCIDRブロックのサイズはVPCと同様に16ビット（65536個）から4ビット（16個）まで（カッコ内の数字は、利用可能なIPアドレスの数）。
- サブネット作成時にアベイラビリティゾーンを指定する。作成後は変更できない。
- サブネットごとにルートテーブルを1つだけ指定する（作成時はメインルートテーブルが自動的にアサインされ、いつでも異なるルートテーブルに変更できる）。
- サブネットごとにネットワークACLを1つだけ指定する（作成時はデフォルトネットワークACLが自動的にアサインされ、いつでも異なるネットワークACLに変更できる）。
- 1つのVPCに作れるサブネットの数は200個。リクエストによって拡張できる。

サブネットを作成する際には、下記の制約に注意してください。

- サブネットの最初の4つおよび最後の1つのアドレスは予約されていて、使用できない（24ビットマスクのサブネットだと使えないのは「0、1、2、3、255」の5つ）。

- 必要以上にサブネットで分割することはアドレスの浪費に繋がる（28ビットマスクのサブネットでは16個のIPが割り振られるが、ユーザーは11個しか利用できない）。
- サービスの中にはIPアドレスの確保が必要なサービスがある（ELBの場合はIPアドレスが8個）。

▶▶▶ **重要ポイント**

- 個々のサブネットには1つの仮想のルータがあり、このルータがルートテーブルとネットワークACLの設定を持っていて、サブネット内のEC2インスタンスのデフォルトゲートウェイになっている。

サブネットとAZ

それでは、CIDR内にサブネットを作った例を見てみましょう。

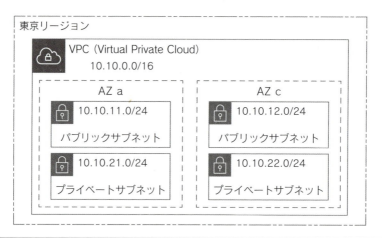

❏ CIDR内にサブネットを作った例

　サブネット作成時のポイントは、同一の役割を持ったサブネットを複数のAZにそれぞれ作ることです。EC2やRDSの作成時にAZをまたいで構築することで、AZ障害に対して耐久性の高い設計にすることができます。この構成は**マルチAZ**と呼ばれ、AWSにおける設計の基本となっています。

　なお、**パブリックサブネット**（Public Subnet）、**プライベートサブネット**

（Private Subnet）という概念がVPC関連のドキュメントにたびたび登場します。しかし、サブネットの設定・機能として、そういったサブネットがあるわけではありません。後に紹介するインターネットゲートウェイ・ルートテーブル・ネットワークACLなどを利用して、そのような役割を割り当てるというだけに過ぎません。

ルートテーブル

アドレス設計の次は、ルーティング設計です。AWSのルーティング要素には、ルートテーブルと各種ゲートウェイがあります。これらを用いてVPC内部の通信や、インターネット・オンプレミスネットワーク基盤など外部への通信を実装していきます。

○ 個々のサブネットに1つずつ設定する。
○ 1つのルートテーブルを複数のサブネットで共有することはできるが、1つのサブネットに複数のルートテーブルを適用することはできない。
○ 宛先アドレスとターゲットとなるゲートウェイ（ネクストホップ）を指定する。
○ VPCにはメインルートテーブルがあり、サブネット作成時に指定しない場合のデフォルトのルートテーブルになる。

セキュリティグループとネットワークACL

VPCの通信制御は、セキュリティグループとネットワークACL（NACL）を利用して行います。

セキュリティグループは、EC2やELB、RDSなど、インスタンス単位の通信制御に利用します。インスタンスには少なくとも1つのセキュリティグループをアタッチする必要があります。通信の制御としては、**インバウンド**（内向き、外部からVPCへ）と**アウトバウンド**（外向き、内部から外部へ）の両方の制御が可能です。制御項目としては、プロトコル（TCPやUDPなど）とポート範囲、送受信先のCIDRかセキュリティグループを指定します。特徴的なのは、CIDRなどのIPアドレスだけでなく、セキュリティグループを指定できる点です。なお、セキュリティグループはデフォルトでアクセスを拒否し、設定された項目のみにアクセスを許可します。

ネットワークACL（アクセスコントロールリスト）は、サブネットごとの通信制御に利用します。制御できる項目はセキュリティグループと同様で、インバウンド／アウトバウンドの制御が可能です。また、送受信先のCIDRとポートを指定できますが、セキュリティグループと違って送受信先にはセキュリティグループでの指定はできません。ネットワークACLはデフォルトの状態ではすべての通信を許可します。セキュリティグループとネットワークACLの違いは、状態（ステート）を保持するかどうかです。セキュリティグループはステートフルで、応答トラフィックはルールに関係なく通信が許可されます。これに対してネットワークACLはステートレスで、応答トラフィックであろうと明示的に許可設定しないと通信遮断してしまいます。

そのため、エフェメラルポート（1025 ～ 65535）を許可設定していないと、返りの通信が遮断されます。セキュリティグループとネットワークACLの設定方法は、組み合わせとして理解しておいてください。

▶▶▶ **重要ポイント**

- セキュリティグループはインスタンス単位の通信制御に利用し、ネットワークACLはサブネットごとの通信制御に利用する。

ゲートウェイ

ゲートウェイは、VPCの内部と外部との通信をやり取りする出入り口です。インターネットと接続するインターネットゲートウェイ（IGW）と、VPNやDirect Connectを経由してオンプレミスネットワーク基盤と接続する仮想プライベートゲートウェイ（VGW）があります。

インターネットゲートウェイ

インターネットゲートウェイ（IGW）は、VPCとインターネットとを接続するためのゲートウェイです。各VPCに1つだけアタッチする（取り付ける）ことができます。インターネットゲートウェイ自体には設定事項は何もありません。また、論理的には1つしか見えないため、可用性の観点で単一障害点（Single Point Of Failure、SPOF）になるのではと懸念されることがあります。しかし、

34

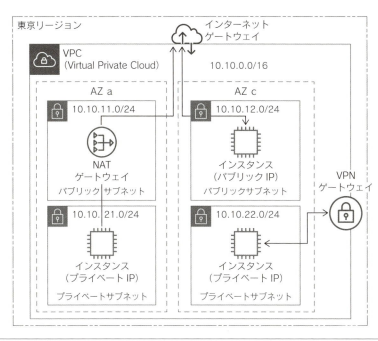

❏ VPCとゲートウェイ

IGWはAWSによるマネージドなサービスであり、冗長化や障害時の復旧が自動的になされています。

　ルートテーブルでインターネットゲートウェイをターゲットに指定すると、その宛先アドレスとの通信はインターネットゲートウェイを通してインターネットに向けられます。多くの場合、デフォルトルート「0.0.0.0/0」を指定することになります。先述の**パブリックサブネット**の条件の1つは、ルーティングでインターネットゲートウェイを向いていることになります。逆に言うと**プライベートサブネット**とは、ルーティングが直接インターネットゲートウェイに向いていないネットワークになります。

　EC2インスタンスがインターネットと通信するには、パブリックIPを持っていなければなりません。あるいは、NATゲートウェイを経由してインターネットと通信します。**NATゲートウェイ**は、ネットワークアドレス変換機能を有し、プライベートIPをNATゲートウェイが持つグローバルIPに変換し、外部と通信します。

システムの信頼性が求められる場合には、NATゲートウェイの冗長性が課題になります。NATゲートウェイはAZに依存するサービスなので、マルチAZ構成をする場合は、AZごとに作成する必要があります。

仮想プライベートゲートウェイ

　仮想プライベートゲートウェイ（VGW）は、VPCがVPNやDirect Connectと接続するためのゲートウェイです。VGWも各VPCに1つだけアタッチすることができます。1つだけしか存在できませんが、複数のVPNやDirect Connectと接続することが可能です。

　ルートテーブルでVGWをターゲットに指定すると、その宛先アドレスとの通信はVGWから、VPNやDirect Connectを通してオンプレミスネットワーク基盤に向けられます。オンプレミスネットワークの宛先については、ルートテーブルに静的に記載する方法と、ルート伝播（プロパゲーション）機能で動的に反映する方法の2つがあります。

▶▶▶**重要ポイント**

- ゲートウェイは、VPCの内部と外部との通信をやり取りする出入り口。VPCとインターネットを接続するインターネットゲートウェイ（IGW）と、VPCとVPNやDirect Connectを接続する仮想プライベートゲートウェイ（VGW）がある。

VPCエンドポイント

　VPC内からインターネット上のAWSサービスに接続する方法としては、インターネットゲートウェイを利用する方法と、**VPCエンドポイント**と呼ばれる特殊なゲートウェイを利用する方法があります。

　VPCエンドポイントには、S3やDynamoDBと接続する際に利用するゲートウェイエンドポイントと、それ以外の大多数のサービスで利用するインターフェイスエンドポイント（**AWS PrivateLink**）があります。

　ゲートウェイエンドポイントは、ルーティングを利用したサービスです。エンドポイントを作成しサブネットと関連付けると、そのサブネットからS3、DynamoDBへの通信はインターネットゲートウェイではなくエンドポイント

を通じて行われます。

セキュリティの観点でVPCエンドポイントは重要になります。経路の安全性を問われる場合は、インターネットを経由しないことを求められることが多いです。その際には、VPCエンドポイントは重要な要素となりますので、設計パターンを押さえておいてください。

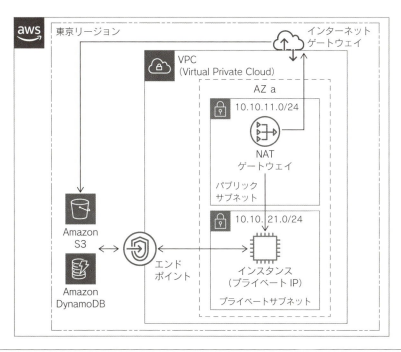

❏ VPCエンドポイント

ピアリング接続

VPCピアリングは、2つのVPC間でプライベートな接続をするための機能です。VPCピアリングでは、同一AWSアカウントのVPC間のみならず、AWSアカウントをまたがっての接続も可能です。

VPCピアリングでの通信相手は、VPC内のEC2インスタンスなどであり、IGWやVGWなどにトランジット（接続すること）はできません。また、相手先のVPCがピアリングしている別のVPCに推移的に接続することもできません。

VPCフローログ

VPC内の通信の解析には、**VPCフローログ**（VPC Flow Logs）を利用します。VPCフローログはAWSでの仮想ネットワークインターフェイスカードであるENI（Elastic Network Interface）単位で記録されます。記録される内容は、送信元・送信先アドレスとポート、プロトコル番号、データ量と許可／拒否の区別です。

Direct ConnectとDirect Connect Gateway

AWSとオフィスやデータセンターなどの物理拠点とを専用線で繋げたい場合は、**AWS Direct Connect**（以下**Direct Connect**）を利用します。Direct Connectを利用すると、VPNに比べて遅延やパケット損失率が低下し、スループットが向上するなど、安定したネットワーク品質で利用することができます。また、アウトバウンドトラフィック料金は、Direct Connect経由のほうが安価に設定されています。ネットワーク品質が重要になる場合や大量のデータをやり取りする場合は、Direct Connectの導入を検討しましょう。

また最近では、複数のAWSアカウントやVPCを利用することが一般的になっています。**Direct Connect Gateway**を利用すると、1つのDirect Connect接続で拠点と複数のAWSアカウントやVPCに接続することができます。Direct Connectの導入時にセットで検討することをお勧めします。

さらには、複数のVPCとオンプレミスネットワークを中央ハブを介して接続する**AWS Transit Gateway**というサービスもあります。

2-2　VPC

練習問題2

あなたは新規プロダクトの開発を担当するエンジニアです。現在、設計の初期フェーズで、AWS上のネットワーク関連の設計を行っています。下記のネットワークに関する記述のうち、正しいものはどれですか。

A. ルートテーブルはVPC単位で設定することができ、VPC内の通信経路を決定する。
B. VPCエンドポイントを向く経路があるサブネットを、パブリックサブネットと呼ぶ。
C. VPCピアリングを用いるとVPC間でプライベートな接続が可能になるが、各VPCが同じアカウントにある必要がある。
D. VPN接続をする際に利用する仮想プライベートゲートウェイは、VPCごとに1つだけ紐付けることができる。

解答は章末（P.41）

練習問題3

あなたは既存のデータセンターとAWS内に構築したVPCを接続しようと思っています。拠点間の通信は、直接インターネットを介することなくやり取りしたいと考えています。どのような経路で通信したらよいでしょうか。

A. データセンターからインターネットを利用して、インターネットゲートウェイ経由で通信する。
B. データセンターからインターネットを利用して、仮想プライベートゲートウェイ経由で通信する。
C. データセンターに専用線を敷設し、インターネットゲートウェイ経由で通信する。
D. データセンターに専用線を敷設し、仮想プライベートゲートウェイ経由で通信する。

解答は章末（P.42）

本章のまとめ

▶▶▶ リージョンとアベイラビリティゾーン

- 国・地域ごとにリージョンがあり、リージョン内には複数のAZがある。
- 各AZが地理的・電源的に独立した位置にあることが、リージョンの耐障害性を高めている。
- マルチAZにより可用性が高まる。

▶▶▶ VPC

- VPCは、AWSのネットワークサービスの中心。
- ネットワーク空間は可能な限り大きなサイズ（/16）で作成する。
- 個々のサブネットには1つの仮想のルータがあり、このルータがルートテーブルとネットワークACLの設定を持っていて、サブネット内のEC2インスタンスのデフォルトゲートウェイになっている。
- セキュリティグループはインスタンス単位の通信制御に利用し、ネットワークACLはサブネットごとの通信制御に利用する。
- ゲートウェイは、VPCの内部と外部との通信をやり取りする出入り口。VPCとインターネットを接続するインターネットゲートウェイ（IGW）と、VPCとVPNやDirect Connectを接続する仮想プライベートゲートウェイ（VGW）がある。

練習問題の解答

✔ 練習問題1の解答

答え：**D**

　AWSのリージョン、アベイラビリティゾーン（AZ）に関する問題です。ソリューションアーキテクトとして設計をする上で、システムの可用性をいかに高くするかという観点が非常に大切になります。可用性の高い設計をするためには、リージョンとAZに関する正しい理解が必要です。

　問題を見ていきます。まずAの記述ですが、AWSにはマネージドサービスと呼ばれるサービス群があります。たとえば、RDSはリレーショナルデータベースのマネージドサービスです。バックアップの取得やレプリケーションといった機能を、RDSの機能の一部としてAWSが実装してくれています。そのため、私たちはその機能を作り込まなくてよく、その分ビジネ

スに直結するコア機能の開発に注力できます。これがマネージドサービスを利用するメリットです。

しかし、マネージドサービスであれば可用性を考えなくてもよいというわけではありません（ただし、中には可用性の担保もAWS側に任せられるサービスもあります）。たとえば、RDSを複数のAZにまたがったマスター／スタンバイ構成にするかどうかは利用者側が選ぶことができます。複数のAZをまたがる構成にしないと、可用性が下がってしまいます。よってAの記述は誤りになります。

残りの選択肢を見ていきます。「AWSがサービスを提供している国・拠点」を表すのはAZではなくリージョンです。よってBの記述も誤りです。Cの記述も逆で、「アベイラビリティゾーンが複数集まってリージョンを構成するため、可用性の高い設計ができる」が正しい記述になります。

Dの記述が正解になります。前述のRDSのようなデータベースは、プライベートなサブネットに配置することが定石です。プライベートサブネットを複数作り、それぞれ別のAZに配置することで、RDSをAZにまたがって配置することができます。

✔ 練習問題2の解答

答え：**D**

AWSにおけるネットワーク関連機能の詳細を問う問題です。次の用語は、設計を進める上でも、試験の問題を解く上でも重要です。曖昧なものがある場合は、2-2節の内容を再度見直し、正しく説明できるようにしてください。

- パブリックサブネット／プライベートサブネット
- ルートテーブル
- インターネットゲートウェイ（IGW）
- 仮想プライベートゲートウェイ（VGW）
- VPCピアリング

さて、問題について見ていきます。Aですが、「ルートテーブルはVPC単位で設定することができ」の部分が誤りです。ルートテーブルはサブネットの単位で定義することができます。

続いて、Bのパブリックサブネットの定義ですが、「インターネットゲートウェイを向く経路があるサブネット」が正しい定義になります。よってBも誤りです。

CのVPCピアリングに関する記述ですが、異なるアカウントにあるVPC間でもピアリングすることができます。よってCも誤りです。

正しい記述はDになります。VGWもIGWも、VPCに1つしか紐付けることができないことを押さえておきましょう。

✔ 練習問題3の解答

答え：**D**

　拠点間の通信に関する問題です。拠点間の経路の安全性を確保する通信方法としては、主に
Site-to-Site VPNとDirect Connectが利用されます。Site-to-Site VPNは、インターネット
を利用してオンプレミス機器とVPCの間に安全なVPN接続を作成します。2つのAWS間で
Site-to-Site VPNはできないので注意してください。Direct Connect接続は、専用線を利用
してオンプレミスの拠点とVPCを接続するサービスです。専用線はオンプレミス拠点とVPC
を直接接続するのではなく、AWSやパートナーによって用意されたDirect Connectエンド
ポイントまで接続します。エンドポイントからVPCは、AWSによって用意された通信経路を
通して接続します。

　Aは通常のインターネット経由の接続、BはVPNを利用した接続になります。通信経路の組
み合わせとしては正しいですが、この問題の前提条件でインターネット接続を禁止している
のでAとBは不正解です。CはDirect Connectについての言及ですが、その場合はインターネ
ットゲートウェイではなく仮想プライベートゲートウェイ経由の通信となります。そのため、
Cの方法での通信はできません。よって正解はDです。

第3章

ネットワーキングとコンテンツ配信

本章ではまず、静的コンテンツをキャッシュし、オリジンサーバーの代わりに配信するCDNサービスであるCloudFrontを取り上げます。CloudFrontを使うことで、サーバーの負荷を下げながら安定したサービス提供が実現できます。次に、ドメイン管理機能と権威DNS機能を持つサービスであるRoute 53を取り上げます。Route 53をうまく使いこなせば、可用性やレスポンスを高めることができます。

3-1 CloudFront

3-2 Route 53

3-1

CloudFront

Amazon CloudFront（以下CloudFront）は、HTMLファイルやCSS、画像、動画といった静的コンテンツをキャッシュし、オリジンサーバーの代わりに配信するCDN（Contents Delivery Network）サービスです。

AWSには世界中に120を超えるエッジロケーションがあり、CloudFrontを使うと、利用者から最も近いエッジロケーションからコンテンツを高速に配信することができます。画像や動画など、ファイルサイズが大きなコンテンツへのアクセスのたびにオリジンサーバーが処理すると、サーバーの負荷が高くなります。サーバーの負荷が高くなるとサービスの安定した提供ができず、利用者にも不便をかけてしまいます。CloudFrontを使うことで、サーバーの負荷を下げながら安定したサービス提供ができるため、サービスの提供者・利用者のどちらにもメリットがあるシステムを構築できます。

CloudFrontのバックエンド

CloudFrontはCDNであるため、元となるコンテンツを保持するバックエンドサーバー（オリジンサーバー）が必要です。オリジンサーバーとしては、ELB、EC2、そしてS3の静的ホスティングを利用することができます。また、オンプレミスのサーバーを指定することも可能なため、今のシステム構成を変更することなくCloudFrontを導入することで、イベントなどによる一時的なアクセス増に備えるといった使い方もできます。また、URLのパスに応じて異なるオリジンサーバーを指定することで1つのドメインで複数のサービスを提供できるため、ドメイン名の統一など、企業のWebガバナンス戦略にも役立ちます。

44

3-1 CloudFront

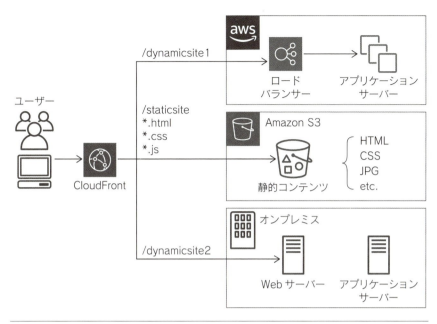

❏ CloudFrontのバックエンド

ディストリビューション

　CloudFrontには、配信するコンテンツの内容によって異なる2つのディストリビューションがあります。ダウンロードディストリビューションとストリーミングディストリビューションです。**ダウンロードディストリビューション**は、HTTPやHTTPSを使ってHTMLやCSS、画像などのデータを配信する際に利用します。**ストリーミングディストリビューション**は、RTMP（Real Time Messaging Protocol）を使って動画のストリーミング配信をする際に利用します。なお、RTMPは2020年12月31日以降は非推奨になります。

キャッシュルール

　CloudFrontでは、拡張子やURLパスごとにキャッシュ期間を指定することができます。頻繁にアップデートされる静的コンテンツ（HTMLなど）はキャッ

シュ期間を短くし、あまり変更されないコンテンツ（画像・動画）は長くする、といった設定ができます。また、動的サイトのURLパスは、キャッシュを無効化することでCloudFrontをネットワーク経路としてだけ利用することも可能です。CDNはキャッシュの扱いがとても重要です。キャッシュの強制的な削除運用なども含めて、必要なキャッシュが適切に使われるようにしましょう。

▶▶▶ **重要ポイント**

- CloudFrontは、静的コンテンツをキャッシュし、オリジンサーバーの代わりに配信するCDNサービス。
- CloudFrontのバックエンドサーバーには、ELB、EC2、S3の静的ホスティング、オンプレミスのサーバーを利用できる。
- CloudFrontには2つのディストリビューションがある。ダウンロードディストリビューションはHTML、CSS、画像などのデータを配信する際に利用し、ストリーミングディストリビューションは動画のストリーミング配信をする際に利用する。
- CloudFrontでは、拡張子やURLパスごとにキャッシュ期間を指定できる。

練習問題1

あなたはソリューションアーキテクトとして、カスタマー向けのサポートサイトの構築を担当しています。最近、画像や動画によるサポートを行っていることもあり、Webサーバーの負荷が高くなる傾向があります。あなたはCloudFrontを導入し、この問題の解消を提案しようと考えています。

CloudFrontに関する説明のうち、誤ったものはどれですか。

A. CloudFrontのオリジンサーバーにはオンプレミスのサーバーも指定できる。

B. オリジンサーバーを複数用意し、URLのパスによって振り分けることができる。

C. 頻繁にアップデートされる静的コンテンツはキャッシュ期間を長くする設計が推奨される。

D. コンテンツアップデート後、エンドユーザーにすぐに新しいコンテンツを提供したい場合はキャッシュクリア運用を検討する必要がある。

解答は章末（P.52）

3-2

Route 53

Amazon Route 53（以下Route 53）は、ドメイン管理機能と権威DNS機能を持つサービスです。WebコンソールやAPIから、簡単にドメイン情報やゾーン情報を設定・管理できます。Route 53は単にドメインやDNS情報を管理するだけではなく、ネットワークトラフィックのルーティングや接続先のシステム状況に応じた接続先の変更など、オプション機能も持っています。うまく使いこなすことで、可用性やレスポンスを高めることができます。

▶▶▶ 重要ポイント
- Route 53は、ドメイン管理機能と権威DNS機能を持つサービス。

ドメイン管理

Route 53で新規ドメインの取得や更新などの手続きができます。このサービスを利用することで、ドメインの取得からゾーン情報の設定まで、Route 53で一貫した管理が可能になります。ドメインの年間利用料は通常のAWS利用料の請求に含まれるため、別途支払いの手続きをすることも不要です。また、自動更新機能もあるので、ドメインの更新漏れといったリスクも回避できます。

権威DNS

DNSとは、ドメイン名とIPアドレスを変換（名前解決）するシステムです。権威DNSとは、ドメイン名とIPアドレスの変換情報を保持しているDNSのことで、変換情報を保持していないDNS（キャッシュDNS）と区別するときに使います。Route 53は権威DNSなので、保持しているドメイン名以外の名前解決をリクエストしても応答しません。キャッシュDNSは、別に用意する必要があります。

ホストゾーンとレコード情報

ホストゾーンとは、レコード情報の管理単位を表します。通常はドメイン名です。たとえば、「example.com」のレコード情報を管理する場合のホストゾーンは「example.com」となります。**レコード情報**は、「www.example.com は IP アドレスが 192.168.0.100 である」といった、ドメイン（またはサブドメイン）名とIPアドレスを変換するための情報です。

レコード情報には **A レコード**、**MX レコード**、**CNAME レコード**といった種類がありますが、Route 53 で特徴的なレコードとして **Alias レコード**があります。Alias レコードは、レコード情報に登録する値として、CloudFront や ELB、S3 などの AWS リソース FQDN を指定できます。CNAME でも同じような登録は可能ですが、CNAME との違いの1つとして、Zone Apex も登録できることが挙げられます。

Zone Apex とは、最上位ドメイン（Route 53 の場合はホストゾーン名）のことです。たとえば、「example.com」を S3 の Web サイトホスティングサービスにアクセスする独自ドメインとして利用したい場合、Route 53 以外の DNSでは CNAME レコードの仕様上登録ができません。しかし Route 53 であれば、Alias レコードを使って登録できます。

トラフィックルーティング

Route 53 にゾーン情報を登録する際、名前解決の問い合わせに対してどのように応答するかを決める7種類のルーティングポリシーがあります。要件や構成に応じて適切なトラフィックルーティングを指定することで、可用性や応答性の高いシステムを構築することができます。

- **シンプルルーティングポリシー**：特殊なルーティングポリシーを使わない標準的な1対1のルーティングです。
- **フェイルオーバールーティングポリシー**：アクティブ／スタンバイ方式で、アクティブ側のシステムへのヘルスチェックが失敗したときにスタンバイ側のシステムへルーティングするポリシーです。本番システム障害時に Sorry サーバーの IP アドレスをセカンダリレコードとして登録しておくと、自動的に Sorry コンテンツを表示させることができます。

3-2 Route 53

○ **位置情報ルーティングポリシー**：ユーザーの位置情報に基づいてトラフィックを
ルーティングする際に使用します。このルーティングポリシーを使うことで、日本
からのアクセスは日本語のコンテンツが配置されたWebサーバーに接続する、と
いった制御ができます。

○ **地理的近接性ルーティングポリシー**：リソースの場所に基づいてトラフィックを
ルーティングし、必要に応じてトラフィックをある場所のリソースから別の場所の
リソースに移動する際に使用します。地理的近接性ルーティングポリシーは、後述
のトラフィックフローを前提とします。

○ **レイテンシールーティングポリシー**：複数箇所にサーバーが分散されて配置され
ている場合に、遅延が最も少ないサーバーにリクエストをルーティングします。特
定サーバーだけ高負荷になった場合にリクエストを分散することができます。

○ **複数値回答ルーティングポリシー**：1つのレコードに異なるIPアドレスを複数登
録して、ランダムに返却されたIPアドレスに接続します。ヘルスチェックがNGに
なったIPアドレスは返却されないため、正常に稼働しているサーバーに対しての
みアクセスを分散させることができます。

○ **加重ルーティングポリシー**：指定した比率で複数のリソースにトラフィックをル
ーティングする際に使用します。拠点をまたがってリソースの異なるサーバーが
配置されている場合にリクエスト比率を調整する、といったことができます。また、
ABテストのために新サービスをリリースしたサーバーに一定割合のユーザーを誘
導したい、といった場合にも使えます。

　ルーティングポリシーは、信頼性やパフォーマンスなど、何を重視するかで
使い分ける必要があります。それぞれの特徴をしっかりと把握しておきましょ
う。

トラフィックフロー

　ルーティングポリシーを組み合わせることで様々なルーティング環境を構築
することができますが、各レコード間の設定が複雑になることがあります。ト
ラフィックフローはそれらの組み合わせをビジュアル的に分かりやすく組み合
わせるためのツールを使って定義できます。

DNSフェイルオーバー

DNSフェイルオーバーは、Route 53が持つフォールトトレラントアーキテクチャです。**フォールトトレラントアーキテクチャ**とは、システムに異常が発生した場合でも被害を最小限度に抑えるための仕組みのことを指します。たとえば、稼働中のシステムに障害が発生してWebサイトの閲覧ができなくなったとき、一時的に接続先をSorryサーバーに切り替えたいといった要件があった場合、Rroute 53のDNSフェイルオーバー機能を使用することで簡単に要件を満たすことができます。

DNSフェイルオーバーはヘルスチェックの結果により発動します。Route 53には3種類のヘルスチェックの種類があります。これらもしっかり把握しておきましょう。

📖 Amazon Route 53 ヘルスチェックの種類
URL https://docs.aws.amazon.com/ja_jp/Route53/latest/DeveloperGuide/health-checks-types.html

 練習問題2

あなたはソリューションアーキテクトとして、ECサイトの企画から開発・保守までをサポートしています。ある日、事業開発メンバーからサイトのABテストを実施したいという相談を受けました。現在のサイトは名前解決にRoute 53を用いているので、あなたはRoute 53のルーティングポリシーを用いた方法を提案しようと考えました。

下記のうち、今回の要求に合うルーティングポリシーはどれですか。

　A. 加重ルーティングポリシー
　B. レイテンシールーティングポリシー
　C. フェイルオーバールーティングポリシー
　D. シンプルルーティングポリシー

解答は章末(P.52)

本章のまとめ

▶▶▶ CloudFront

- CloudFrontは、静的コンテンツをキャッシュし、オリジンサーバーの代わりに配信するCDNサービス。
- CloudFrontのバックエンドサーバーには、ELB、EC2、S3の静的ホスティング、オンプレミスのサーバーを利用できる。
- CloudFrontには2つのディストリビューションがある。ダウンロードディストリビューションはHTML、CSS、画像などのデータを配信する際に利用し、ストリーミングディストリビューションは動画のストリーミング配信をする際に利用する。
- CloudFrontでは、拡張子やURLパスごとにキャッシュ期間を指定できる。

▶▶▶ Route 53

- Route 53は、ドメイン管理機能と権威DNS機能を持つサービス。
- Route 53には7種類のルーティングポリシーがあり、これらを組み合わせることで様々なルーティング環境を構築できる。
- Route 53には、障害時の被害を最小限度に抑えるためのフォールトトレラントアーキテクチャとして、DNSフェイルオーバー機能がある。

練習問題の解答

✔ 練習問題1の解答

答え：**C**

　CDNとしてCloudFrontを導入し、オリジンサーバーの負荷を軽減する方法を検討しています。Aの記述は正しく、サイトのオリジンサーバーがオンプレミスでも、前段にCloudFrontを挟むことができます。

　Bの記述も正しく、EC2インスタンスとオンプレミスのサーバー間で振り分けを行うことも可能です。

　Dも正しい記述です。誤った画像をアップロードしていた場合、オリジンサーバー側の更新作業だけではなく、CDN側のキャッシュクリアも行わないと、利用者がキャッシュされた誤った画像を取得してしまう可能性があります。

　最後にCですが、頻繁にアップデートされるコンテンツは、キャッシュ期間を短くしてオリジンサーバー側の反映をすぐに取り込む設計が推奨されます。よってCは誤りで、この問題の答えとなります。

✔ 練習問題2の解答

答え：**A**

　ABテストを行う際のRoute 53ルーティングポリシーに関する問題です。正解はAの加重ルーティングポリシーです。このポリシーを用いると、ルーティング対象のサーバー群にルーティングする比率を指定できます。たとえば、全リクエストの5%のみを新しいサーバーに振り分ける、といった定義が可能です。

　ルーティングポリシーはRoute 53の代表的な機能ですので、他のポリシーについても特徴やユースケースを押さえておいてください。

第4章

コンピューティング
サービス

本章では、アプリケーションを稼働させるための基盤となるコンピューティングサービスを取り上げます。具体的には、仮想サーバーを提供するEC2、Dockerコンテナの実行環境を提供するECS、サーバーなしでプログラムの実行環境を提供するLambdaの3つです。さらに、EC2と関係の深いELBおよびAuto Scalingについても、本章で紹介します。

4-1	AWSにおけるコンピューティングサービス
4-2	EC2
4-3	ELB
4-4	ECS
4-5	Lambda

4-1
AWSにおける
コンピューティングサービス

コンピューティングサービスは、アプリケーションを稼働させるインフラストラクチャサービスで、システムアーキテクチャの中核を担います。試験でも多くの問題で知識が問われることが予想されるため、各サービスの特徴や機能、設計時に意識すべきことやコストの考え方をしっかり理解しておく必要があります。本章では、下記の3つのサービスについて詳細に解説します。

- ○ EC2 (Amazon Elastic Compute Cloud)
- ○ ECS (Amazon Elastic Container Service)
- ○ Lambda (AWS Lambda)

EC2は、仮想サーバーを提供するコンピューティングサービスです。必要な数だけすぐにサーバーを立てることができる、いわゆるIaaS型のサービスです。**Elastic Load Balancing**（**ELB**）や**Auto Scaling**といったサービスと組み合わせることで、負荷に応じて動的にサーバーの台数を変更するクラウドらしい使い方もできます。

ECSは、Dockerコンテナの実行環境を提供するサービスです。このサービスが登場するまでは、AWSでDockerを利用するには、EC2上にコンテナ管理用のソフトウェアを導入する必要がありました（11-2節で解説する Elastic Beanstalk を利用することで、Dockerの導入作業を自動化することもできます）。ECSはサービスとしてDocker環境を提供してくれるため、利用者が設定・構築する項目を減らすことができます。

最後に、**Lambda**はサーバーを用意しなくてもプログラムを実行できる環境を提供するサービスです。サーバーを用いないアーキテクチャ、すなわち**サーバーレスアーキテクチャ**の中心と言えるサービスで、拡張性やコスト効率の面でメリットがあります。サーバーのセットアップやメンテナンスの必要がないため、アプリケーションの開発に集中できます。

これらのサービスはどれが優れている、劣っているというものではなく、機能要件や非機能要件に応じて適切なものを選択する、もしくは組み合わせて利

4-1　AWSにおけるコンピューティングサービス

用するものです。各サービスの特徴を覚えるだけでなく、各サービスのユース
ケースを理解し、「過去に関わった案件をもう一度やるならどう設計するか？」
ということを考えてみると、試験で問われる設問にも答えやすくなるはずです。
ぜひ実用を意識しながら読み進めてください。

▶▶▶　**重要ポイント**

- EC2は仮想サーバーを提供する。
- ECSはDockerコンテナの実行環境を提供する。
- Lambdaはサーバーなしでプログラムを実行する環境を提供する。

Column

認定試験の更新について

　AWS認定試験の資格には有効期限があり、期限がくれば再認定を受けて更新す
る必要があります。以前は有効期限が2年で、更新用の試験があり、試験時間・問題
数も半分に設定されていました。今は有効期限が3年に伸びましたが、その代わり
に通常の試験をそのまま受けるという形になっています。

　この再認定の難関の1つとして、認定試験が改訂されることがあり、またその試
験の改訂の間隔が短くなっていることがあります。今まで最も改訂されているの
は、ソリューションアーキテクトーアソシエイトです。最初、2013年ごろに日本語
で試験が受けられるようになって、2018年2月に初めて改訂されました。その次
は2020年3月とわずか2年間で改訂されています。

　試験コードも、最初は「PR000005（SAA）」と単なる付番だったものが、現在は
「SAA-C01」（2018年版）、「SAA-C02」（2020年版）と、「試験種別＋リビジョン」
と切り替わり、これからも改訂を続けるぞという強い意志が感じられます。

　これからの認定試験は、比較的短い周期で改訂されると予想されます。また3年
の更新期間を考えると、再認定の度に改訂された試験を受けるようになるのではな
いでしょうか。認定試験の存在意義が、直近の体系的な知識を習得していることを
学び、かつそれを身につけていることを証明することであるならば、一連の改訂頻
度の短期化と3年での再認定の必要性というのは理にかなっています。AWS認定
試験は、定期的に学び直しを促す制度設計となっているように思えます。

　しかし、著者自身の心情として、資格取得時に較べて更新時はモチベーションが
低くなりがちな傾向があります。知識をアップデートして業務に活かすなど動機づ
けをしっかりして、いかにモチベーションを維持するのか。認定試験の更新では、
そういった面も重要になります。

4

コンピューティングサービス

55

4-2
EC2

　オンプレミスな環境でサーバーを用意する場合、OSのインストールはもちろん、サーバーの調達、ラックの増設、ネットワークや電源の管理といった様々な作業が必要になります。サーバーの増設にはリードタイムがかかるため、新しいサービスを構築するときには時間をかけて見積もりを行い、必要に応じて余裕率を掛けたスペックの環境を用意していました。しかし、このような見積もりは往々にして外れます。予想を超えるリクエストを処理できずにビジネスチャンスを逃したり、逆にサービスの人気が出ずにインフラリソースを余らせるといった事態となり、結果として赤字が続いてしまうことがありました。

　Amazon Elastic Compute Cloud（以下**EC2**）は仮想サーバーを提供するコンピューティングサービスです。**インスタンス**という単位でサーバーが管理され、何度かボタンクリックするだけで、あるいはCLI（コマンドラインインターフェイス）からコマンドを1つ叩くだけで、新しいインスタンスを作ることができます。そのため、オンプレミス環境に比べ、サーバー調達のリードタイムを非常に短くできます。サービスリリース前に最低限の見積もりは必要ですが、リリース後に想定以上のペースで人気が出たとしても、インスタンスの数を増やす、あるいはインスタンスの性能を上げる調整をすれば対応できます。また、残念ながらすぐに人気が出なかったときも、インスタンスの数を少なくしたり、スペックの低いインスタンスに変更することで、無駄なインフラ費用を払い続けなくて済みます。

❏ リクエスト数の増減にインスタンス数の増減で対応する例

　このように、EC2を用いることでインフラリソースを柔軟に最適化することができます。そのため、事前の見積もりに時間をかけるのではなく、リリースま

での時間をいかに短くするか、リリースした後のトライアンドエラーや改善活動をいかにすばやく回すかといった、ビジネス的に価値を生む行為に注力することができます。また、カスタマー向けサイトだけではなく、社内の基幹システムでもAWSを利用することが増えてきています。繁忙期と閑散期でインフラリソースの数を動的に切り替える、新しい施策を検証するための環境を3か月だけ用意する、というように柔軟にインフラリソースを利用できるため、内部向けのシステムでもEC2のメリットは非常に大きいです。

EC2を起動するときは、元となるイメージを選んでインスタンスを作成します。このイメージのことを**Amazon Machine Image**と呼びます。**AMI**と略され「エーエムアイ」「アミ」と呼ばれます。

AMIにはAmazon Linux AMIやRed Hat Enterprise linux、Microsoft Windows Serverといった AWSが標準で提供しているものや、各ベンダーがサービスをプリインストールしたAMIがあります。また、各利用者がインスタンスの断面をAMIとしてバックアップすることも可能です。AMIを有効活用することで、構築の時間を短縮したり、同じインスタンスを簡単に増やしたりすることができます。

▶▶▶ **重要ポイント**

- EC2を使うとサーバーインスタンスの個数や性能を柔軟に変更できるため、コスト削減や時間短縮が実現できる。

EC2における性能の考え方

EC2では**インスタンスタイプ**という形で、インスタンスのスペックを選択することができます。インスタンスタイプは「m5.large」や「p3.8xlarge」といった形で表記されます。

先頭の「m」や「p」は**インスタンスファミリー**を表し、何に最適化しているインスタンスタイプかを意味します。たとえば、コンピューティングに最適化したインスタンスタイプは「c」から始まる「c5」や「c4」タイプ、メモリに比重を置くインスタンスタイプは「r」から始まる「r5」や「r4」といった具合になります。インスタンスファミリーの後ろの数字は**世代**を表し、大きいものが最新となります。一般的に世代が新しいもののほうがスペックがよかったり、安価だった

りします。「xlarge」や「8xlarge」の
部分が**インスタンスサイズ**を表し、
大きいものほどスペックが高いイ
ンスタンスタイプになります。たと
えば、汎用的なインスタンスファミ
リーであるM5系のインスタンス
タイプには右の表のようなものが
あります。

❏ M5系のインスタンスタイプ

	vCPU	メモリ (GB)
m5.large	2	8
m5.xlarge	4	16
m5.2xlarge	8	32
m5.4xlarge	16	64
m5.8xlarge	32	128
m5.12xlarge	48	192

　インスタンスサイズが倍になるとスペックも倍になっていることが分かりま
す。これらの情報は執筆時のものになりますので、スペック検討する場合は、下
記のAWS公式サイトを参照してください。

📖 Amazon EC2インスタンスタイプ
URL https://aws.amazon.com/jp/ec2/instance-types/

　また、インスタンスの性能を決める他の重要な要因として、ディスク機能で
ある**EBS**（**Elastic Block Store**）があります。EBSの種類については6-2節で
詳細に取り上げるので、そちらを参照してください。ここでは、EC2で設定でき
るEBS最適化インスタンスについて説明します。

　EC2では通常の通信で使用するネットワーク帯域と、EBSとのやり取りで利
用する帯域を共有しています。そのため、ディスクI/O、外部とのリクエストと
もに多く発生する場合、帯域が足りなくなってしまうことがあります。このよ
うなときに利用できるオプションが、**EBS最適化インスタンス**です。このオプ
ションを有効にすると、通常のネットワーク帯域とは別に、EBS用の帯域が確
保されます。そのため、ディスクI/Oが増えても、外部との通信に影響が出なく
なります。EBS最適化インスタンスはある程度大きめのインスタンスタイプで
しか利用できないため、公式ドキュメントでオプションを利用できるかどうか
確認してください。

EC2における費用の考え方

　EC2は、インスタンスを使った分だけ課金される従量課金型のサービスです。
EC2のコストは下記によって決まります。

4-2 EC2

○ インスタンスがRunning状態だった時間

○ Running状態だったインスタンスのインスタンスタイプ、AMI、起動リージョン

インスタンスには、起動中（**Running**）、停止中（**Stopped**）、削除済み（**Terminated**）の3つの状態があります。EC2では起動しているインスタンスのみが課金対象となるので、一時的に停止中ステータスにしたインスタンスや削除したインスタンスは課金対象になりません。ただし、停止中のインスタンスでもEBSの費用はかかることに注意してください。

起動しているインスタンスは、インスタンスタイプに応じて課金されます。この費用はリージョンやインスタンスのAMIによっても異なるため、執筆時点の東京リージョン、Amazon Linuxの金額で考えてみます。

たとえば、m5.largeのインスタンスを2台、3時間起動していた場合は、0.124（USD/時間）×3（時間）×2（台）= 0.744USDの課金となります（EBSの料金は含まれません）。時間単価は頻繁に変わるので、試験対策という意味では細かい数字を覚える必要はありませんが、概算見積もりができるようになっておくとよいでしょう。

❏ インスタンスタイプごとの費用例

インスタンスタイプ	時間単価（USD/時間）
m5.large	0.124
m5.xlarge	0.248
m5.2xlarge	0.496
m5.4xlarge	0.992
m5.8xlarge	1.984
m5.12xlarge	2.976

スポットインスタンスとリザーブドインスタンス

これまで説明してきたEC2の価格は、**オンデマンドインスタンス**という通常の利用形態の場合のものになります。EC2には、これ以外に、スポットインスタンスとリザーブドインスタンスという利用オプションがあります。

スポットインスタンスは、AWSが余らせているEC2リソースを入札形式で安く利用する方式です。たとえばm4.largeは、オンデマンドで利用すると時間あたり0.129USDの利用料がかかります。もし、m4.large用のリソースが余っているときに0.095USDという価格でスポット入札に成功すると、この値段でインスタンスを利用できます。ただし、他の利用者からm4.largeの利用リクエストが増え、余剰なリソースがなくなってしまうと、インスタンスが自動的に中断されます。この制約を許容できる場合、たとえば開発用の環境や機械学習の

データ学習のために一時的にスペックの大きいインスタンスを使いたいといった用途であれば、相性がよいオプションと言えるでしょう。

リザーブドインスタンス（RI）は、長期間の利用を約束することで割引を受けられるオプションです。たとえば、m4.largeタイプの1年間のスタンダードRIを購入すると、37%も費用を削減できます。サービスをリリースしてからしばらく経ち、インスタンスタイプを固定できると判断できた時点でRIの購入を検討するとよいでしょう。

▶▶▶ **重要ポイント**

- 入札形式で安く利用できるスポットインスタンスは、インスタンスを一時的に利用したい場合などに検討するとよい。
- 長期間の利用で割引を受けられるリザーブドインスタンスは、システムが安定したときなどに検討するとよい。

インスタンスの分類と用途

　ソリューションアーキテクトが行う設計業務の中には、アプリケーションの用途に応じて適切なインスタンスタイプを選ぶというものがあります。そのためには、分類方法と、インスタンスファミリーごとの主要な用途を把握しておく必要があります。まず分類ですが、現状は次の5つに分類されています。

○ 汎用
○ コンピューティング最適化
○ メモリ最適化
○ 高速コンピューティング
○ ストレージ最適化

　汎用は、一番利用の範囲が広くCPUとメモリのバランス型です。M5やT3などが該当します。**コンピューティング最適化**は、CPUの性能が高いものです。現状はC5などのC系統のみです。**メモリ最適化**は、メモリ容量が大きいものです。R5やX1など複数の系列がありますが、一般的な利用でのメインはR系となります。**高速コンピューティング**は、GPUなどCPU以外の計算リソースが強化されています。かなり細分化されていますが、画像処理用のP系と機械学習

用のG系をまず押さえておきましょう。最後に**ストレージ最適化**です。こちらもかなり細分化されていますが、HDDを利用するD2とSSDを利用するI3を覚えておきましょう。

Savings Plansとスケジュールされたリザーブドインスタンス

　リザーブドインスタンスと比較して、より柔軟な形で割引を享受できるプランとして2019年11月から**Savings Plans**というサービスが提供されています。リザーブドインスタンスとの違いは、インスタンスの利用数ではなく、EC2インスタンスの利用額に対してコミットする点です。

　Savings Plansには、**Compute Savings Plans**と**EC2 Instance Savings Plans**の2種類があり、EC2 Instance Savings Plansは従来のリザーブドインスタンスと同じようにリージョンやインスタンスファミリーを指定して購入します。Compute Savings Plansは、リージョンやインスタンスファミリーと関係なく、すべてのEC2インスタンスを対象に単位時間あたりの利用料を指定して購入します。また、EC2のみならずLambda、Fargateも対象となっています。かなり柔軟性が高く、うまく使えばより有利な条件でコンピューティングリソースを利用できます。

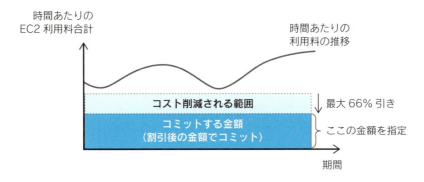

❏ Savings Plansの概要

　またリザーブドインスタンスの買い方のパターンとして、**スケジュールされたリザーブドインスタンス**というものがあります。これは、1年間のうちに毎日、毎週、毎月の一定時間のみ使うというパターンで、平日日中のみ使うという

場合などに利用料を削減できる可能性があります。対象インスタンスが、C3、C4、M4、およびR3と少なく、最新のインスタンスに対応していませんが、そういった削減方法があるということは把握しておいてください。

📖 スケジュールされたリザーブドインスタンス
`URL` https://docs.aws.amazon.com/ja_jp/AWSEC2/latest/UserGuide/ec2-scheduled-instances.html

練習問題1

あなたは社内横断の分析チームに所属しており、EC2インスタンス上でデータの学習や分析を行っています。

EC2に関する記述のうち、正しいものはどれですか。

- **A.** 分析用のEC2インスタンスは、利用しない場合はStopped状態にしている。Stopped状態にすれば一切料金は発生しない。翌日、Running状態に戻して分析活動を再開する。
- **B.** 分析用のEC2インスタンスは、利用しない場合はTerminated状態にしている。Terminated状態にすれば一切料金は発生しない。翌日、Running状態に戻して分析活動を再開する。
- **C.** 分析に利用するEC2インスタンスを安価に利用したい。分析データは外部に配置してあり、途中でインスタンスが使えなくなってもかまわないのでスポットインスタンスを利用することにした。
- **D.** 分析に利用するEC2インスタンスを安価に利用したい。分析データは外部に配置してあり、途中でインスタンスが使えなくなってもかまわないのでリザーブドインスタンスを利用することにした。

解答は章末（P.83）

62

4-3

ELB

　これまで単一のEC2インスタンスについて考えてきました。リリースしたサービスの人気が出て負荷が上がってきたとしても、AWSでは多くのインスタンスタイプが用意されているので、ある程度まではインスタンスタイプを上げることで対応できるかもしれません。このような垂直にスペックを上げる対応をスケールアップと呼びます。

　しかし、スケールアップには限度があり、いずれインスタンスタイプの上限にぶつかってしまいます。また、単一インスタンスで運用を続けると、「そのインスタンスの停止＝サービス全体の停止」という状況になってしまいます。

　このような「ある特定の部分が止まると全体が止まってしまう」箇所のことを単一障害点（Single Point Of Failure、SPOF）と呼び、単一障害点のある設計は推奨されません。試験でも、いかに単一障害点を作らないか、という視点は大切になるので覚えておくようにしてください。

　では、高負荷に耐えられる設計にするにはどのようにするのが望ましいでしょうか。対象のレイヤーによって答えは変わってきますが、Webサーバーのレイヤーでベストプラクティスとなっているのが、EC2インスタンスを水平に並べるスケールアウトです。EC2インスタンスを複数並べ、その前段にロードバランサーを配置してリクエストを各インスタンスに分散させます。

　ロードバランサーとしてはEC2上にBIG-IPといった製品を導入することもできますが、ロードバランサーのマネージドサービスであるElastic Load Balancing（以下ELB）を利用することをお勧めします。

▶▶▶ 重要ポイント

- いかに単一障害点を作らないか、という視点は試験で重視されている。
- 高負荷に耐えるためにEC2インスタンスのスペックを上げる対応をスケールアップと呼ぶ。
- スケールアップには限界があり、単一EC2インスタンスでの運用ではそのインスタンスが単一障害点になる可能性がある。

4

コンピューティングサービス

63

- EC2インスタンスを複数用意して、それらに負荷分散することで高負荷に耐える対応をスケールアウトと呼ぶ。
- ロードバランサーのマネージドサービスであるElastic Load Balancing（ELB）は、スケールアウト時の負荷分散を担う。

ELBの種類

ELBには下記の3タイプのロードバランサーがあります。

○ Classic Load Balancer（CLB）：L4/L7レイヤーでの負荷分散を行う。
○ Application Load Balancer（ALB）：L7レイヤーでの負荷分散を行う。CLBよりも後に登場し、機能も豊富に提供されている。
○ Network Load Balancer（NLB）：L4レイヤーでの負荷分散を行う。HTTP（S）以外のプロトコル通信の負荷分散をしたいときに利用する。

CLBとALBは同じアプリケーションレイヤーでの負荷分散を行いますが、後継サービスであるALBのほうが安価で機能も豊富です。具体的な機能としては、WebSocketやHTTP/2に対応していること、URLパターンによって振り分け先を変えるパスベースルーティング機能が提供されていることなどが挙げられます。

NLBは、HTTP（S）以外のTCPプロトコルの負荷分散を行うために用いられます。ロードバランサー自体が固定のIPアドレスを持つなどの特徴があります。

ここからは、Webレイヤーの負荷分散をする際に用いられるALBに焦点を当てて説明していきます。

ELBの特徴

マネージドサービスであるELBを用いるメリットとして、ELB自体のスケーリングが挙げられます。EC2インスタンス上にロードバランサーを導入する場合は、そのインスタンスがボトルネックにならないように設計する必要があります。それに対してELBを用いた場合、負荷に応じて自動的にスケールする設計になっています。注意点として覚えておくべきこととして、このスケーリングが瞬時に完了するわけではない点が挙げられます。そのため、数分程度で急

激に負荷がかかるシーン、たとえばテレビでサービスが取り上げられたり、リリース前の性能試験を行う場合などに「段階的な」スケールでは間に合わないことがあります。もし、このような急激な負担増（**スパイク**）が予想できる場合は、事前にELBプレウォーミングの申請をしておきましょう。その時間に合わせてELBがスケールした状態にすることが可能です。

　もう1つ、ELBの大きな利点として**ヘルスチェック**機能があります。ヘルスチェックは、設定された間隔で配下にあるEC2にリクエストを送り、各インスタンスが正常に動作しているかを確認する機能です。もし異常なインスタンスが見つかったときは自動的に切り離し、その後正常になったタイミングで改めてインスタンスをELBに紐付けます。ヘルスチェックには下記の設定値があります。

○ 対象のファイル（例：/index.php）
○ ヘルスチェックの間隔（例：30秒）
○ 何回連続でリクエストが失敗したらインスタンスを切り離すか（例：2回）
○ 何回連続でリクエストが成功したらインスタンスを紐付けるか（例：10回）

　もしWebサーバーだけでなく、DBサーバーまで正常に応答することを確認したい場合は、DBにリクエストを投げるファイルをヘルスチェックの対象ファイルにします。また、上の設定だと紐付けまで30秒×10回＝5分かかってしまうので、もう少し短い時間で紐付けを行いたい場合は、ヘルスチェックの間隔を短くする、成功と見なす回数を少なくするといった調整を行います。

Auto Scaling

　Auto Scalingは、システムの利用状況に応じて自動的にELBに紐付くインスタンスの台数を増減させる機能です。インフラリソースを簡単に調達でき、そして不要になれば使い捨てできるクラウドならではの機能です。Auto Scalingでは次のような項目を設定することで、自動的なスケールアウト／スケールインを実現します。

○ 最小のインスタンス数（例：4台）
○ 最大のインスタンス数（例：10台）

- インスタンスの数を増やす条件と増やす数（例：CPU使用率が80%を超えたら2台増やす）
- インスタンスの数を減らす条件と減らす数（例：CPU使用率が40%を割ったら2台減らす）

また、インスタンスの数を減らす際にどのインスタンスから削除するか、たとえば「起動時間が最も過去となる古いインスタンスから削除」といった設定もできます。

Auto Scalingを利用することで、繁忙期やピーク時間はインスタンス数を増やし、閑散期や夜間のリクエストが少ないときはそれなりのインスタンス数でサービスを運用する、といったことができます。常にリソース数を最適化でき、4-2節の冒頭で触れたような、予想を超えるリクエストを処理できずにビジネスチャンスを逃す、サービスの人気が出ずにインフラリソースが余るといったことを減らすことができます。

さらに、Auto Scalingのメリットとしては、耐障害性を上げることができる点も挙げられます。たとえば、インスタンス数の最小、最大ともに2台に設定します。このとき、片方のインスタンスに問題が発生した場合は、ヘルスチェックで切り離され、その後Auto Scalingの機能で新たに正常なインスタンスが1台作られます。常に最小台数をキープし続けるため、知らないうちに正常なインスタンスが減って障害に繋がった、という危険を未然に防ぐことができます。

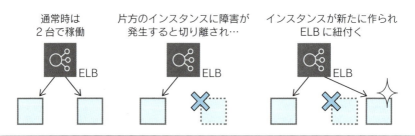

❏ 問題が発生したときに切り離されて新たに追加される

▶▶▶ 重要ポイント

- Auto Scalingは、EC2の利用状況に応じて自動的にインスタンスの台数を増減させる機能で、リソースの最適化、耐障害性の向上をもたらす。

スケーリングポリシー

Auto Scalingのスケーリング方法は、大きく3つに分類できます。

- 動的なスケーリング
- 予測スケーリング
- スケジュールスケーリング

頻繁に利用される動的なスケーリングには、さらに3つのスケーリングポリシーがあります。

- 簡易スケーリング
- ステップスケーリング
- ターゲット追跡スケーリング

それぞれのスケーリングポリシーについて紹介します。

簡易スケーリング

1つ目の簡易スケーリングは、CPU使用率が70%を超えたらといったように、1つのメトリクスに対して1つの閾値を設定します。最初期からあるスケーリング方法で、今は非推奨になっています。簡易スケーリングは、次に紹介するステップスケーリングで代用できるので、そちらを使うようにしましょう。

ステップスケーリング

ステップスケーリングは、1つのメトリクスに対して複数の閾値を設定します。たとえば、CPU使用率が50%を超えた場合、60%を超えた場合と、段階（ステップ）ごとの設定ができます。このように複数の閾値を設定できますが、1つの閾値のみを設定することもできます。つまり、簡易スケーリングの上位互換ということです。そのため、AWSとしては簡易スケーリングよりステップスケーリングを推奨しています。

ターゲット追跡スケーリング

最後に**ターゲット追跡スケーリング**です。これは、1つのメトリクスに対して目標値を設定します。たとえば、「CPUの利用率を50%に」という目標値を設定すると、Auto Scalingグループ全体でCPU利用率が50%を維持できるように自動的に調整されます。ステップスケーリングのように細かく刻んで設定しなくても、AWS側がコントロールしてくれます。今後は、このターゲット追跡スケーリングが主流になる見通しです。

スケーリングの設定をする際には、起動設定や起動テンプレートの設定が必要です。実際に手を動かしてみて、設定の仕方を習得しておきましょう。

スケールアウトの猶予期間・ウォームアップ・クールダウン

システムのパフォーマンスや信頼性を高めるには、Auto Scalingを使って需要に応じてインスタンス数を増減させる必要があります。その際には、インスタンスの立ち上がり中に新たなインスタンスが立ち上がることを抑止する必要があります。そうしないと、想定以上の台数になってしまう可能性があるからです。AWSには、そのための機構がいくつかあります。スケールアウトの猶予期間・ウォームアップ・クールダウンです。

猶予期間

まず最初に、**ヘルスチェック**と**猶予期間**です。ヘルスチェックは、Auto Scalingの管理対象下にあるインスタンスの動作をチェックして、異常が認められた場合は新しいインスタンスと置き換えられます。

インスタンスの起動時間やインスタンス内のプロセスの起動時間があるために、すぐにそのインスタンスが利用可能な状態になるわけではありません。その間にヘルスチェックでエラーが出続けると想定したスケーリング動作にならないので、一定期間ヘルスチェックをしないという猶予期間があります。画面コンソールから作った場合の猶予期間はデフォルトで300秒（5分）です。ただし、CLIやSDKから作った場合はデフォルトが0秒なので注意してください。

ウォームアップとクールダウン

　猶予期間以外にも、ウォームアップとクールダウンというパラメータがあります。まずはクールダウンです。正式名称は、スケーリングクールダウンといいます。これはAuto Scalingが発動した直後に、追加でインスタンスの増減がなされるのを防ぐための設定です。猶予期間と混同されがちですが、猶予期間はヘルスチェックの猶予であり、クールダウンはインスタンスの増減のアクションの発動に対してのパラメータとなります。

　なお、現在ではクールダウンは主に簡易スケーリングのための設定であり、それ以外のスケーリングポリシーの場合は、デフォルトの設定のまま調整しないで済むようになっています。たとえば、ステップスケーリングの場合、メトリクスに対して複数の閾値が指定できます。そのためスケーリング動作中に別の閾値に達した場合には、クールダウンと関係なく反応するようになっているからです。

　ウォームアップは前述のとおり、おおむねステップスケーリングにおいて差分でインスタンスを追加するために追加された機能です。CPUの利用率が50%のときに1台追加、70%のときに2台追加というポリシーが設定された場合を例に動作を確認してみましょう。

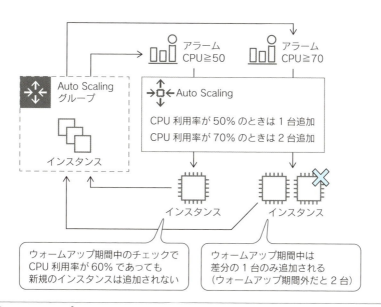

❏ ウォームアップ

ウォームアップの動作のポイントは2つです。1つ目のポイントは、ウォームアップ期間中には、そのアラームでのインスタンス追加はされない点です。2つ目は、ウォームアップ期間中に次のアラート（70%）が発動した場合、差分の台数が追加される点です。ウォームアップは、ステップスケーリングとターゲット追跡スケーリングポリシーに対応しています。

その他のAuto Scalingのオプション

　これまで説明した以外にも、Auto Scalingにはいくつかのオプションがあります。ここでは代表的なものを2つ紹介します。ライフサイクルフックと終了ポリシーです。

ライフサイクルフック

　ライフサイクルフックは、Auto Scalingグループによるインスタンスの起動時または削除時にインスタンスを一時停止してカスタムアクションを実行する機能です。たとえば、起動時にデータを取得してきたり、削除時にログやデータの退避の処理を追加するといった用途で使えます。待機時間はデフォルトで1時間、最大で48時間まで設定できます。

終了ポリシー

　負荷に応じてインスタンスを増やすことを**スケールアウト**といいます。これに対して、負荷が下がってインスタンスを減らす場合は**スケールイン**といいます。Auto Scalingで、スケールインの際にどのインスタンスを削除するのかを決めるのが**終了ポリシー**です。デフォルトの終了ポリシーでは、インスタンスがアベイラビリティゾーンに均等に配分されるように削除します。2つのAZで2台・3台とインスタンスがある場合、3台あるAZのインスタンスを1つ削除させてAZ間で均等にさせるといった動作になります。

　スケーリングポリシーやスケールアウトの猶予期間・ウォームアップ・クールダウン・終了ポリシーは、ELBの機能ではなくAuto Scalingの機能です。ELBとAuto Scalingの機能を混同してしまうケースが多いので、それぞれの機能をしっかりと理解しましょう。

4-3 ELB

❏ 終了ポリシー

終了ポリシー	動作
OldestInstance	最も古いインスタンスを削除
NewestInstance	最も新しいインスタンスを削除
OldestLaunchConfiguration	最も古い起動設定のインスタンスを削除
ClosestToNextInstanceHour	次の課金時間に最も近いインスタンスを削除
Default	AZ間の台数の均衡を保つようにインスタンスを削除
OldestLaunchTemplate	最も古い起動テンプレートを使用するインスタンスを削除
AllocationStrategy	スポットまたはオンデマンドなどのインスタンスタイプの配分戦略に沿って削除

ELBとAuto Scalingを利用する際の設計ポイント

　最後に、ELBとAuto Scalingを導入するときに気をつけたいポイントを2つ紹介します。これらの考え方は試験でも重要になってくるので、しっかり理解してください。

　まず1つ目は、**サーバーをステートレスに、つまり状態を保持しないように設計すること**です。たとえばファイルをアップロードする機能がある場合、アップロードされたファイルをインスタンス上に保持したとします。このとき、次のリクエストが他のインスタンスに振り分けられた場合、アップロードしたはずのファイルを参照できなくなってしまいます。また、Auto Scalingを有効にしていた場合、スケールインのタイミングでそのインスタンスが削除されてしまうかもしれません。データはデータベースに格納しファイルはインスタンス外のS3に置くといった設計に変更し、このような事態を防ぎましょう。ステートレスに設計するには、インフラ設計だけでなく、アプリケーション設計でも気をつけなければなりません。プロジェクト全体としてステートレスに作る意識を持つように啓蒙することも、アーキテクトの役割だと言えます。

　もう1つは、**AZをまたがってインスタンスを配置する設計にすべきだ**という点です。AWSではごくまれにAZ全体の障害が発生することがあります。そのときにインスタンスが1つのAZに固まっていると、すべてのインスタンスが利用できなくなり、結果としてサービス全体が停止してしまいます。もし4台のWebサーバーを用意するのであれば、たとえば2台はap-northeast-1aのゾーン

に、もう2台はap-northeast-1cのゾーンに配置するようにします。そうすることで、AZ障害が発生したとしても、縮退構成にはなりますが、サービスの全停止を避けられます。

このようにAWSでは「いかに単一障害点をなくすか」「部分の障害は起こり得ることを前提として設計する」という思想が非常に大切になってきます。耐障害性に関する問題が出たときは、このような視点で考えてみると解答に近づけると思いますので、EC2関連以外の設問でも意識するようにしてください。

▶▶▶ **重要ポイント**

- 「いかに単一障害点をなくすか」および「部分部分の障害は起こり得ることを前提として設計する」という思想が大切。

 練習問題2

あなたはソリューションアーキテクトとして、ECサイトの構築に携わっています。可用性やスケーリングを意識して、ELBとAuto Scalingを用いたアーキテクチャを採用しようと考えています。

ELBとAuto Scalingに関する下記の記述のうち、正しいものはどれですか。2つ選択してください。

A. ELBにはALB、CLB、NLBの3タイプのロードバランサーがある。このうちALBだけはL4レイヤーでの負荷分散を担う。
B. ELBのヘルスチェック機能では、ヘルスチェックの間隔を定義できる。（他の値を変えずに）この値を小さくすると、Auto Scalingで新たに作られたインスタンスがELBに紐付くまでの時間が短くなる。
C. ELBのヘルスチェック機能では、インスタンスを正常と見なすヘルスチェックの成功回数を定義できる。（他の値を変えずに）この値を小さくすると、Auto Scalingで新たに作られたインスタンスがELBに紐付くまでの時間が長くなる。
D. Auto Scalingでは、トリガーとなる条件を満たしたときにインスタンスを何台増やすか（減らすか）を定義できる。
E. Auto Scalingでインスタンスを減らす条件を満たしたときに、削除されるインスタンスはランダムに決まるので注意が必要である。

解答は章末（P.84）

4-4
ECS

　Amazon Elastic Container Service（以下**ECS**）は、Dockerコンテナ環境を提供するサービスです。ECSが登場する前は、AWS上でDockerを導入するには、EC2上にソフトウェアを導入する必要がありました。この導入作業や継続したメンテナンス作業は人手で行う必要があり、特に多くのコンテナを運用する場合は骨の折れる作業でした。ECSはDocker環境に必要な設定が含まれたEC2インスタンスが起動し、その管理をサポートします。骨の折れる前述の作業をAWS側に任せることができるため、開発者はアプリケーションの開発に集中できます。

ECSの特徴

　ECSに登場する概念について説明します。簡単な図を用意したので、照らし合わせながら読み進めてください。

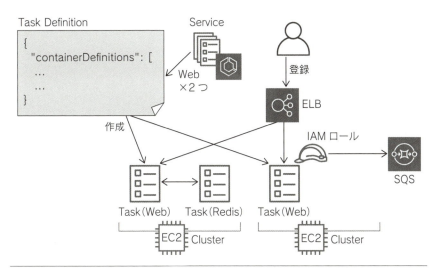

❏ ECSの概要

まず、EC2インスタンス上で実行されるコンテナのことを **Task** と呼び、EC2 インスタンスのことは **Cluster** と呼びます。1つのCluster上で複数のTaskを実行することができます。Cluster上で動作するTaskの定義は **Task Definition** で行います。Taskの役割ごとにTask Definitionを用意し、それを基にClusterの上でTaskが起動します。下記はAWSの公式ドキュメントに掲載されているTask Definitionの例です。

❏ Task Definitionの例

```
{
  "containerDefinitions": [
    {
      "name": "wordpress",
      "links": [
        "mysql"
      ],
      "image": "wordpress",
      "essential": true,
      "portMappings": [
        {
          "containerPort": 80,
          "hostPort": 80
        }
      ],
      "memory": 500,
      "cpu": 10
    },
    {
      "environment": [
        {
          "name": "MYSQL_ROOT_PASSWORD",
          "value": "password"
        }
      ],
      "name": "mysql",
      "image": "mysql",
      "cpu": 10,
      "memory": 500,
      "essential": true
    }
  ],
  "family": "hello_world"
}
```

同じTaskを複数用意したい場面があります。たとえばWebサーバーTaskを複数用意し、ELBに紐付けるときなどです。そのような場面で用いるのがServiceです。Serviceでは、「Webサーバー用のTask DefinitionでTaskを4つ起動する」といった指定ができます。もちろん、Auto Scalingを用いて動的にスケーリングする指定も可能です。また、Serviceを利用することで、Taskの更新をブルーグリーンデプロイメントで行うこともできます。

セキュリティ面の特徴としては、TaskごとにIAM（Identity and Access Management）ロールを割り当てられることが挙げられます。EC2の場合は、IAMロールをインスタンス単位でしか割り当てられませんでしたが、ECSでは同じCluster上で起動するTaskごとに別のIAMロールを付与できます。そのため、次のような権限管理も可能になります。

○ Webサーバー用のTaskにはSQS（Simple Queue Service）へのSendMessage権限のみを付与する。

○ 同じCluster上で動くバッチサーバーTaskには、SQSからのReceiveMessageとS3からのGetObjectの権限のみを付与する。

▶▶▶ **重要ポイント**

- EC2インスタンス上で実行されるコンテナのことをTaskと言い、このEC2インスタンスのことをClusterと言う。1つのCluster上で複数のTaskを実行できる。Cluster上で動作するTaskの定義はTask Definitionで行う。

AWSにおけるその他のコンテナサービス

ECS以外にも、AWSには下記のコンテナ関連サービスがあります。

○ AWS Fargate

○ Amazon Elastic Container Service for Kubernetes（EKS）

○ Amazon Elastic Container Registry（ECR）

ECSでは、Cluster用のEC2インスタンスが必要でした。そのため、そのEC2インスタンス自体の管理、たとえばAuto Scalingの設定などは利用者側で意識する必要がありました。**AWS Fargate**は、このEC2を使わずにコンテナを動

かすことができるサービスです。現在、ECSでTask定義を作成するときは、起動タイプとしてEC2（従来のECS）かFargateかを選択できます。Fargateを選択するとClusterの管理が必要なくなるので、ECSよりもさらにアプリケーション開発に集中できるようになります。Fargateは各タスクに割り当てるCPUとメモリに応じて利用料が決まるという特徴があります。

　Kubernetesは、コンテナ管理の自動化のためのオープンソースプラットフォームです。従来、Kubernetesを利用するにはマスター用のEC2インスタンスを複数台用意し、管理する必要がありました。Amazon Elastic Container Service for Kubernetes（EKS）は、このマスターをサービスとして提供するサービスです。マスター用のEC2インスタンスを管理する必要がなくなり、差別化を生む機能の開発により集中できるようになります。

　Dockerを用いる場合、そのコンテナイメージをレジストリ（ストレージとコンテント配送サービス）で管理する必要があります。自前で運用する場合、レジストリ自体の可用性を高める設計が必要になります。このレジストリをサービスとして提供するのがAmazon Elastic Container Registry（ECR）です。レジストリの管理をECRに任せることができます。レジストリへのpush/pull権限をIAMで管理することも可能です。

 練習問題3

　あなたはソリューションアーキテクトとして、プログラマ向けの学習サイト構築の支援を行っています。Dockerコンテナを用いて環境を作ることになり、ECSの導入を検討しています。

　ECSについて誤った説明はどれですか。

- **A.** コンテナはTaskという単位で定義され、Task単位でIAMロールを紐付けて権限管理できる。
- **B.** TaskはCluster上で稼働するが、Cluster用にEC2インスタンスが必要になる。
- **C.** Cluster上で稼働するTaskの定義は、Cluster Definitionで定義する。
- **D.** 同じTaskを複数用意する必要がある場合は、その数をServiceで定義する。

解答は章末（P.84）

4-5

Lambda

　AWS Lambda（以下Lambda）は、サーバーをプロビジョニングしなくても
プログラムを実行できるコンピューティングサービスで、いわゆる**サーバーレ
スアーキテクチャ**の中核を担う存在です。EC2をオンプレミス環境と比べたと
きに、リードタイムが短くなることがメリットの1つだという説明をしました。
それでもEC2上でソースコードを動かすには、インスタンスを作成し、各種ソ
フトウェアを導入する必要があります。また、ELBやAuto Scalingの機能を使っ
てリクエストの負荷分散をする設定をしたり、運用フェーズでEC2にパッチを
当てたりといった作業は利用者側で行わなくてはなりません。

　Lambdaを用いるとソースコードの実行環境一式が提供されるため、利用者
はソースコードだけ用意すればすぐにプログラムを実行できます。また、リク
エストの数に応じて自動的にスケールするので、処理に必要なサーバーの台数
を考える必要もありません（同時実行数に上限はありますが、必要があれば申
請することで上限を上げることができます）。サーバーを持たないため、パッチ
当てなどの保守作業を行う必要がなく、利用者はインフラ管理の大部分をクラ
ウド側に任せることができます。結果として、ビジネス的に価値のある機能の
実装に、開発リソースをつぎ込むことができます。このようにサーバーを持た
ない構成をとることで、様々なメリットを享受できます。

　本節では、このLambdaの特徴や代表的な使われ方について紹介していきま
す。

Lambdaがサポートしているイベントと、よく使われるアーキテクチャパターン

　前述のとおりLambdaは、ソースコードをデプロイするだけでプログラムを
実行できる環境を提供するサービスです。Lambdaを利用するには、**Lambda
関数**という単位で、実行するプログラムとその実行トリガーとなるイベントを
事前に定義します。そして、そのイベントが発生したタイミングでプログラム
が実行されます。指定できるイベントの一例として、次のものが挙げられます。

4

コンピューティングサービス

77

- S3バケットにオブジェクトが追加されたとき／S3バケットからオブジェクトが削除されたとき
- DynamoDBテーブルが更新されたとき
- SNS通知が発行されたとき
- SES（Simple Email Service）がメールを受信したとき
- API GatewayへのHTTPSリクエストがあったとき
- CloudWatch Eventsによって定義されたスケジューリング実行

ここに記載した連携元サービスはごく一部です。その他のサービスについては下記のドキュメントを参照してください。

📖 他のサービスで AWS Lambda を使用する
URL https://docs.aws.amazon.com/ja_jp/lambda/latest/dg/lambda-services.html

特に利用されることが多いアーキテクチャパターンを図にしてみます。まずはじめにS3トリガーの例です。S3に画像がアップロードされたら、それをトリガーにLambda関数を起動します。Lambda関数は対象となる画像を取得し、サムネイル用の画像を作成して別のS3バケットに追加します。バッチサーバーを常駐させるのではなく、イベント駆動で特定の処理を行うアーキテクチャでLambdaのよさを活かしている例だと言えます。

❏ S3に画像がアップロードされたらLambdaでサムネイルを作成する

続いて、APIの提供をLambdaを利用して行うパターンです。API GatewayはリクエストのあったURIとHTTPメソッドの組み合わせで、呼び出すLambda関数を指定できます。呼び出されたLambda関数はビジネスロジックを実行し、必要に応じてDynamoDBとデータをやり取りした上でAPI Gateway経由でレスポンスを返します。APIリクエストのピーク時に自動スケールする構成にできるため、このパターンもよく用いられます。

❏ API Gatewayと組み合わせてAPIロジックの実行をLambdaで行う

　最後に定期実行パターンです。CloudWatch Eventsと組み合わせることで、「毎時」や「火曜日の18時」といった形でLambdaの実行タイミングを指定できます。たとえば、1時間に1回外部のAPIから情報を取得するクローラーとしての利用や、定期的にSlackに何かしらの情報をつぶやくボットを実装する際に利用できます。

❏ CloudWatch EventsでLambdaを定期実行し、外部APIを呼び出して情報を収集する

▶▶▶ **重要ポイント**

- Lambdaを利用するには、Lambda関数という単位で、実行するプログラムとその実行トリガーとなるイベントを事前に定義する。

Lambdaがサポートしているプログラミング言語

　これまで紹介してきたように、様々なアーキテクチャの中核としてLambdaを利用することができます。続いて、Lambda関数の実装例を簡単に見ていきましょう。下記の例は、AWSが事前に用意しているブループリントと呼ばれる実装サンプルから一部抜粋したものです。boto3というPython用のAWS SDKを用いてS3オブジェクトの情報を取得しています。このようなソースコードを用意し、後述するメモリやタイムアウト値の設定をするだけで、Lambda上でプログラムを動かすことができます。

❏ Lambda関数の実装例

```python
from __future__ import print_function

import json
import urllib
import boto3

s3 = boto3.client('s3')

def lambda_handler(event, context):
    bucket = event['Records'][0]['s3']['bucket']['name']
    key = urllib.unquote_plus( \
            event['Records'][0]['s3']['object']['key'].encode('utf8'))
    try:
        response = s3.get_object(Bucket=bucket, Key=key)
        print("CONTENT TYPE: " + response['ContentType'])
        return response['ContentType']
    except Exception as e:
        print(e)
        print('Error getting object {} from bucket {}. ' \
            'Make sure they exist and your bucket is in the same ' \
            'region as this function.'.format(key, bucket))
        raise e
```

　Lambdaでは2020年12月現在、下記のプログラミング言語をサポートしています。

- Node.js
- Python
- Java
- Ruby
- C#
- Go
- PowerShell

　明確にどの言語が向いている、向いていないというものはないのですが、Pythonでは初回のLambda起動までの時間が短くなる傾向があります。逆にJavaでは、初回起動までの時間はかかるものの処理は速いという傾向があります。そのため、機能要件や非機能要件、開発メンバーの利用経験などを鑑みて言語を選定するとよいでしょう。

　Lambdaでは、利用する言語以外に下記の項目を設定する必要があります。

- 割り当てるメモリ量（例：256MB）
- タイムアウトまでの時間（例：10秒）

4-5 Lambda

○ Lambdaに割り当てるIAMロール
○ VPC内で実行するかVPCの外で実行するか

なお、LambdaのCPUパワーは割り当てたメモリ量によって決まります。

Lambdaの課金体系

もう1つ、Lambdaの大きな特徴を挙げるとすると、その課金体系があります。
2020年12月現在のLambdaの利用料を示します。

○ **Lambda関数の実行数**：1,000,000件のリクエストにつき0.20USD
○ **Lambda関数の実行時間**：Lambda関数ごとに割り当てたメモリ量によって単位
課金額が決まる

❏ メモリ量と課金額

割り当てたメモリ量	実行時間課金（USD/100ミリ秒）
128	0.0000002083
512	0.0000008333
1024	0.0000016667
1536	0.0000025000
2048	0.0000033333
3008	0.0000048958

* 2020年12月時点で、課金計算単位が100ミリ秒から1ミリ秒にな
り、より課金ロスの少ない利用が可能になる。

このようにLabmdaの課金体系は、リクエストの数と処理時間によって決ま
るリクエスト課金モデルになっています。そのため、1時間に数回起動できれば
いいバッチや、どれくらいリクエストがくるか予想できないAPIを構築する際
などに、コスト最適な構成にすることができます。
これまで説明したことをまとめると、Lambdaには次の特徴があります。

○ プログラムの実行環境を提供し、インフラの構築や管理にかける時間を減らせる。
○ リクエスト量に応じて自動的にスケールする。
○ リクエスト量や処理時間に応じた課金モデルが採用されている。

試験ガイドを読むと、

- AWSクラウド上で構築するアーキテクチャの基本原則に関する知識
- コスト最適化コンピューティングを設計する方法

といった項目があり、このあたりでLambda関連の知識が問われると考えられます。Lambdaの特徴やユースケースを理解して、この分野の問題に解答できる準備をしておきましょう。

 練習問題4

あなたはソリューションアーキテクトとして、社内システムの維持保守および新機能開発を担当しています。現在、外部のクラウドサービスとファイル連携する新案件の設計を行っています。クラウドサービスから定期的にS3バケットにファイルが連携されるので、それをトリガーとしたバッチ処理で社内システムのデータを更新する必要があります。ファイル連携されるタイミングが読めないので、Lambdaを用いるアーキテクチャを検討することにしました。

Lambdaに関する下記の記述のうち、正しいものはどれですか。

- A. Lambdaの実行数が増えることを想定して、Auto Scalingと組み合わせてスケーリングする設計にするのが望ましい。
- B. Lambdaは、定義したLambda関数の数によって利用料が決まるモデルを採用している。
- C. Lambdaから他のAWSサービスに接続する場合は、Lambda関数に適切なIAMロールを割り当てる必要がある。
- D. Lambda関数ごとに、割り当てるCPUの数を明示的に定義することができる。

解答は章末（P.84）

本章のまとめ

▶▶▶ **コンピューティングサービス**

- 仮想サーバーを提供するEC2、Dockerコンテナの実行環境を提供するECS、サーバーなしでプログラムの実行環境を提供するLambdaが、AWSにおけるコンピューティングサービスの中核を担う。

4-5 Lambda

- EC2を使うとサーバーインスタンスの個数や性能を柔軟に変更できるため、コスト削減や時間短縮が実現できる。
- 高負荷に耐えるためにEC2インスタンスのスペックを上げる対応をスケールアップと呼ぶ。
- スケールアップには限界があり、単一EC2インスタンスでの運用ではそのインスタンスが単一障害点になる可能性がある。
- EC2インスタンスを複数用意して、それらに負荷分散することで高負荷に耐える対応をスケールアウトと呼ぶ。
- ロードバランサーのマネージドサービスであるElastic Load Balancing（ELB）は、スケールアウト時の負荷分散を担う。
- Auto Scalingは、EC2の利用状況に応じて自動的にインスタンスの台数を増減させる機能で、リソースの最適化、耐障害性の向上をもたらす。
- EC2インスタンス上で実行されるコンテナのことをTaskと言い、このEC2インスタンスのことをClusterと言う。1つのCluster上で複数のTaskを実行できる。Cluster上で動作するTaskの定義はTask Definitionで行う。
- Lambdaを利用するには、Lambda関数という単位で、実行するプログラムとその実行トリガーとなるイベントを事前に定義する。

練習問題の解答

✔ 練習問題1の解答

答え：**C**

　まず、AとBのステータスについての記述を見ていきます。Aは「Stopped状態にすれば一切料金は発生しない」という点が誤りです。Stopped状態では、EC2インスタンスの料金はかかりませんが、それに紐付くEBSの料金は発生します。BにはTerminated状態にした後に「Running状態に戻して分析活動を再開する」という記述がありますが、Terminateするとインスタンスが削除されるのでRunning状態に戻すことはできません。Bも誤りです。

　続いて、インスタンスの利用形態に関するCとDの記述についてです。Cはスポットインスタンスの説明として正しい記述となります。スポットインスタンスは、AWSが余らせているEC2リソースを入札形式で利用する形態です。安価に利用できることが多いのですが、その分需要が増えたときにインスタンスが使えなくなってしまいます。Dの記述は誤りです。リザーブドインスタンスは長期スパンでのインスタンス利用を前提に、インスタンス利用料を減らすことができる利用形態です。

4

コンピューティングサービス

83

✔ 練習問題2の解答

答え：**B、D**

　まず、ELBに関する記述について見ていきます。Aの3つのタイプがあるという点は正しいのですが、L4レイヤーでの負荷分散を担うのはNLB（あるいはCLB）です。ALBはL7レイヤーでの負荷分散を行うため、Aは誤りです。BとCはヘルスチェックに関する記述です。ヘルスチェックの間隔を短くすれば、一定時間内のヘルスチェックの回数が増えます。ヘルスチェックが成功することが前提となりますが、ELBに紐付くまでの時間は短くなるのでBは正しい記述です。同様に成功の閾値回数を小さくすると、それだけ早く新しいインスタンスがELBに紐付くことになります。よってCの記載は誤りです。

　続いて、Auto Scalingに関するDとEの記述を見ていきます。Dの記述は正しく、トリガーとなる閾値と合わせてインスタンスの増減数も定義することができます。また、閾値を下回ってインスタンス数を減らす場合、終了ポリシーを定義することができます。たとえば、「最も古いインスタンスから削除」「最も新しいインスタンスから削除」などがあります。詳しくは下記のURLを確認してください。よってEの記載は誤りとなります。

📖 **スケールイン時にどのAuto Scalingインスタンスを削除するかを制御する**
`URL` https://docs.aws.amazon.com/ja_jp/autoscaling/ec2/userguide/
as-instance-termination.html

✔ 練習問題3の解答

答え：**C**

　ECSの基本的な概念や機能を問う問題です。A、B、Dは正しい説明をしています。詳細については、4-4節の冒頭で紹介した図「ECSの概要」を確認してください。Cの記述は誤りです。Taskの振る舞いは、TaskごとにTask Definitionで定義できます。

✔ 練習問題4の解答

答え：**C**

　Lambdaの特徴を問う問題です。選択肢に関連するLambdaの特徴を簡単にまとめると、下記のようになります。

- Lambdaはリクエスト量が増えると自動的にスケールするモデルになっている。ただし、同時実行数に上限があるので、必要に応じてサポートメニューから上限緩和申請を行う必要がある。
- Lambdaはリクエスト量と処理時間に応じて利用料金が決まる課金モデルになっている。
- Lambdaで他のAWSサービス（たとえばS3）からファイルを取得する場合は、その権限が含まれるIAMロールをLambda関数に割り当てる必要がある。
- Lambda関数ごとに割り当てるメモリ量を定義できる。このメモリ量に応じてCPUパワーも決定する。

　よって、正しい記述はCとなります。

第5章

運用支援サービス

本章では、システムの運用フェーズを支援する2つのサービスを取り上げます。1つはCloudWatchで、これは定期的にAWSリソースの状態を取得し、問題がある場合はそれを運用者に通知するサービスです。もう1つはCloudTrailで、これは、AWSリソースの作成やマネジメントコンソールへのログインなどの操作を記録するサービスです。これらは、システムを安定的に動かす上で重要な役割を果たします。

5-1	AWSにおける運用支援サービス
5-2	CloudWatch
5-3	CloudTrail

5-1

AWSにおける運用支援サービス

　前章では、AWSのコンピューティングサービスを紹介しました。これらは AWS上にシステムを構築する上で中核となるサービスです。しかし、システム は作って終わりではありません。むしろ、世の中に公開してからが本番です。シ ステム運用を安定的に行えるか、その上で利用者の声を聞き日々機能を改善し ていけるかなど、運用フェーズに入ってからが重要です。この運用フェーズを 支援するサービスもAWSには存在します。本章では、下記の2つのサービスに ついて詳細に解説します。

○ Amazon CloudWatch
○ AWS CloudTrail

　Amazon CloudWatchは、定期的にAWSリソースの状態を取得し、問題が ある場合はそれを運用者に通知するサービスです。何を「問題がある」とする かは、利用者側で定義することができます。また、ミドルウェアやアプリケーシ ョンのログを監視する機能や、独自にトリガーを定義し、そのトリガーが発生 したら後続の処理を行う機能も提供されています。

　AWS CloudTrailは、AWSリソースの作成や、マネジメントコンソールへ のログインなどの操作を記録するサービスです。一部の操作については、デフ ォルトで記録されていますが、設定を変更することですべての操作を記録する ことができます。また、S3にログを残す機能も提供されているため、そのログ をそのまま監査ログにすることができます。

　運用のための機能は非常に重要なものです。しかし、ビジネスの差別化に繋 がるものではないため、できれば工数をかけたくないという声もよく聞きます。 AWSの提供するこれらのマネージドな運用サービスを使うことで、このジレ ンマを解消することができます。ソリューションアーキテクトとして、「システ ムが動く」だけでなく「安定的に動く」設計をするために、本章で運用サービス について理解を深めるようにしましょう。

5-2

CloudWatch

Amazon CloudWatch（以下CloudWatch）は、運用監視を支援するマネージドサービスです。本章の最初に述べたとおり、システムは構築してリリースすれば終わりというわけではありません。リリース後、安定した運用をすることで利用者の満足度を上げていくことが非常に重要ですし、運用がうまくいっていないと新しい機能開発に工数を割くことができません。この安定運用のサポートをするのがCloudWatchです。

CloudWatchには、中核となる3つの機能と、比較的最近追加された4つの機能があります。本節では、中核となる3つの機能について解説していきます。

○ CloudWatch
○ CloudWatch Logs
○ CloudWatch Events

○ CloudWatch Synthetics
○ CloudWatch ServiceLens
○ Container Insight
○ Contributor Insights

CloudWatch

まずはメインの機能について説明します。CloudWatchは各AWSリソースの状態を定期的に取得します。この状態のことをメトリクスと呼びます。たとえば、EC2インスタンスのCPU使用率であったり、Lambda関数ごとのエラー回数などが定義されています。このような、AWSがあらかじめ定義しているメトリクスを標準メトリクスと呼びます。標準メトリクスの一覧については次のURLを参照してください。

📖 CloudWatchメトリクスを発行するAWSのサービス

URL https://docs.aws.amazon.com/ja_jp/AmazonCloudWatch/latest/monitoring/
   CW_Support_For_AWS.html

一方、利用者が定義した値をCloudWatchに渡すことで、独自のメトリクスを作ることもできます。このようなメトリクスをカスタムメトリクスと呼びます。

87

CloudWatchではこれらのメトリクスを選択し、アラームを定義することができます。たとえば次のような条件でアラームを設定します。

- Webサーバー用のEC2インスタンスのCPU使用率が80%を上回ったとき
- 定期実行するLambda関数が一定期間に3回以上エラーを出したとき

　このアラームの条件を満たしたときに別サービスのSNS（9-4節参照）に通知するように設定することができます。SNSは通知を受けてメールを飛ばしたり、Lambda関数を呼び出したりできます。これらの機能を組み合わせて、CPU使用率が高い状態を検知して運用担当者にメールを送ったり、呼び出されたLambdaからAWSリソースの設定を変更したりできます。

　CloudWatchによる監視フローは次の図のようになります。システムのよくない状況をすぐに検知する、それがCloudWatchの基本的なユースケースです。

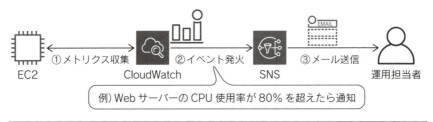

❏ CloudWatchの利用の流れ

CloudWatch Logs

　CloudWatch Logsは、アプリケーションログやApacheログなどのログをモニタリングするサービスです。CloudWatch Logsを利用するには、独自のエージェントをインストールする必要があります。このエージェントを介して、各EC2インスタンスのログをCloudWatch Logsに収集します。このとき、送信元のインスタンスにCloudWatchのIAM権限を付与する必要があるので、IAMロールで設定しましょう。

　CloudWatch Logsでは、収集したログに対してアラームを設定することができます。たとえば、アプリケーションログに「[ERROR]」から始まる行があったとき、あるいは「[WARN]」から始まる行が一定期間に3行以上あったとき、というような閾値でアラームを設定できます。CloudWatchと同様に、このアラー

ムをトリガーにして何かしらの処理を行えます。CloudWatch Logsを使うことでアプリケーションレイヤーの監視もでき、システムをより安定して運用することが可能になります。

❏ CloudWatch Logsの利用の流れ

CloudWatch Events

CloudWatch Eventsは、独自のトリガーと何かしらの後続アクションとの組み合わせを定義するサービスです。独自のトリガーを**イベントソース**と呼び、後続アクションを**ターゲット**と呼びます。CloudWatch Eventsを使うことで、AWSの各サービスをよりシームレスに連携することができます。

イベントソースには大きく2つの種類があります。1つは**スケジュール**で、もう1つは各AWSリソースの**イベント**です。スケジュールはその名のとおりで、「3時間おきに」「金曜日の朝7時に」といった期間・時間ベースのトリガー定義です。後者のAWSリソースのイベントは、「Auto Scalingがインスタンスを増減させたら」「CodeBuildの状態が変わったら」といった、AWSリソースの状態変化をトリガーにします。

ターゲットには既存のAWSリソースに対するアクションを定義します。「Lambda関数をキックする」「CodePipelineを実行する」といったアクションを設定できます。1つのイベントソースに対して複数のターゲットを定義することもできます。また、後からターゲットを追加することもでき、より疎結合な形でサービス間連携を実現できます。

❏ CloudWatch Eventsの利用の流れ

なお、CloudWatch Eventsと同じAPIを使い、機能が追加された **EventBridge** が登場しています。将来的にCloudWatch EventsはEventBridgeに統合予定です。

このように、CloudWatchには様々な機能があります。システムがまずい状態であることを通知するのみならず、それに対するアクションまで定義できるのがCloudWatchシリーズのよいところです。リリース後、何もトラブルが起きないサービスはまずありません。CloudWatchを用いて、トラブルが起きたときに自動的に復旧する、あるいは不具合を最小限に留めるようなフォールトトレラントな設計ができるようにしていきましょう。

▶ ▶ ▶ **重要ポイント**

- CloudWatchのメイン機能は、AWSリソースの状態（メトリクス）を定期的に取得すること。
- CloudWatch Logsは、アプリケーションログやApacheログなどのログをモニタリングするサービス。
- CloudWatch Eventsは、独自のトリガー（イベントソース）と何かしらの後続アクション（ターゲット）との組み合わせを定義するサービス。

練習問題1

あなたはソリューションアーキテクトとして、新規Webサービスの開発に携わっています。現在、運用監視の設計を行っており、システムに問題が発生したときにそれをすぐに検知できるようにしたいと考えています。

下記の記述から誤っているものを選んでください。

- **A.** EC2インスタンスのメモリ使用率を監視したかったが、標準メトリクスには含まれていなかったので自前のスクリプトを定期的に動作させ、カスタムメトリクスを作成した。
- **B.** CloudWatch Logsを用いて、アプリケーションのログに「Exception」という文字列があったときに検知できるようにした。
- **C.** CloudWatch Logsを利用するには、対象のサーバーに専用のエージェントをインストールする必要がある。
- **D.** CloudWatch Eventsを用いるとcronのような定期処理を行うことはできるが、他のサービスの状態変化をトリガーにすることはできない。

解答は章末(P.94)

5-3

CloudTrail

　AWS CloudTrail（以下 CloudTrail）は、AWS に関する操作ログを自動的に取得するサービスです。AWS ではマネジメントコンソールの操作や、CLI やSDK を用いた API による操作によって、AWS リソースを操作したり、AWS リソースからデータを取得したりできます。サービスを運用する中で、意図的かそうでないかは問わず、リソースを誤って削除してしまったり、データを不正に持ち出してしまったりすることがあります。結果として、それが重大な障害やセキュリティインシデントに繋がる可能性があり、「誰が」「いつ」「どのような操作をしたか」といった監査ログを記録しておくことは非常に重要です。CloudTrail を利用すると、このような監査情報を簡単に取得できます。

CloudTrailで取得できるログの種類

　CloudTrail で取得できる操作（イベント）には、管理イベントとデータイベントがあります。

○ **管理イベント**：マネジメントコンソールへのログイン、EC2 インスタンスの作成、S3 バケットの作成など
○ **データイベント**：S3 バケット上のデータ操作、Lambda 関数の実行など

　CloudTrail では管理イベントの取得のみがデフォルトで有効になっており、過去90日分のログをマネジメントコンソール上で確認できます。過去90日より前の情報も保持したい場合は、S3 に証跡を残すように設定することもできます。
　データイベントの取得はデフォルトでは有効になっていませんが、設定を変更することで、管理イベントと同様に S3 にログを保管することができます。

▶▶▶ **重要ポイント**
● 管理イベントの取得はデフォルトで有効。データイベントの取得はデフォルトで無効。

CloudWatch Logsとの連携

　CloudTrailで監査ログを取得することで、何か問題が発生したときに各ユーザーの操作を追跡することができます。これだけでも十分に意味があるのですが、できればユーザーが不正な操作をしたことを自動的に検知したいところです。そのようなときに利用できるのが、CloudWatch Logsとの連携機能です。

　CloudWatch Logsについては前節で解説していますが、簡単に言うと、事前にキーワードを設定しておき、ログにその文字列が出てきたら通知する機能になります。この機能を有効にすることで、事前に不正な操作(のログメッセージ／文字列)を登録しておき、ユーザーがそれに該当する行動をしたときに検知することができます。インシデントに繋がる操作を早期発見することができるので、非常に有用な機能だと言えます。

▶▶▶ **重要ポイント**

- CloudTrailとCloudWatch Logsとを連携させることで、不正な操作を早期に発見できる。

 練習問題2

　あなたはソリューションアーキテクトとして、ある会社のシステム部を支援しています。少し前にその会社の中で、S3上のファイルが持ち出されてしまうことがありました。持ち出したユーザーは意図的にファイルを取得したわけではなく、操作ミスによって持ち出しをしてしまったそうです。システム部は、IAMやバケットポリシーを適切に修正したのですが、この問題が発生したとき、持ち出しをしたユーザーを特定するのに時間がかかったことを問題視しています。そこであなたはCloudTrailの導入を提案しようとしています。

　CloudTrailについて正しい記述を選んでください。

　　A. CloudTrailはマネジメントコンソール上の操作のみを記録するので、AWS CLIのログが残らないことが要件として問題ないかを確認する必要がある。

　　B. 管理イベントに関するログは、標準でS3に永続化される設定になっている。

5-3　CloudTrail

C. データイベントに関するログを取得するには、利用者側の設定作業が必要である。

D. CloudTrailとCloudWatch Eventsを組み合わせることで、監査ログを監視し、ユーザーの不正な操作を検知することができる。

解答は章末（P.94）

本章のまとめ

▶▶▶ **運用支援サービス**

● CloudWatchとCloudTrailは、システムを安定的に動かす上で重要な役割を果たす。

● CloudWatchは、定期的にAWSリソースの状態を取得し、問題がある場合はそれを運用者に通知するサービス。取得された問題に応じて実行すべきアクションを定義することもできる。

● CloudWatchのメイン機能は、AWSリソースの状態（メトリクス）を定期的に取得すること。

● CloudWatch Logsは、アプリケーションログやApacheログなどのログをモニタリングするサービス。

● CloudWatch Eventsは、独自のトリガー（イベントソース）と何かしらの後続アクション（ターゲット）との組み合わせを定義するサービス。

● CloudTrailは、AWSリソースの作成やマネジメントコンソールへのログインなどの操作を記録するサービス。これによって、監査情報を簡単に取得できる。

● CloudTrailとCloudWatch Logsとを連携させることで、不正な操作を早期に発見できる。

練習問題の解答

✔ 練習問題1の解答

答え：**D**

　CloudWatchの機能面について詳細に問う問題です。AからCは正しい内容になりますが、Dは誤りです。たとえば、Auto Scalingによってインスタンスが増減したイベントをCloudWatch Eventsで定義するには、右のように設定できます。時間起動だけではなく、サービス間のシームレスな連携にもCloudWatch Eventsは寄与するので覚えておきましょう。

❏ CloudWatch Eventsの設定

✔ 練習問題2の解答

答え：**C**

　CloudTrailの詳細を問う問題です。派手なサービスではありませんが、セキュアにサービスを運用する上で欠かせないサービスの1つだと言えます。練習問題を通して、まずは要点を絞って理解を深めてください。

　Aの記述ですが、CloudTrailではマネジメントコンソールの操作だけでなく、AWS CLIによるコマンドライン経由での操作や、AWS SDKを利用したプログラマブルなアクセスについても監査ログを残します。よってAは誤りです。

　BとCはCloudTrailが対象とするログデータ種別に関する記述です。管理イベントのロギングはデフォルトで有効になっているのですが、直近90日間のログのみをマネジメントコンソール上で確認する設定になっています。S3上で永続化するには、設定作業が必要になります。データイベントのロギングはデフォルトで有効になっていないので、利用者側の設定が必要です。よってBの記述は誤りで、Cの記述が正しいです。

　最後にDの記述ですが、「監査ログを監視し、ユーザーの不正な操作を検知する」にはCloudWatch Logsを利用します。CloudWatch Eventsは別の機能になります。5-2節で確認してください。

第6章

ストレージサービス

本章では、AWSが提供する5つのストレージサービス（EBS、EFS、S3、S3 Glacier、Storage Gateway）について詳細に解説します。さらに、ファイルサーバーサービスであるFSxについても解説します。データの利用目的や要件に応じて適切なストレージを選択できることは、ソリューションアーキテクトにとって重要なスキルです。

6-1	AWSのストレージサービス
6-2	EBS
6-3	EFS
6-4	S3
6-5	S3 Glacier
6-6	Storage Gateway
6-7	FSx

6-1

AWSのストレージサービス

　IoTやビックデータ、機械学習などIT技術の革新に伴い、データ量の増加やデータの取り扱い方法の多様化が進んでいます。それに応じて、ストレージにも様々な種類が登場しています。ここからは、AWSが提供するストレージサービスについて説明します。

　データの利用目的、要件に応じて適切なストレージを選択できることもソリューションアーキテクトとして重要なスキルとなるため、各サービスの特徴と違いをしっかりと理解しましょう。

ストレージサービスの分類とストレージのタイプ

　AWSが提供するストレージサービスは以下の5つです。AWSドキュメントの分類では **AWS Snowball** もストレージサービスに分類されていますが、本書では詳細の説明はしません。Snowballは、ペタバイトを超えるような大容量のデータをAWSへ移行したり、AWSから持ち出したりするときに使用するデータ転送サービスです。Webサービスではなく、ハードウェアアプライアンスとデータ転送用のクライアントツールが提供されています。

- ○ Amazon EBS
- ○ Amazon EFS
- ○ Amazon S3
- ○ Amazon S3 Glacier
- ○ AWS Storage Gateway

　これ以外にもファイルサーバーのサービスとしてAmazon FSxがあります。ストレージサービスは一般的に次の3つのタイプに分類できます。

- ○ **ブロックストレージ**：データを物理的なディスクにブロック単位で管理するストレージです。データベースや仮想サーバーのイメージ保存領域のように、頻繁に更

新されたり高速なアクセスが必要とされる用途で使われます。AWSストレージサービスのうち、Amazon EBSがブロックストレージのサービスです。

○ **ファイルストレージ**：ブロックストレージ上にファイルシステムを構成して、データをファイル単位で管理するストレージです。複数のクライアントからネットワーク経由でファイルにアクセスするといったデータ共有のために使われたり、過去データをまとめて保存したりといった用途で使われます。AWSストレージサービスのうち、Amazon EFSがファイルストレージのサービスです。

○ **オブジェクトストレージ**：ファイルに任意のメタデータを追加してオブジェクトとして管理するストレージです。ファイルの内容をストレージ内で直接操作することはできず、作成済みのデータに対するHTTP（S）経由の登録・削除・参照といった操作が可能です。更新頻度の少ないデータや大容量のマルチメディアコンテンツを保存する用途で使われます。AWSストレージサービスのうち、Amazon S3とAmazon S3 Glacierがオブジェクトストレージのサービスです。

❏ **ストレージタイプの比較**

	ブロックストレージ	ファイルストレージ	オブジェクトストレージ
管理単位	ブロック	ファイル	オブジェクト
データライフサイクル	追加・更新・削除	追加・更新・削除	追加・削除
プロトコル	SATA、SCSI、FC	CIFS、NFS	HTTP（S）
メタデータ	固定情報のみ	固定情報のみ	カスタマイズ可能
ユースケース	データベース、トランザクションログ	ファイル共有、データアーカイブ	マルチメディアコンテンツ、データアーカイブ

　オブジェクトストレージはクラウドの進展とともに注目されている比較的新しいストレージサービスです。アプリケーションからの利用を想定したREST APIを提供しているサービスが多く、サーバーレスアーキテクチャの構成要素としても重要な役割を担います。AWSのオブジェクトストレージサービスである S3 も、AWSの中核をなすサービスとして位置づけられており、AWS内の様々なサービスのバックエンドとしても利用されています。

▶▶▶ **重要ポイント**

- AWSでは、EBS、EFS、S3、S3 Glacier、Storage Gatewayという5つのストレージサービスが提供されている。このうちEBSはブロックストレージ、EFSはファイルストレージ、S3とS3 Glacierはオブジェクトストレージ。

6-2 EBS

　Amazon EBS（以下EBS）は、AWSが提供するブロックストレージサービスです（EBSとは、Elastic Block Storeの略）。EC2のOS領域として利用したり、追加ボリュームとして複数のEBSをEC2にアタッチすることもできます。第7章で紹介するRDS（Relational Database Service）のデータ保存用にも使用します。

　EBSは基本的にはEC2に1対1に対応するサービスであるため、複数のEC2インスタンスから同時にアタッチするといった使い方はできませんでした。後述するEBSマルチアタッチ機能により複数のEC2からの同時アタッチもできるようになりましたが、制約も多く限定的な用途にとどまります。また、EBSは作成時にAZを指定するため、指定したAZに作成されたEC2インスタンスからのみアタッチ可能です。異なるAZのEC2インスタンスにアタッチしたい場合は、EBSのスナップショットを取得して、スナップショットから指定のAZでEBSボリュームを作成することでアタッチ可能になります。

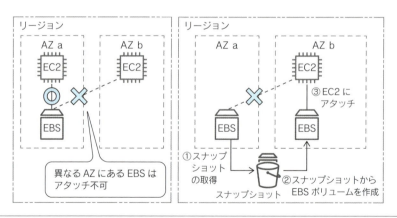

❏ EBS

▶▶▶ 重要ポイント

- EBSはブロックストレージサービスで、EC2のOS領域、EC2の追加ボリューム、RDSのデータ保存領域などに使用する。

EBSのボリュームタイプ

EBSのボリュームタイプはSSDタイプで2種類、HDDタイプで2種類の計4つです。

- 汎用SSD（gp2）
- プロビジョンドIOPS SSD（io1）
- スループット最適化HDD（st1）
- Cold HDD（sc1）

旧世代のマグネティックと呼ばれるHDDのストレージタイプもありますが、新規で作成するときはマグネティックタイプは使わずに、現行のボリュームタイプから最適なものを選ぶようにしましょう。また、各タイプの性能を最大限に発揮するためには、第4章で説明したEBSへのアクセス最適化が可能なEC2インスタンスの利用をお勧めします。

汎用SSD（gp2）

「汎用」という名前が示すとおり、EBSの中で最も一般的な、SSDをベースとしたボリュームタイプです。EC2インスタンスを作成する際のデフォルトボリュームタイプとしても利用されています。

性能の指標としてIOPS（1秒あたりに処理できるI/Oアクセスの数）を用い、3IOPS/GB（最低100IOPS）から最大16,000IOPS/ボリュームまで、容量に応じたベースライン性能があります。このベースライン性能はEBS利用時間の99%で満たされるように設計されています。また、1TB未満のボリュームには、一時的なIOPSの上昇に対応できるようにバースト機能が用意されており、容量に応じて一定期間3,000IOPSまで性能を向上させることができます。

ベースライン性能やバースト機能を使ってもシステムで必要なIOPSを満たすことができない場合は、次のプロビジョンドIOPSタイプの利用を検討してください。

また、2020年12月に、gp3という新タイプも出ています。

プロビジョンドIOPS SSD（io1）

　プロビジョンドIOPSはEBSの中で最も高性能な、SSDをベースとしたボリュームタイプです。RDSやEC2インスタンスでデータベースサーバーを構成する場合など、高いIOPS性能が求められる際に利用します。

　io1は最大50IOPS/GB、もしくは最大64,000IOPS/ボリュームまで、容量に応じたベースライン性能があります。このベースライン性能はEBS利用時間の99.9%で満たされるように設計されています。また、スループットもボリュームあたり最大1,000MB/秒まで出るようになっており、IOPS負荷の高いユースケースと、高いスループットが必要なユースケースの両方に適したストレージタイプです。

スループット最適化HDD（st1）

　スループット最適化はHDDをベースとしたスループット重視のボリュームタイプです。ログデータに対する処理やバッチ処理のインプット用ファイルなど、大容量ファイルを高速に読み取るようなユースケースに適しています。

　スループット（MB/秒）を性能指標として用いており、1TBあたり40MB/秒、最大スループットはボリュームあたり500MB/秒のベースライン性能があります。このベースライン性能はEBS利用時間の99%で満たされるように設計されています。

Cold HDD（sc1）

　Cold HDDは4つのストレージタイプの中でストレージとしての性能はそれほど高くありませんが、最も低コストなボリュームタイプです。利用頻度があまりなく、アクセス時の性能もそれほど求められないデータをシーケンシャルにアクセスするようなユースケースやアーカイブ領域の用途に適しています。1TBあたり12MB/秒、ボリュームあたり最大250MB/秒のベースライン性能があります。

6-2 EBS

❑ ボリュームタイプの比較

	汎用SSD（gp2）	プロビジョンド IOPS SSD（io1）	スループット最適化HDD（st1）	Cold HDD（sc1）
ユースケース	EC2のブートボリューム、アプリケーションリソース	I/O負荷の高いデータベースのデータ領域	ログ分析、バッチ処理用大容量インプットファイル	アクセス頻度が低いデータのアーカイブ
ボリュームサイズ	1GB 〜 16TB	4GB 〜 16TB	500GB 〜 16TB	500GB 〜 16TB
最大IOPS/ボリューム*1	16,000	64,000 *2	500	250
最大スループット/ボリューム	250MB/秒	1,000MB/秒 *3	500MB/秒	250MB/秒
ベースライン性能	3IOPS/GB（最低100IOPS）	指定されたIOPS	1TBあたり40MB/秒	1TBあたり12MB/秒
バースト性能	ボリュームあたり3,000IOPS	指定されたIOPS	1TBあたり最大250MB/秒	1TBあたり最大80MB/秒
主なパフォーマンス属性	IOPS	IOPS	MB/秒	MB/秒

*1　ブロックサイズは、gp2/io1の場合16KB、st1/sc1の場合1MB
*2　NITRO世代のインスタンスタイプのみ。その他のインスタンスタイプは32,000IOPS/ボリューム
*3　NITRO世代のインスタンスタイプのみ。その他のインスタンスタイプは500MB/秒

ベースライン性能とバースト性能

　プロビジョンドIOPS以外のストレージタイプには、ストレージの容量に応じてベースライン性能があることを説明しました。これらのストレージタイプには、ベースライン性能とは異なり、処理量の一時的な増加に対応可能な**バースト性能**という指標もあります。バースト性能はあくまで一時的な処理量の増加への対応に使われることを想定したものと理解しておき、バースト性能に頼ったサイジングはしないようにしましょう。

▶▶▶ **重要ポイント**

- バースト性能は処理量の一時的な増加に対応する能力を示すものなので、これに頼ったサイジングはすべきでない。

EBSの拡張・変更

　EBSには用途に応じたタイプがあることを理解できたと思います。次に、一度作成したEBSに対してどういった変更が可能なのかを説明します。これから紹介する変更はマグネティック（旧世代）タイプを除いて、基本的にはすべてオンラインで実施可能です。

❖ 注意点

1. EBSボリュームに対して変更作業を行った場合、同一のEBSボリュームへの変更作業は6時間以上あける必要があります。
2. 現行世代以外のEC2インスタンスタイプで使用中のEBSボリュームに対する変更作業では、インスタンスの停止やEBSのデタッチが必要になる場合があります。

容量拡張

　すべてのタイプのEBSは1ボリュームあたりの最大容量が16TBです。ディスク容量が不足したら必要に応じてサイズを何度でも拡張できます。オンラインで使用中のEBSボリュームを拡張した後は、EC2インスタンス上でOSに応じたファイルシステムの拡張作業（Linuxであればresize2fsやxfs_growfsなど）を別途実施して、OS側でも認識できるようにしてください。

❖ 注意点

1. 拡張はできますが縮小はできません。一時的なデータ容量の増加などの要件に対しては、ボリュームの拡張ではなく、新規EBSを作成してEC2インスタンスにアタッチし、不要になったらデタッチしてEBSごと削除するといった方法を検討してください。

ボリュームタイプの変更

　先に説明した4つの現行世代タイプ間でのタイプ変更が可能です。gp2タイプで作成したがIOPSが不足することが分かったためio1タイプに変更したい、といった要件に対応できます。また、io1タイプで指定したIOPSが足りない場合に追加のプロビジョニングを実施することも可能です。

6-2 EBS

✤ 注意点

1. プロビジョンドIOPSタイプで指定したIOPS値については、増減のどちらの変更
も可能です。

2. IOPSの変更には最大24時間以上かかる場合があります。変更期間中はボリュー
ムのステータスが「Modifying」になっています。ステータスが「Complete」にな
れば完了です。

EBSの可用性・耐久性

　EBSは内部的にAZ内の複数の物理ディスクに複製が行われており、AWS内
で物理的な故障が発生した場合でも利用者が意識することはほとんどありませ
ん。SLA（Service Level Agreement）は月あたりの利用可能時間が99.99％と設
定されています。

　また、EBSにはスナップショット機能もあるため、定期的にバックアップを
取得することで必要な時点の状態に戻すことが可能です。データのリストアは、
スナップショットから新規EBSボリュームを作成し、EC2インスタンスにアタ
ッチすることで実現できます。

　EBSは一般のハードディスクに比べて信頼性は高いですが、壊れないわけで
はありません。スナップショットなどでバックアップをとる運用設計の検討が
必要です。

EBSのセキュリティ

　EBSには、ストレージ自体を暗号化するオプションがあります。暗号化オプ
ションを有効にすると、ボリュームが暗号化されるだけではなく、暗号化され
たボリュームから取得したスナップショットも暗号化されます。暗号化処理は
EC2インスタンスが稼働するホストで実施されるため、EBS間をまたぐデータ
通信時のデータも暗号化された状態となります。

　すでに作成済みのEBSボリュームを暗号化したい場合は、以下の手順を踏み
ます。

103

1. EBSボリュームのスナップショットを取得
2. スナップショットを暗号化
3. 暗号化されたスナップショットから新規EBSボリュームを作成
4. EC2インスタンスにアタッチしているEBSボリュームを入れ替え

　既存のブートボリュームを暗号化する場合は、スナップショットではなくAMI（Amazon Machine Image）を取得して、AMIコピー時に暗号化を実施したのち、コピーされたAMIからEC2インスタンスを作成することで暗号化が可能です。

Amazon EBSマルチアタッチ

　2020年2月にAmazon EBSマルチアタッチといういう機能が登場しました。制約が多いものの、今まで実現できなかった複数のインスタンスから同一のEBSをアタッチできるという機能です。

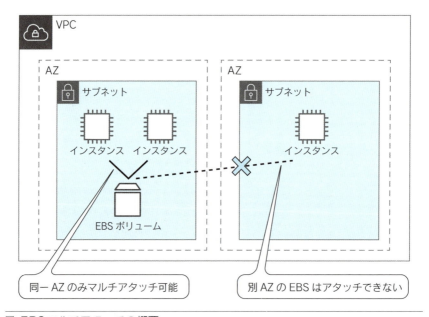

❏ EBSマルチアタッチの概要

EBSマルチアタッチは、同一のAZのインスタンスからのみアタッチ可能で、別AZからはできません。また、プロビジョンドIOPS SSD（io1）ボリュームのみ利用可能です。OSの持つ標準ファイルシステムはサポートしていないため、書き込みの排他制御を利用者自身で検討する必要があります。それ以外の制約もまだまだあり、使いどころは限定されますが、機能として追加されているので把握しておいてください。

練習問題1

　あなたはソリューションアーキテクトとして、社内システムのAWS移行の支援を行っています。EC2を利用するアーキテクチャ設計を採用したので、続いてEBSについて検討することになりました。

　下記のEBSに関する記述のうち、誤っているものはどれですか。2つ選択してください。

- **A.** 汎用SSDタイプのEBSをプロビジョンドIOPS SSDタイプに変更できる。
- **B.** EBSのディスクサイズはオンラインで変更でき、拡張も縮小も可能である。
- **C.** EBSのディスクサイズをオンラインで変更したとき、Amazon Linuxを使っていればOSレベルでのファイルシステムの拡張作業は必要ない。
- **D.** EBSは内部的に冗長化されており、可用性は一般のHDDより高い。
- **E.** EBSの暗号化オプションを利用すると、そのボリュームから取得したスナップショットも暗号化される。

解答は章末（P.134）

6-3

EFS

　Amazon EFS（以下 EFS）は、容量無制限で複数のEC2インスタンスから同時にアクセスが可能なファイルストレージサービスです（EFSとは、Elastic File Systemの略）。クライアントからEFSへの接続は、一般的なNFS（Network File System）プロトコルをサポートしているため、NFSクライアントさえあれば特別なツールをインストールしたり設定をしたりする必要はありません。amazon-efs-utilsツールを使うと、EFSへのマウントに関する推奨オプションが含まれていたり、ファイルシステムにトラブルが発生した場合のトラブルシューティングに役立つログが記録できたりするため、EFSへ接続するクライアントには導入することをお勧めします。

　EFSには多種多様なユースケースに対応できるよう、パフォーマンスモードやスループットモードといったモードが用意されています。間違ったモードを選択すると思っていた性能が出ないといった不具合が起こるため、システムに最適なモードを選択できるようになる必要があります。

▶▶▶ **重要ポイント**

- EFSは、容量無制限で複数のEC2インスタンスから同時にアクセスが可能なファイルストレージサービス。システムに最適なモードを選択して使う必要がある。

EFSの構成要素

EFSは以下の3つの要素から構成されています。

- ○ ファイルシステム
- ○ マウントターゲット
- ○ セキュリティグループ

　EFSは、ファイルが作成されると自動的に3か所以上のAZに保存される分

散ファイルシステムを構成します。作成したファイルシステムにアクセスするために、AZごとにサブネットを指定して**マウントターゲット**を作成します。マウントターゲットを作成すると、ターゲットポイント（接続FQDN）が1つと各AZのマウントターゲット用IPアドレスが発行されます。EC2からは1つのFQDNでアクセスしますが、内部的には自動的に接続元のEC2インスタンスと同一AZのマウントターゲットIPアドレスが返却されるため、レイテンシーを低くするように設計されています。また、マウントターゲットにはセキュリティグループを指定でき、EC2からEFSへの通信要件を定義して、不要なアクセスを制限できます。

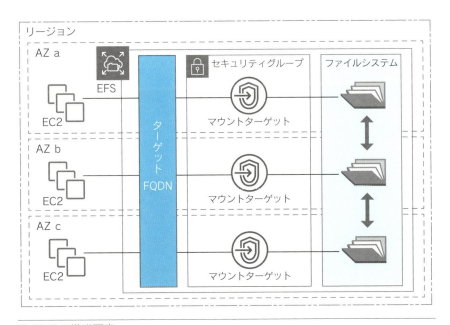

❏ EFSの構成要素

EFSのパフォーマンスモード

EFSには、**汎用パフォーマンスモード**と**最大I/Oパフォーマンスモード**の2つのパフォーマンスモードがあります。ほとんどの場合は、汎用パフォーマンスモードを使えば問題ありません。

ただし、数百～数千台といったクライアントから同時にEFSへアクセスがあるようなユースケース（たとえば、ビックデータ解析アプリケーションによる並列処理に使うデータをEFSに置く場合）にも耐えられるように、最大I/Oパフォーマンスモードが用意されています。最大I/Oパフォーマンスモードを選択した場合、スループットを最大化する代わりに、各ファイル操作のレイテンシーが汎用パフォーマンスモードよりも少し高くなります。

どちらのモードを選択するのがよいかを見分ける指標として、CloudWatchのPercentIOLimitというメトリクスが参考になります。汎用パフォーマンスモードを選択してシステムのユースケースに似たアクセスパターンで性能テストを実施し、PercentIOLimitがどのように遷移するかを確認します。性能テスト実施中にPercentIOLimitが長時間高い状態（80～100%）である場合は、最大I/Oパフォーマンスモードに変更したほうがよい場合があります。

パフォーマンスモードはファイルシステムを一度作成すると変更できないため、本番導入前に入念にテストを実施してどちらを利用するか検討しましょう。

▶ ▶ ▶ **重要ポイント**

- パフォーマンスモードは後から変更できないので、導入前によく検討しなければならない。CloudWatchのPercentIOLimitメトリクスが参考になる。

EFSのスループットモード

EFSにはパフォーマンスモードとは別に2つのスループットモードが用意されています。「バーストスループットモード」と「プロビジョニングスループットモード」です。

○ **バーストスループットモード**：このモードには、EFSに保存されているデータ容量に応じてベースラインとなるスループットが設定されています。一時的なスループットの上昇にも耐えられるようなバースト機能を持ったモードです。ベースラインのスループットは1GBあたり50KB/秒で、保存されているデータ量に応じてスループットと期間が設定されます。最低バーストスループットは100MB/秒です。1TBを超えると、毎日12時間、ストレージの1TBあたり100MB/秒までバーストできるバーストクレジットが貯まるように設計されています。

6-3 EFS

❏ EFSのスループット

ファイルシステム サイズ（GB）	ベースラインスルー プット（MB/秒）	バーストスループッ ト（MB/秒）	最大バースト期間 （分/日）
10	0.5	100	7.2
256	12.5	100	180
512	25.0	100	360
1024	50.0	100	720
1536	75.0	150	720
2048	100.0	200	720
4096	200.0	400	720

○ **プロビジョニングスループットモード**：バーストスループットモードで設定され
ているベースラインスループットを大幅に上回るスループットが必要な場合や、一
時的なバースト時にバーストスループットで定められている最大スループットよ
りも高い性能が必要な場合に、任意のスループット値を指定することができるモー
ドです。容量によらず最大1GB/秒までのスループットを指定できます。それ以上
のスループットが必要な場合は制限の緩和申請が可能です。このモードは、Web
配信用のコンテンツやアプリケーション用のデータといった、データサイズはそれ
ほど大きくないものの頻繁にアクセスしたり大量のインスタンスからの同時アク
セスを受けるようなデータをEFSに配置する場合に最適です。

どちらのスループットモードを選択すればよいかを見分ける指標として、
CloudWatchの **BurstCreditBalance** というメトリクスが参考になります。ク
レジットバランスをすべて使い切ってしまったり、常に減少傾向である場合は
プロビジョニングスループットモードを選択しましょう。スループットモード
はEFS運用中にも変更できます。

プロビジョニングスループットで指定するスループット値は増減どちらも可
能です。スループットモードの変更、およびプロビジョニングスループットモー
ドでのスループット値の削減は、前回の作業から24時間以上間隔をあける必
要があります。

▶▶▶ **重要ポイント**

● スループットモードの選択には、CloudWatchのBurstCreditBalanceメトリク
スが参考になる。

6
ストレージサービス

練習問題2

複数のEC2インスタンスから同一ファイルへの参照処理が頻繁に発生するシステムでEFSを使っていますが、スループットが足りず性能劣化が起こっています。
性能を改善するための対策として正しいものを1つ選んでください。

- **A.** CloudWatchのPercentIOLimitを確認したところ、頻繁に100%近い状態になっていることが判明したため、最大I/Oパフォーマンスモードへの変更を検討する。
- **B.** CloudWatchのBurstCreditBalanceを確認したところ、クレジットバランスを使い切っていることが判明したため、スループットモードをプロビジョニングスループットモードに変更することを検討する。
- **C.** ファイルの保存先を別のストレージサービスであるS3へ移行することを検討する。
- **D.** ファイルの保存先を別のストレージサービスであるEBSへ移行することを検討する。

解答は章末（P.134）

S3

　Amazon S3（以下S3）は非常に優れた耐久性を持つ、容量無制限のオブジェクトストレージサービスです（S3とは、Simple Storage Serviceを意味します）。ファイルストレージとの違いとしては、ディレクトリ構造を持たないフラットな構成であることや、ユーザーが独自にデータに対して情報（メタデータ）を付与できることが挙げられます。

　S3の各オブジェクトには、REST（Representational State Transfer）やSOAP（Simple Object Access Protocol）[1]といったHTTPをベースとしたWeb APIを使ってアクセスします。利用者がデータを保存するために利用するだけではなく、EBSスナップショットの保存場所として使われるなど、AWSのバックエンドサービスにも使われていて、AWSの中でも非常に重要なサービスと位置づけられています。柔軟性に優れたサービスであるため、アイデア次第で使い方は無限に考えられますが、主なユースケースは以下のとおりです。

- データバックアップ
- ビックデータ解析用などのデータレイク
- ETL（Extract／Transform／Load）の中間ファイル保存
- Auto Scaling構成されたEC2インスタンスやコンテナからのログ転送先
- 静的コンテンツのホスティング
- 簡易的なKey-Value型のデータベース

　「大量・大容量」「長期間保存したい」「なくなると困る」といったデータを扱う場合には、まずはS3が使えないかを検討するところからスタートしましょう。

▶▶▶ 重要ポイント

- S3は、非常に優れた耐久性を持つ、容量無制限のオブジェクトストレージサービスで、様々な用途に利用できる。

---

[1] 最近はREST APIが主流となっています。SOAPは、新しいサービスではAPIが提供されないこともあります。

S3の構成要素

S3は次の3つの要素から構成されます。

○ **バケット**：オブジェクトを保存するための領域です。バケット名はアカウントやリージョンに関係なくAWS内で一意にする必要があります。

○ **オブジェクト**：S3に格納されるデータそのものです。各オブジェクトにはキー（オブジェクト名）が付与され、「バケット名＋キー名＋バージョンID」で必ず一意になるURLが作成されます。このURLをWeb APIなどで指定してオブジェクトを操作します。バケット内に格納できるオブジェクト数に制限はありませんが、1つのオブジェクトサイズは最大5TBまでです。

○ **メタデータ**：オブジェクトを管理するための情報です。オブジェクトの作成日時やサイズなどのシステム定義メタデータだけではなく、アプリケーションで必要な情報をユーザー定義メタデータとして保持することができます。

S3の耐久性と整合性

S3に保存されたデータは、複数のAZ、さらにはAZ内の複数の物理的ストレージに複製されます。これにより高い耐久性が維持されます。データの複製方式として、S3は**結果整合性方式**を採用しています。そのため、データの保存後、複製が完全に終わるまでの間にデータを参照すると、参照先によっては保存前の状態が表示されることもあり、この点には注意が必要です。

ストレージクラス

S3には高い耐久性がありますが、その中にも用途に応じて5つのランク（ストレージクラス）分けがされています。なお、次の各項の耐久性と可用性は設計上の性能で、可用性にはSLA（Service Level Agreement）が設定されています。

○ **S3標準**：デフォルトのストレージクラスです。低レイテンシーと高スループットを兼ね備えた、S3の性能が最も発揮されるクラスです。
  ○ **耐久性**：99.999999999%（イレブンナイン）
  ○ **可用性**：99.99%

112

○ **S3 標準－低頻度アクセス**：S3 標準に比べて格納コストが安価なストレージクラスです。参照頻度が低いデータ向けに設定されたクラスであるため、データへのアクセスは随時可能ですが、データの読み出し容量に対する従量課金が行われます。高速なアクセスが必要なものの、それほど頻繁にはアクセスしない、といったデータを保存するときに最適なクラスです。

  ○ **耐久性**：99.999999999%（イレブンナイン）
  ○ **可用性**：99.9%

○ **S3 1ゾーン－IA**：単一のAZ内のみでデータを複製するストレージクラスです。高い耐久性を発揮しますが、AZ単位で障害が発生した場合にデータの復元ができない可能性があります。それ以外はS3標準－低頻度アクセスと同等のサービス仕様です。耐久性はイレブンナインですが、1つのAZ内の耐久性のため、保存しているAZでデータ消失を伴う障害が発生した場合、データは失われます。

  ○ **耐久性**：99.999999999%（イレブンナイン）
  ○ **可用性**：99.5%

○ **S3 Intelligent － Tiering**：参照頻度の高低を明確に決めることができないデータを扱う場合に有効なストレージクラスです。S3標準とS3標準－低頻度アクセスの2層構成となっており、30日以上参照されなかったデータは自動的にS3標準－低頻度アクセスに移動されます。次項で説明する「ライフサイクル管理」を自動化できる半面、頻繁に移動が発生する場合はコスト高になることもあります。

  ○ **耐久性**：99.999999999%（イレブンナイン）
  ○ **可用性**：99.9%

○ **S3 Glacier**：ほとんど参照されないアーカイブ目的のデータを保存するストレージクラスです。オブジェクト新規作成時にこのクラスを選択することはできません。S3 Glacier以外のストレージクラスを選択して、後述するライフサイクル管理機能を使ってこのストレージクラスを指定することで利用可能になります。S3 Glacierクラスに保存されたデータにアクセスする場合は、事前にアクセスをリクエストする必要があり、アクセスできるようになるまでには数時間かかります。オブジェクトはS3 Glacier（6-5節参照）に保存されますが、引き続きS3で管理するオブジェクトであり、S3 Glacierを介して直接アクセスすることはできません。データの取り出しには、数分から標準で3 ～ 5時間かかります。バルク取り出しによる大量のデータ取得の場合は、5 ～ 12時間かかります。

  ○ **耐久性**：99.999999999%（イレブンナイン）
  ○ **可用性**：99.99%

- **S3 Glacier Deep Archive**：S3 Glacier同様にアーカイブ用途のストレージクラスです。S3 Glacierよりさらにアクセス頻度が少ないデータを想定し、データの取得にもさらに時間がかかるようになっています。データの取り出しは標準で12時間以内、バルク取り出しによる大量のデータ取得の場合は、12〜48時間かかります。しかし、GBあたりのストレージ単価はさらに低く、S3 Glacierに比べて最大75%安価です。
  - **耐久性**：99.999999999%（イレブンナイン）
  - **可用性**：99.99%

ライフサイクル管理

S3に保存されたオブジェクトはその利用頻度に応じてライフサイクルを定義することができます。ライフサイクル設定では、次のどちらかを選択できます。

- **移行アクション**：データの利用頻度に応じてストレージクラスを変更するアクションです。たとえば、オブジェクト作成当初はアクセス頻度が高いが、一定期間経過すると利用頻度や重要度が低くなり、最後にはアーカイブとして保存しておく、といったライフサイクルに応じて最適なストレージクラスへ移行することができます。

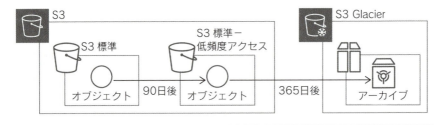

❏ 移行アクション

- **有効期限アクション**：指定された期限を越えたオブジェクトをS3から削除するアクションです。利用期間が決まっているオブジェクトや一時的に作成されたオブジェクトなどを定期的に整理することができます。S3は容量無制限のストレージサービスではありますが、保存容量に応じて従量課金されるため、不要なデータを定期的に削除することでコスト削減が図れます。

❏ 有効期限アクション

バージョニング機能

　バージョニング機能を有効にすると、1つのオブジェクトに対して複数のバージョンを管理することができます。バージョニングはバケット単位で有効／無効を指定できます。バージョニングされたオブジェクトは差分管理されるのではなく、新・旧オブジェクトの両方が保存され、バージョンIDで区別されます。そのため、両バージョン分の保存容量が必要になります。

Webサイトホスティング機能

　S3では、静的なコンテンツに限って、Webサイトとしてホスティングする環境を作成できます。静的コンテンツのリリースは通常のS3の利用と同様に、S3バケットへ保存することで行えます。

　Ruby、Python、PHP、Perlなど、サーバーサイドの動的なコンテンツに関してはS3をWebサイトホスティングとして使用することはできません。動的なコンテンツのWebホスティングを行うには、EC2で独自にWebサーバーを作成するなどの方法があります。

独自ドメインでS3 Webサイトホスティングする場合の注意点

　S3のWebサイトホスティングを設定すると自動的にドメイン（FQDN）が作成されます。そのサイトに独自ドメイン（たとえば、www.example.com）でアクセスしたい場合は、Route 53などのDNSにCNAME情報を設定します。この際、バケット名とドメイン名を一致させる必要があります。www.example.com

でアクセスしたい場合はバケット名もwww.example.comで作成してください。S3の前段にCloudFrontを配置する場合は、バケット名とドメイン名を合わせる必要はありません。

❏ バケット名とドメイン名を一致させる

S3のアクセス管理

S3のアクセス管理にはバケットポリシー、ACL、IAMが使えます。それぞれの方法がどの単位でアクセス制御できるかを表に示します。

❏ アクセス管理の比較

	バケットポリシー	ACL	IAM
AWSアカウント単位の制御	○	○	×
IAMユーザー単位の制御	△	×	○
S3バケット単位の制御	○	○	○
S3オブジェクト単位の制御	○	○	○
IPアドレス・ドメイン単位の制御	○	×	○

バケットポリシーはバケット単位でアクセスを制御します。そのバケットに保存されるオブジェクトすべてに適用されるので、バケットの用途に応じた全体的なアクセス制御をするときに有効です。**ACL**（アクセスコントロールリスト）はオブジェクト単位で公開／非公開を制御する場合に使用します。**IAM**での制御は、ユーザー単位でS3のリソースを制御する場合に使用します。

バケットポリシーのIAMユーザー制御は、IAMユーザーの名称と一致したバケットのみを利用させるといった少し特殊なユースケースに適用可能な制御方法であるため、IAMユーザーに対する制限を行う場合はIAMのポリシーを利用しましょう。

▶▶▶ **重要ポイント**

- S3のアクセス管理にはバケットポリシー、ACL、IAMを用いる。IAMユーザーに対する制限はバケットポリシーでも可能ではあるが、IAMのポリシーを使ったほうがよい。

署名付きURL

　S3へのアクセス管理としてバケットポリシーやACL、IAMといった制御方法を説明しました。**署名付きURL**は、アクセスを許可したいオブジェクトに対して期限を指定してURLを発行する機能です。バケットやオブジェクトのアクセス制御を変更することなく特定のオブジェクトに一時的にアクセスを許可したい場合に非常に有効です。なお、この機能はユーザー制御ではないため、署名付きURLを知っていれば期間中は誰でもアクセスできます。その点には注意が必要です。

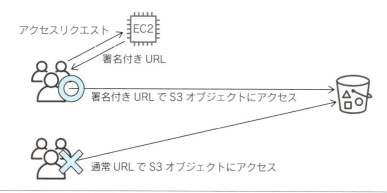

❏ 署名付きURL

▶▶▶ **重要ポイント**

- 署名付きURLは、特定のオブジェクトへのアクセス許可を一時的に与える。この期間中、URLを知っていれば当該オブジェクトには誰もがアクセスできる。この点に注意すべき。

データ暗号化

S3に保存するデータは暗号化ができます。暗号化の方式は、サーバー側での暗号化とクライアント側での暗号化の2種類から選択できます。**サーバー側での暗号化**では、データがストレージに書き込まれるときに暗号化され、読み出されるときに復号されます。**クライアント側での暗号化**では、AWS SDKを使ってS3に送信する前にデータが暗号化されます。復号時は、クライアント側で暗号化されたデータのメタデータからどのキーで復号するのかが判別され、それに基づいてオブジェクトが復号されます。

S3のブロックパブリックアクセス機能とS3 Access Analyzer

AWSはセキュリティへのプライオリティが極めて高く、そのために様々な機能が備わっています。しかし、正しい設定がされていないがために事故が起こっているのも事実です。その事故の1つに、意図せぬS3バケットの外部公開（パブリックアクセス）による情報漏洩があります。その対策として、2018年11月に登場した機能が、S3の**ブロックパブリックアクセス機能**です。

この機能は、新規・任意のACLおよびバケットポリシーの4段階でパブリックアクセスを禁止する設定ができます。さらに新規のバケット作成はデフォルトでパブリックアクセスをブロックするようになっています。ブロックパブリックアクセス以外にも、**S3 Access Analyzer**でS3バケットの監視、保護ができるようになっています。このようにS3はかなり安全側に重心を置く設計に移り変わってきています。ブロックパブリックアクセス機能を有効にするとともに、その挙動を確認してみましょう。

S3のその他の機能

S3には、これまで紹介してきた機能だけでなく、まだまだたくさんの機能があります。すべては紹介しきれないので、最後にS3 SelectとTransfer Accelerationの解説をします。

S3 Selectは、SQL文を利用してS3オブジェクトのコンテンツをフィルタ

リングし、必要なデータのみを取得する機能です。必要なデータのみを取得できるので、転送するデータ量を削減できます。これにより、コストと時間の短縮を図れます。

S3 Transfer Acceleration は、遠隔地のS3へのデータ転送をサポートする機能です。たとえば、日本から海外のリージョンのS3に転送する場合、回線の十分な帯域と安定性がないと転送に時間がかかります。S3 Transfer AccelerationはCloudFrontのエッジロケーションを活用し、ユーザーは最寄りのエッジロケーションに転送し、後はAWSの大容量かつ安定したバックボーン回線を利用して転送することができます。

最古のサービスの1つであるS3についても、毎年のように機能拡張がなされています。アーキテクチャ設計に関わるような機能については、必ず把握して理解しておくようにしましょう。

練習問題3

あなたは不動産会社向けのWebサービスを開発するエンジニアです。システムに必要なファイルの保管先としてS3を利用できないか検討を進めています。

下記のS3に関する記述のうち、誤っているものはどれですか。

- **A.** ライフサイクル管理を利用することで、一定の期間が経過したオブジェクトを自動的に削除することができる。
- **B.** 署名付きURLを設定することで、一定の期間、特定の利用者のみにアクセス権を与えることができる。
- **C.** バケットポリシーのリソースを指定することで、S3バケット内の特定のパスにのみルールを適用できる。
- **D.** Webサイトホスティング機能を独自ドメインで利用する場合、必ずバケット名とドメイン名を合致させる必要がある。

解答は章末(P.134)

6-5

S3 Glacier

Amazon S3 Glacier（以下 S3 Glacier）は、S3 と同様に**イレブンナイン**（99.999999999%）の耐久性を持ちながら、さらに容量あたりの費用を抑えたアーカイブストレージサービスです。S3 Glacier にデータを保存するとデータの取り出しに時間がかかります。また、S3 のように保存するデータに対して名称を付けることはできず、自動採番されたアーカイブIDで管理することになります。

これらのことから S3 Glacier は、オンプレミス環境での磁気テープのように長期間保存し、アクセス頻度が低く、取り出しにある程度時間がかかってもかまわないデータを保存するユースケースに適しています。S3 Glacier へのデータの保存は、APIによる操作かS3のライフサイクル管理機能によって行います。

もともと Glacier は、S3 とは別の独立したサービスでしたが、S3 と統合して利用されることが多く、Amazon S3 Glacier と名前を変え、S3 のストレージクラスの1つと位置づけられるようになりました。

▶▶▶重要ポイント

- S3 Glacier は、イレブンナイン（99.999999999%）の耐久性を持ちながら、容量あたりの費用を抑えたアーカイブストレージサービス。長期保存が求められる、アクセス頻度の低い、取り出しにある程度時間がかかってもかまわないデータの保存に適している。

S3 Glacierの構成要素

S3 Glacier は次の4つの要素から構成されます。基本的な構造はS3と同じなので、S3と比較しながら説明しましょう。

○ **ボールト**：アーカイブを保存するための領域です。S3のバケットに相当します。ボールト名はリージョンおよびアカウント内で一意であればよいため、他のアカウン

トで利用されていても使用できます。

○ **アーカイブ**：S3 Glacierに格納されるデータ自身です。S3のオブジェクトに相当します。各アーカイブには一意のアーカイブIDとオプションの説明が割り当てられます。アーカイブIDには138バイトのランダムな文字列が自動的に付与されます。利用者が指定することはできません。

○ **インベントリ**：各ボールトに保存されているアーカイブの情報（サイズ、作成日、アップロード時に指定されたアーカイブの説明など）を収集します。およそ1日1回の頻度で更新されるため、最新の情報が反映されるまでにはタイムラグがあります。リアルタイムで状況を確認したい場合は、マネジメントコンソールで確認するか、**ListVaults** APIを実行します。

○ **ジョブ**：アーカイブやインベントリに対して検索をかけたり、データをダウンロードするといった要求に対して処理を実行し、処理の状況を管理します。

データの取り出しオプション

S3 Glacierにアーカイブしたデータを閲覧するには、データの取り出しリクエストを出します。取り出しリクエストを出してから実際に取り出せるようになるまでの待ち時間に応じて、**高速**、**標準**、**バルク**の3種類のリクエストオプションがあります。待ち時間が短いほど、取り出しやリクエストにかかる費用が高くなります。次の日に見られれば十分だといった場合は、「バルク」オプションを利用するとよいでしょう。

S3 Glacier Select

通常、S3 Glacierに保存したデータを参照するには、対象アーカイブの読み出しリクエストを出して一定期間待つ必要があります。**S3 Glacier Select**は、アーカイブデータに対してSQLを実行して、条件に合ったデータを抽出する機能です。

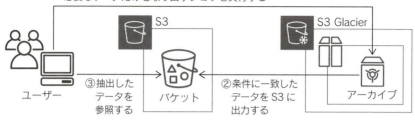

❏ S3 Glacier Select

　対象のアーカイブデータは非圧縮のCSV形式でなければならないなどの条件はありますが、特定のデータだけをアーカイブから簡単に取り出すことができます。

データ暗号化

　S3 Glacierにデータを保存するときにはSSLを使ったデータ転送が行われます。また、S3 Glacierに保存されるデータは標準で暗号化が行われます。独自の暗号化方式でデータを暗号化したい場合は、S3 Glacierに保存する前にデータを暗号化してください。

削除禁止機能（ボールトロック）

　コンプライアンス上の理由により、アーカイブしたファイルの変更・削除をできなくするという要件が出てくる場合があります。その場合の実現方法の1つとしては、S3のバケットポリシーやIAMの権限で実施できる人を制限する方法が考えられます。もう1つの方法として、S3 Glacierの**削除禁止機能（ボールトロック）**を利用して、AWSの機能を使って削除できなくするという方法もあります。

　ボールトロックは、S3 Glacier APIを通じてボールトロックポリシーを対象となるボールト（アーカイブ格納のためのコンテナ）に要求することから始まります。ボールトロックポリシーは、たとえば5年経過するまで、ユーザーにアーカイブを削除する権限を拒否するといった内容です。ポリシーがボールトと

関連付けられるとボールトロックがInProgressの状態になりロックIDが返されます。ユーザーがこのロックIDを使ってボールトロックの開始を要求するとロック処理が完了し、この後の変更・削除ができなくなります。またInProgress状態のまま24時間放置していると、自動的にロック処理は中断します。

練習問題4

あなたはソリューションアーキテクトとしてECサイトの運用を支援しています。最近、AWSの利用料が増加傾向にあり、コスト削減ができる部分がないかを検討しています。あなたは、一部のデータをS3 Glacierに移動することで、コストを削減できないかと考えました。

下記のファイルのうち、S3 Glacierに移すデータとそのデータの取得方法について適切なものを選んでください。

- **A.** あまり人気がない商品の詳細ページ用の画像。詳細ページへのリクエストがあった場合は、バルクモードでデータを取得する設定にする。
- **B.** あまり人気がない商品の詳細ページ用の画像。詳細ページへのリクエストがあった場合は、高速モードでデータを取得する設定にする。
- **C.** 社内ルールで過去2年間分保持する必要がある古いアクセスログ。提出までの猶予があるときは、バルクモードでデータを取り出す運用とする。
- **D.** 社内ルールで過去2年間分保持する必要がある古いアクセスログ。提出までの猶予があるときは、高速モードでデータを取り出す運用とする。

解答は章末（P.134）

Storage Gateway

　AWS Storage Gateway（以下 Storage Gateway）は、オンプレミスにあるデータをクラウドへ連携するための受け口を提供するサービスです。Storage Gatewayを使って連携されたデータの保存先には、先に説明したS3やS3 Glacierといった、耐久性が高く低コストなストレージが利用されます。また、詳細は後述しますが、Storage GatewayのキャッシュストレージとしてEBSが使われます。

　このように、Storage Gatewayはサービスとして独自のストレージを持っているわけではありません。これまで説明してきたストレージを組み合わせて、オンプレミスとAWS間のデータ連携を容易にするためのインターフェイスを提供するサービスだと考えられます。

　オンプレミスとのハイブリッド環境であり、参照頻度が高いデータはオンプレミスの高速ストレージに保存し、参照頻度が低いデータやバックアップデータはStorage Gatewayを利用してクラウドに保管するといった使い分けもできます。そのため、利用目的を明確にすることで、大容量のデータを効率的に管理できます。Storage GatewayはVMwareやHyper-Vの仮想アプライアンスとしてイメージが提供されており、オンプレミス環境に該当のハイパーバイザーがすでに存在する場合は簡単に導入できます。また、EC2インスタンスのStorage Gageway用AMIも用意されているため、AWS上にゲートウェイを配置する構成も可能です。

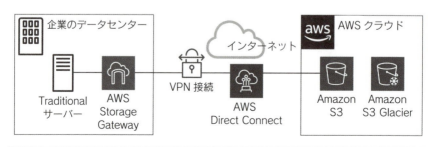

❏ オンプレミス配置

6-6 Storage Gateway

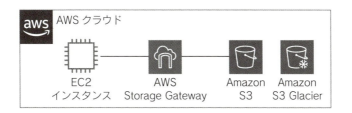

❏ AWS配置

▶▶▶ 重要ポイント

- Storage Gatewayは、オンプレミスにあるデータをクラウドへ連携するためのインターフェイスを提供するサービス。独自のストレージを持たず、S3、S3 Glacier、EBSなどを利用する。

Storage Gatewayのタイプ

Storage Gatewayには、**ファイルゲートウェイ**、**ボリュームゲートウェイ**、**テープゲートウェイ**の3種類のゲートウェイタイプが用意されています。ボリュームゲートウェイには、さらに**キャッシュ型ボリューム**と**保管型ボリューム**の2つのボリューム管理方法があります。データの参照頻度や実データの配置場所の違いなどの要件によって最適なゲートウェイを選択しましょう。

❏ ゲートウェイタイプの比較

ゲートウェイタイプ		Storage Gatewayの配置先	S3での保存単位	S3への保存タイミング	プライマリデータの保存場所	ファイルキャッシュ	クライアントインターフェイス	S3 APIからのアクセス
ファイル		オンプレミス、EC2	ファイル	非同期ほぼリアルタイム	S3	あり（一部）	NFS v3、v4.1	可
ボリューム	キャッシュ型	オンプレミス、EC2	ボリューム	非同期スナップショット	S3	あり（一部）	iSCSI	不可
	保管型	オンプレミス	ボリューム	非同期スナップショット	ローカルディスク	あり（全部）	iSCSI	不可
テープ		オンプレミス、EC2	仮想テープ	非同期バックアップ	ローカルディスク	なし	iSCSI	不可

ファイルゲートウェイ

S3をクライアントサーバーからNFSマウントして、あたかもファイルシステムのように扱うことがきるタイプのゲートウェイです。作成されたファイルは非同期ではありますが、ほぼリアルタイムでS3にアップロードされます。アップロードされたファイルは1ファイルごとにS3のオブジェクトとして扱われるため、保存されたデータにS3のAPIを利用してアクセスすることも可能です。注意点として、データの書き込みや読み込みの速度がローカルディスクに比べて遅いことが挙げられます。保管後のデータに対してS3のWeb APIでアクセスするようなユースケースでは有用なゲートウェイタイプです。もし、単純なNFSサーバーとしてのユースケースであれば、EFSなどの別サービスを検討しましょう。

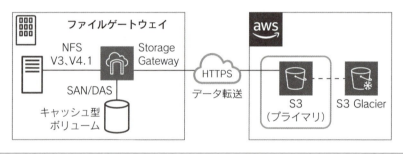

❏ ファイルゲートウェイの構成

ボリュームゲートウェイ

データをS3に保存することはファイルゲートウェイと同じですが、各ファイルをオブジェクトとして管理するのではなく、S3のデータ保存領域全体を1つのボリュームとして管理します。そのため、S3に保存されたデータにS3のAPIを利用してアクセスすることはできません。クライアントサーバーからこのタイプのゲートウェイへの接続方式はNFSではなく、iSCSI接続になります。ボリュームはスナップショットを取得することができるため、スナップショットからEBSを作成し、EC2インスタンスにアタッチすることで、スナップショットを取得した時点までのデータにアクセスできるようになります。

- **キャッシュ型ボリューム**：頻繁に利用するデータはStorage Gateway内のキャッシュディスク（オンプレミス）に保存して高速にアクセスすることを可能とし、すべてのデータを保存するストレージ（プライマリストレージ）としてS3を利用するタイプのボリュームゲートウェイです。データ量が増えたとしてもローカルディスクを拡張する必要がなく、効率的に大容量データを管理できます。キャッシュ上に存在しないデータにアクセスする場合はS3から取得する必要があるため、データ読み込みの速度がシステム上問題になる場合には適しません。

　キャッシュ型ボリュームゲートウェイでは、キャッシュボリュームとアップロードバッファボリュームにストレージを使用します。オンプレミスの場合は仮想アプライアンスが実行される環境にあるストレージを利用し、AWSにStorage Gatewayを構成する場合にはEBSを利用します。**キャッシュボリューム**は頻繁に使用するデータに対して高速にアクセスするためのもので、**アップロードバッファボリューム**はS3にアップロードするデータを一時的に保管するためのものです。

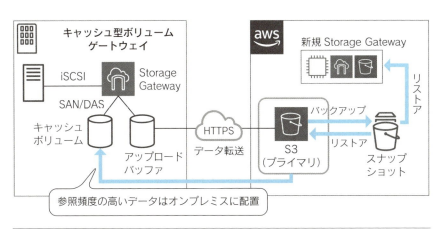

❏ キャッシュ型ボリュームゲートウェイの構成

- **保管型ボリューム**：すべてのデータを保存するストレージ（プライマリストレージ）としてローカルストレージを利用し、データを定期的にスナップショット形式でS3へ転送するタイプのボリュームゲートウェイです。S3へ転送されたスナップショットはEBSとしてリストア可能なため、必要に応じてEC2インスタンスにアタッチすることでデータを参照することができます。すべてのデータがローカルストレージに保存されるため、データへのアクセス速度はStorage Gateway導入によって変化することはありません。オンプレミスのデータを定期的にクラウドへバッ

クアップする用途に適しています。

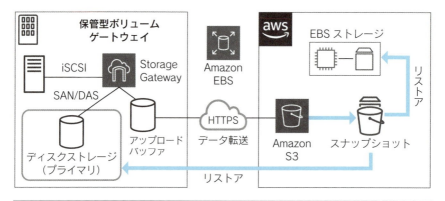

❏ 保管型ボリュームゲートウェイの構成

テープゲートウェイ

　テープデバイスの代替としてS3やS3 Glacierにデータをバックアップするタイプのゲートウェイです。物理のテープカートリッジを入れ替えたり遠隔地にオフサイト保存するといったことをする必要がなくなります。サードパーティ製のバックアップアプリケーションと組み合わせることができるため、すでにバックアップにテープデバイスを利用している場合は、比較的簡単にStorage Gatewayへの移行が可能です。

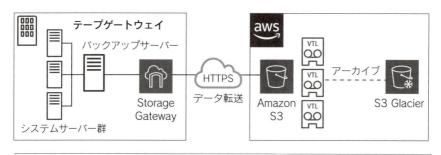

❏ テープゲートウェイの構成

Storage Gatewayのセキュリティ

Storage Gatewayのセキュリティ要素には次の3つがあります。

○ **CHAP認証**：クライアントからStorage GatewayにiSCSIで接続する際に、CHAP認証を設定することができます。CHAP認証を設定することで、不正なクライアントからのなりすましを防止でき、また、通信の盗聴といった脅威に対するリスクを軽減できます。
○ **データ暗号化**：Storage GatewayではAWS KMS（Key Management Service）を使ってデータの暗号化が可能です。暗号化されるタイミングはデータが保管されるときであるため、S3に保存されるタイミングで暗号化されます。また、暗号化されたボリュームから取得したスナップショットも同じキーで暗号化されています。
○ **通信の暗号化**：オンプレミス環境からStorage Gatewayを経由してS3にデータを転送する際にはHTTPSが使用されるため、通信時のデータ内容は暗号化されます。

練習問題5

オンプレミス環境でデータ保存用のストレージを構成しています。現在のファイルアクセス性能を変えることなく、DRの観点からバックアップ目的でストレージのデータをクラウドに保存したいと考えています。

そこでStorage Gatewayの利用を検討していますが、どのゲートウェイタイプが最適ですか。

　A. ファイルゲートウェイ
　B. キャッシュ型ボリュームゲートウェイ
　C. 保管型ボリュームゲートウェイ
　D. テープゲートウェイ

解答は章末（P.135）

6-7

FSx

　ここまで、EBS・EFS・S3・S3 Glacierなどのストレージサービスを紹介してきました。最後に、ストレージ種別の解説と、Amazon FSxというファイルストレージサービスを紹介をします。その上で、それぞれのサービスがどれに属するのかをマッピングして、ストレージの章のまとめとします。

ストレージ種別

　今まで断片的に紹介してきましたが、ストレージには用途・形態ごとに、いくつかの種別があります。代表的なのが、ブロックストレージ・ファイルストレージ・オブジェクトストレージです。まずは、この3つの違いを見てみましょう。

ブロックストレージ

　ブロックストレージは、記録領域をボリュームという単位に分割し、ブロックという単位で呼び出すストレージです。ハードディスクはブロックストレージの物理的な実装です。ハードディスクの場合は物理的な単位に制約されますが、クラウドのブロックストレージは、バックエンドのストレージを論理的にまとめて必要なサイズを自由に使うことができます。ブロックレイヤーは、人間が直接扱うというより、OSが管理するような低レイヤーのストレージになります。

ファイルストレージ

　ファイルストレージは、データをファイルとフォルダ（ディレクトリ）といった階層的な構造で管理します。こちらはいわゆるファイルサーバーのようなイメージです。ユーザーは、ストレージ上のデータを個々のファイル単位で扱います。WindowsやLinuxなどのOSを介して扱っているのがファイルストレージであり、それをネットワーク越しに利用できるようにしているのがNAS

（Network Attached Storage）です。

オブジェクトストレージ

オブジェクトストレージは、データをオブジェクトという単位で扱うストレージです。データをファイルという単位で扱うファイルストレージと似ていますが、オブジェクトストレージではオブジェクトを一意に識別するIDと、それを管理するメタデータで構成されています。ファイルストレージのように階層的な構造ではなく、フラットな構造で管理されているために拡張性が高いというメリットがあります。データへのアクセスは、一般的にはRESTful API（REST APIとも呼ぶ）を通じて行われます。他の2つのストレージに比べて、アプリケーション的な側面の強いストレージとなります。

FSx

Amazon FSx（以下**FSx**）はフルマネージドなファイルストレージです。Windows向けでビジネスアプリケーションなどで利用されるAmazon FSx for Windowsファイルサーバーと、ハイパフォーマンスコンピューティング向けのAmazon FSx for Lustreの2種類のストレージがあります。

FSx for Windowsファイルサーバー

FSx for Windowsファイルサーバーは名前のとおりWindows用のサービスで、フルマネージドなWindowsのファイルサーバーとして使えます。Windows Server上に構築されているので、Windowsで利用できるユーザークォータ、エンドユーザーファイルの復元、Microsoft Active Directory（AD）統合などの幅広い機能が利用可能です。FSx for Windowsは単一のサブネットにエンドポイントとなるENI（Elastic Network Interface）を配置し、そのエンドポイントにはSMBプロトコルを介してアクセス可能です。ENIにはセキュリティグループを適用できるので、それを利用してネットワーク的な制限を加えることができます。

またフルマネージドサービスということもあり、Windows Updateや各種パッチ当てなどのメンテナンスはAWS側で行われます。また、ストレージサイズやスループットなどの指定・変更が可能です。

FSx for Lustre

FSx for Lustreはフルマネージドな分散ファイルシステムで、S3とシームレスに統合できます。Lustreはfor Windowsより特徴的なアーキテクチャを持ちます。LustreはファイルシステムはファイルシステムはS3のバケットと関連付けします。そしてS3上のファイルをインデックスし、あたかも自前のファイルのように見せます。初回アクセス時はS3から取得するので遅いのですが、2回目以降はキャッシュしているので高速です。高速なデータアクセスが必要なハイパフォーマンスコンピューティングで利用され、機械学習やビッグデータ処理などに使われます。

ENIを利用したエンドポイントを作るといった点や、フルマネージドサービスという点ではfor Windowsと同様です。LustreはLinux用のサービスで、利用の際は専用のクライアントソフトをインストールする必要があります。インストール後は通常のNASのようにマウントして利用できます。

ストレージ種別とAWSサービスのマッピング

最後にストレージ種別とAWSサービスをマッピングして、まとめとしましょう。

❏ ストレージ種別とAWSサービス

ストレージ種別	サービス名	概要
オブジェクトストレージ	S3	ネットワーク経由で利用するオブジェクトストレージ
	S3 Glacier	S3のストレージクラスの一部に取り込まれたアーカイブ用ストレージ
ブロックストレージ	EBS	不揮発性のブロックストレージ
	EC2のインスタンスストア	揮発性のブロックストレージ
ファイルストレージ	EFS	NASのように複数のインスタンスからマウントできる。主にLinux用
	FSx	for Windowsとfor Lustreの2種類がある

132

練習問題6

複数のオンプレミスの機器で実行していた機械学習処理をAWS上のEC2インスタンスで実行するように移行します。この機械学習処理には高性能ストレージが必要で、複数のサーバーから参照系処理と書き込み処理が並行して行われます。またできるだけ、既存の処理の変更をしたくありません。AWSのどのストレージサービスを利用すればよいでしょうか。

- **A.** S3
- **B.** FSx for Windows
- **C.** FSx for Lustre
- **D.** EBS

解答は章末(P.135)

本章のまとめ

▶▶▶ ストレージサービス

- AWSでは、EBS、EFS、S3、S3 Glacier、Storage Gatewayという5つのストレージサービスが提供されている。このうちEBSはブロックストレージ、EFSはファイルストレージ、S3とS3 Glacierはオブジェクトストレージ。
- EBSはブロックストレージサービスで、EC2のOS領域、EC2の追加ボリューム、RDSのデータ保存領域などに使用する。
- EFSは、容量無制限で複数のEC2インスタンスから同時にアクセスが可能なファイルストレージサービス。システムに最適なモードを選択して使う必要がある。
- S3は、非常に優れた耐久性を持つ、容量無制限のオブジェクトストレージサービスで、様々な用途に利用できる。
- S3 Glacierは、イレブンナイン(99.999999999%)の耐久性を持ちながら、容量あたりの費用を抑えたアーカイブストレージサービス。長期保存が求められる、アクセス頻度の低い、取り出しにある程度時間がかかってもかまわないデータの保存に適している。
- Storage Gatewayは、オンプレミスにあるデータをクラウドへ連携するためのインターフェイスを提供するサービス。独自のストレージを持たず、S3、S3 Glacier、EBSなどを利用する。

練習問題の解答

✔ 練習問題1の解答

答え：**B、C**

　EBSの各機能について詳細を問う問題です。まず、Aのボリュームタイプの変更はEBSを作った後でも可能なので、正しい記述となります。

　Bのディスクサイズについてですが、オンラインで変更できることは正しいです。しかし、EBSのディスクサイズは（オンライン／オフライン問わず）拡大のみでき、縮小することはできません。よって、Bの記述は誤りです。Cについてですが、Amazon Linuxを使っていても、ファイルシステムの拡張は必要です。Cも誤りとなります。

　Dの記述は正しく、EBSはAWS側で内部的に冗長化されています。Eも正しい記述で、暗号化オプションを設定したEBSボリュームからスナップショットを取得すると、それも暗号化された状態になります。

✔ 練習問題2の解答

答え：**B**

　EFSでは、利用目的に応じて複数のモードの中から選択できます。今回の問題で課題となっているのはスループットなので、スループットモードの変更による改善を検討します。

　AはI/O性能に問題が発生した場合の改善として実施する対策です。C、Dは別のストレージを検討するという選択肢になりますが、今回の利用目的からすると、S3はスループットを改善するための手段としては最適ではなく、EBSは複数のEC2インスタンスからアクセスすることができないため要件を満たしません。したがって、正解はBとなります。

✔ 練習問題3の解答

答え：**B**

　S3の各機能について詳細に問う問題です。この設問に挙がっている機能はどれもS3の主たる機能です。できれば実際に利用して、細かいところまで押さえておくようにしてください。この問題については、A、C、Dについては正しい記述になります。Bの署名付きURLについては、期間を絞ってアクセス権限を付与するという点は正しいのですが、「特定の利用者のみにアクセス権を与える」ことはできない点に注意が必要です。よってこの問題の正解はBとなります。

✔ 練習問題4の解答

答え：**C**

　S3 Glacierに移すべきデータと、その取り出しオプションに関する問題です。まずAやBのような、めったにアクセスされないとはいえ、オンラインで必要になりうるデータについては、S3 Glacierへ移動させることはできません。高速モードで取り出したとしても分単位の処理時間がかかってしまうからです。逆に、CやDのような、必要になったとしても取得までに

6-7 FSx

時間がかかってかまわないデータは、S3 Glacier に移す候補となります。今回の設問では、1週間以内にデータが取得できれば十分なので、バルクモードでゆっくり取り出し、その分費用を抑える運用にするとよいでしょう。

✔ 練習問題5の解答

答え：**C**

Storage Gateway が提供するゲートウェイタイプから最適なタイプを選択できるかを問う問題です。今回の問題のポイントは「ファイルアクセス性能を変えない」点と「DRの観点からのバックアップ」を目的としている点です。性能を劣化させないためには、プライマリのデータソースがオンプレミスに存在するタイプを選択する必要があります。この時点で、Aのファイルゲートウェイと B のキャッシュ型ボリュームゲートウェイは不正解となります。残りの選択肢はCかDです。どちらもバックアップ目的として利用可能なゲートウェイタイプですが、「DRの観点からのバックアップ」として利用する場合、保管型ボリュームゲートウェイが最適なタイプとなります。

DRとは「Disaster Recovery」の略で、災害などによりシステムが壊滅的な状況になった際に復旧させる方策、または被害を最小限に抑えるための予防策を意味します。

✔ 練習問題6の解答

答え：**C**

複数の機器から読み書きされるために、EBSは適しません。EBSマルチアタッチを利用したとしても、参照系は複数のインスタンスから同時にできますが、書き込みもあるので不適格です。よってDは不正解です。AのS3については、処理中の入出力部分がS3に適した形であれば選択肢としてはありえます。ただし、今回はオンプレミスからの移行かつ、処理をできるだけ変えないことを求められています。よって不正解です。

最後に残ったのがBとCのFSxです。FSx for Windows は Windows 向けのファイルサーバーのサービスです。FSx for Lustre は高速でスケーラブルで共有可能なストレージサービスです。機械学習用のストレージに最適です。よって答えはCです。これ以外のストレージサービスとしては、EFSも考えられます。EFSは FSx for Lustre のように SageMaker から機械学習処理のストレージとして利用されることもあります。ただし、書き込み性能はそれほど高くないため、利用する際は事前に検証しましょう。

Column

AWS 認定試験を全部取得する（通称「全冠」について）

　　AWS認定試験を受け続けて、すべて合格する強者も世の中にはいます。2020年12月現在では12種類の試験があり「12冠」あるいは「全冠」と非公式に呼ばれています。また、2020年3月時点でAWSのパートナー企業（APN）に所属している上で12冠を取った人たちは、『2020 APN ALL AWS Certifications Engineer』として表彰されています。その数は14人です。その後も全冠取得者は続々と増え続けているようですし、パートナー企業以外でコンプリートしている人も当然いると思います。そのあたりを考えると、実は相当数の全冠達成者がいるのかもしれません。

　　そんな話をしていると全冠を取ることに意味があるのか。また、目指さないといけないのかという疑問が出てくるでしょう。筆者の考えとしては、個人として業務を遂行する上ではほとんど意味はないが、目指したこと、またその過程で身につけた知識は無駄ではないと考えています。

　　組織としてAWSを使った業務をする上では、すべてに詳しい人が2〜3人しかいないよりは、ある一定以上の力量を持ったメンバーがそれぞれ複数いてチームになっているほうが業務の遂行能力は高いと考えています。また業務を通じて自然と全冠になる力量が身につくのであれば、それに越したことはないでしょう。しかし、AWSの認定試験がカバーする範囲は非常に広く、通常の業務の範囲でその範囲すべてが必要になることはありません。また、必要になるような場合は分業を検討したほうがよいです。つまりAWSの業務をしているだけで自然と全冠の実力がつくことはなく、狙って全冠を取る必要があります。

　　先に業務上、全冠は必要ないと言ったものの、全冠を持っている人が身のまわりにいると非常にありがたいです。その人はAWSのサービスを俯瞰的に見て適切なサービスアーキテクチャを考えられる力を持っています。筆者の所属する会社にも複数人の全冠達成者がいますが、彼らに相談できる態勢を作ることにより、組織がAWSを扱う力を飛躍的に伸ばすことができます。そういった意味で、全冠達成者は引く手あまたということは間違いないですね。

第7章

データベースサービス

近年、データベースのアーキテクチャやデータモデルには様々なものがあります。AWSでも、RDS、Redshift、DynamoDB、ElastiCache、Neptuneという5つのデータベースサービスが提供されています。それぞれの特徴を理解して、要件に合う最適なサービスを選択することがソリューションアーキテクトには求められます。本章では、Neptune以外の4種類について詳細に解説します。

7-1 AWSのデータベースサービス

7-2 RDS

7-3 Redshift

7-4 DynamoDB

7-5 ElastiCache

7-6 その他のデータベース

7-1

AWSのデータベースサービス

　システムの構成要素としてデータベースはなくてはならない存在です。1998年以降、データベースにも複数のアーキテクチャやデータモデルが登場しており、システムの特徴に応じて最適なデータベースを選択することが重要なポイントとなってきています。AWSではデータベースサービスとして8つのサービスを提供しています。ソリューションアーキテクトとしてそれぞれのサービスの特徴を理解し、最適なサービスを選択できる力を身に付けましょう。

データベースの2大アーキテクチャ

　AWSが提供するデータベースサービスは以下の9つです。

- Amazon RDS
- Amazon Redshift
- Amazon DynamoDB
- Amazon ElastiCache
- Amazon Neptune
- Amazon QLDB
- Amazon DocumentDB
- Amazon Keyspaces
- Amazon Timestream

　アーキテクチャの分類方法は様々ですが、ここではRDBとNoSQLと呼ばれる2つのアーキテクチャに分類して概要を説明します。各データベースのアーキテクチャの詳細は割愛します。必要に応じて解説書籍を参照してください。

RDB (Relational Database)

　日本語訳では「関係データベース」と呼ばれています。データを表（テーブル）形式で表現し、各表の関係を定義・関連付けすることでデータを管理するデータベースです。RDBの各種操作にはSQL（Structured Query Language：構造化問合せ言語）を使用します。人間にとっても理解しやすく親しみやすいデータ管理方法です。本書執筆時点でも、データベースの主要なアーキテクチャとして多くのシステムで利用されています。AWSのデータベースサービスのうちAmazon RDSとAmazon RedshiftがRDBのサービスです。

　RDBの主なソフトウェアとしては、Oracle、Microsoft SQL Server、MySQL、PostgreSQLなどが挙げられます。

NoSQL (Not Only SQL)

　RDBのデータ操作で使用するSQLを使わないデータベースアーキテクチャの総称として、NoSQLという言葉が登場しました。NoSQLの中にも様々なデータモデルが存在します。RDBと比較したときのNoSQLの特徴としては、「柔軟でスキーマレスなデータモデル」「水平スケーラビリティ」「分散アーキテクチャ」「高速な処理」が挙げられます。RDBが抱えるパフォーマンスとデータモデルの問題に対処することを目的に作られた新しいアーキテクチャです。AWSのデータベースサービスのうちAmazon DynamoDB、Amazon ElastiCache、Amazon Neptune、Amazon DocumentDB、Amazon KeyspacesがNoSQLのサービスです。

　NoSQLの主なソフトウェアとしては、次のものが挙げられます。

- Redis、Memcached（Key-Valueストア）
- Cassandra、HBase（カラム指向データベース）
- MongoDB、CouchDB（ドキュメント指向データベース）
- Neo4j、Titan（グラフ指向データベース）

RDBとNoSQLの得意・不得意を理解する

　これまでのシステムは、データベースと言えばシステムの中にRDBが1つあり、保持しておく必要があるデータはすべてその中に格納するという構成が大半を占めていました。新たに登場したNoSQLは、RDBを完全に置き換えるものではありません。1つのシステムの中でどちらか一方だけを使うのではなく、アプリケーションのユースケースに応じて複数のデータベースを使い分けるという考え方を持つようにしましょう。

　以降の節では、AWSが提供するデータベースサービスの特徴とユースケースについて説明します。

▶▶▶**重要ポイント**

- AWSでは9つのデータベースサービスが提供されている。そのうち、RDSとRedshiftはRDB（関係データベース）型で、DynamoDB、ElastiCache、Neptune、DocumentDB、KeyspacesはNoSQL型。ユースケースに応じて適切に使い分けることが重要。

7-2

RDS

Amazon RDS（Relational Database Service、以下RDS）は、AWSが提供するマネージドRDBサービスです。MySQL、MariaDB、PostgreSQL、Oracle、Microsoft SQL Serverなどのオンプレミスでも使い慣れたデータベースエンジンから好きなものを選択できます。さらに2014年には、Amazon Auroraという、AWSが独自に開発した、クラウドのメリットを最大限に活かした新しいアーキテクチャのRDSも提供されています。バックアップやハードウェアメンテナンスなどの運用作業、障害時の復旧作業はAWSが提供するマネージドサービスを利用することで、複雑になりがちなデータベースの運用を、シンプルかつ低コストに実現できます。運用の効率化はRDSを使う大きなメリットの1つです。

RDSでは複数のデータベースエンジンを利用できますが、それぞれのエンジンで提供されている機能のうち、RDSでは使用できない機能もあります。RDSを利用する場合は機能制限をよく確かめてください。アプリケーションの仕様上RDSでは使えない機能が必要な場合は、EC2インスタンスにデータベースエンジンをインストールして使うなどの検討が必要になります。

DBインスタンスはEC2と同じく、複数のインスタンスタイプから適正なスペックのものを選択できますが、データベースエンジンによっては選択できるインスタンスタイプが限定されることもあるので注意してください。

各データベースエンジンの機能のサポートについては、次のドキュメントを参照してください。

📖 MySQL

URL https://docs.aws.amazon.com/ja_jp/AmazonRDS/latest/UserGuide/CHAP_
MySQL.html#MySQL.Concepts.Features

📖 MariaDB

URL https://docs.aws.amazon.com/ja_jp/AmazonRDS/latest/UserGuide/CHAP_
MariaDB.html#MariaDB.Concepts.FeatureNonSupport

📖 PostgreSQL

URL https://docs.aws.amazon.com/ja_jp/AmazonRDS/latest/UserGuide/CHAP_
PostgreSQL.html#PostgreSQL.Concepts.General.FeaturesExtensions

📖 Oracle 12c

URL https://docs.aws.amazon.com/ja_jp/AmazonRDS/latest/UserGuide/CHAP_
Oracle.html#Oracle.Concepts.FeatureSupport.12c

📖 Oracle 18c

URL https://docs.aws.amazon.com/ja_jp/AmazonRDS/latest/UserGuide/CHAP_
Oracle.html#Oracle.Concepts.FeatureSupport.18c

📖 Oracle 19c

URL https://docs.aws.amazon.com/ja_jp/AmazonRDS/latest/UserGuide/CHAP_
Oracle.html#Oracle.Concepts.FeatureSupport.19c

📖 Microsoft SQL Server

URL https://docs.aws.amazon.com/ja_jp/AmazonRDS/latest/UserGuide/CHAP_
SQLServer.html#SQLServer.Concepts.General.FeatureNonSupport

▶▶▶ **重要ポイント**

- RDSはマネージドRDBサービスで、最大のメリットは運用の効率化。オンプレミスでも使い慣れたデータベースエンジンから好きなものを選択できる。AWS独自のAuroraも選択可能。

RDSで使えるストレージタイプ

　RDSのデータ保存用ストレージには、前章で紹介したEBSを利用します。EBSの中でもRDSで利用可能なストレージタイプは、「汎用SSD」「プロビジョンドIOPS SSD」「マグネティック」の3つです。マグネティックは過去に作成したDBインスタンスの下位互換性維持のために利用可能となっていますが、新しいDBインスタンスを作成するときには基本的にSSDを選択しましょう。プロビジョンドIOPSは高いIOPSが求められる場合や、データ容量と比較してI/Oが多い場合に利用を検討します。

　ストレージの容量は64TB（Microsoft SQL Serverは16TB）まで拡張が可能です。拡張はオンライン状態で実施可能ですが、拡張中は若干のパフォーマンス劣化が見られるため、利用頻度が比較的少ない時間帯に実施しましょう。

RDSの特徴

　RDSを使うことのメリットに運用の効率化・省力化が挙げられます。それらを実現するために、RDSには便利なマネージドサービスが数多く提供されています。ここでは、よく使われる主なマネージドサービスについて説明します。

マルチAZ構成

　マルチAZ構成とは、1つのリージョン内の2つのAZにDBインスタンスをそれぞれ配置し、障害発生時やメンテナンス時のダウンタイムを短くすることで高可用性を実現するサービスです。DBインスタンス作成時にマルチAZ構成を選択するだけで、後はすべてAWSが自動でDBの冗長化に必要な環境を作成してくれます。本番環境でRDSを利用するときはマルチAZ構成を推奨します。

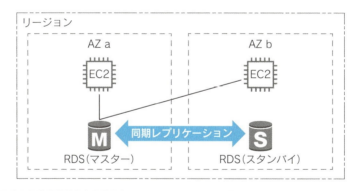

❏ マルチAZ構成

　マルチAZは非常に有用なマネージドサービスですが、利用時に意識しておくべき点が2つあります。

- **書き込み速度が遅くなる**：2つのAZ間でデータを同期するため、シングルAZ構成よりも書き込みやコミットにかかる時間が長くなります。本番環境でマルチAZ構成を利用する場合は、性能テスト実施時にマルチAZ構成にした状態でテストをしましょう。AWSのコストを抑えるために開発環境はシングル構成にして、その環境を使って性能テストを実施したために本番のマルチAZ構成だと想定した性能が出なかった、ということもあります。

○ **フェイルオーバーには60～120秒がかかる**：フェイルオーバーが発生した場合、RDSへの接続用FQDNのDNSレコードが、スタンバイ側のIPアドレスに書き換えられます。異常を検知してDNSレコードの情報が書き換えられ、新しい接続先IPの情報が取得できるようになるまではDBに接続することができません。アプリケーション側でDB接続先IPのキャッシュを持っている場合は、RDSフェイルオーバー後にアプリケーションからRDSに接続できるようになるまで、120秒以上の時間がかかることもあります。

リードレプリカ

リードレプリカとは、通常のRDSとは別に、参照専用のDBインスタンスを作成することができるサービスです。2020年現在では、すべてのデータベースエンジンでリードレプリカが利用できるようになっています。一方で、OracleとSQL Serverについては、利用方法や利用できるライセンス種別に制約があります。

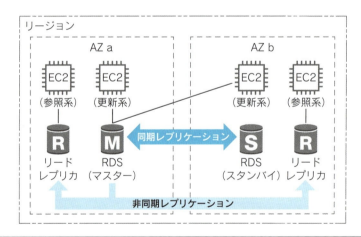

❏ リードレプリカ

リードレプリカを作成することで、マスターDBの負荷を抑えたり、読み込みが多いアプリケーションにおいてDBリソースのスケールアウトを容易に実現することが可能です。たとえば、マスターDBのメンテナンス時でも参照系サービスだけは停止したくないという場合に、アプリケーションの接続先をリードレプリカに変更した状態でマスターDBのメンテナンスを実施します。

マスターとリードレプリカのデータ同期は、非同期レプリケーション方式である点は覚えておく必要があります。そのため、リードレプリカを参照するタイミングによっては、マスター側で更新された情報が必ずしも反映されていない可能性があります。しかし、リードレプリカを作成しても、マルチAZ構成のスタンバイ側へのデータ同期のようにマスターDBのパフォーマンスに影響を与えることはほとんどありません。

▶▶▶ 重要ポイント

- マスターとリードレプリカのデータ同期は非同期レプリケーション方式なので、タイミングによっては、マスターの更新がリードレプリカに反映されていないことがある。

バックアップ/リストア

○ **自動バックアップ**：バックアップウィンドウと保持期間を指定することで、1日に1回自動的にバックアップ（DBスナップショット）を取得してくれるサービスです。バックアップの保持期間は最大35日です。バックアップからDBを復旧する場合は、取得したスナップショットを選択して新規RDSを作成します。稼働中のRDSにバックアップのデータを戻すことはできません。削除するDBインスタンスを再度利用する可能性がある場合は、削除時に最終スナップショットを取得するオプションを利用しましょう。

○ **手動スナップショット**：任意のタイミングでRDBのバックアップ（DBスナップショット）を取得できるサービスです。必要に応じてバックアップを取得できますが、手動スナップショットは1リージョンあたり100個までという取得数の制限があります。RDS単位ではなくリージョン単位の制限であることに注意してください。また、シングルAZ構成でスナップショットを取得する場合、短時間のI/O中断時間があることも要注意です。この仕様は自動バックアップでも同じです。マルチAZ構成の場合はスタンバイ側のDBインスタンスからスナップショットを取得するため、マスターのDBインスタンスには影響を与えません。この点からも、本番環境でRDSを使うときはマルチAZ構成を推奨します。

○ **データのリストア**：RDSにデータをリストアする場合は、自動バックアップ、および手動で取得したスナップショットから新規のRDSを作成します。スナップショット一覧から戻したいスナップショットを選択するだけで、非常に簡単にデータをリストアできます。

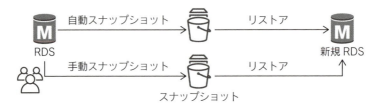

❏ データのリストア

- **ポイントインタイムリカバリー**：直近5分前から最大35日前までの任意のタイミングの状態のRDSを新規に作成することができるサービスです。戻すことができる最大日数は自動バックアップの取得期間に準じます。そのため、ポイントインタイムリカバリーを使用したい場合は自動バックアップを有効にする必要があります。

セキュリティ

データベースには個人情報などの重要な情報や機微な情報を格納することもあるため、セキュリティには特に注意を払う必要があります。ここでは、RDSが実装する2つのセキュリティサービスについて説明します。

- **ネットワークセキュリティ**：RDSはVPCに対応しているため、インターネットに接続できないAWSのVPCネットワーク内で利用可能なサービスです。DBインスタンス作成時にインターネットからの接続を許可するオプションもありますが、デフォルトではOFFになっています。また、EC2と同様、セキュリティグループによる通信要件の制限が可能です。EC2や他のAWSサービスからRDSまでの通信も、各データベースエンジンが提供するSSLを使った暗号化に対応しています。
- **データ暗号化**：RDSの暗号化オプションを有効にすることで、データが保存されるストレージ（リードレプリカ用も含む）やスナップショットだけではなく、ログなどのRDSに関連するすべてのデータが暗号化された状態で保持されます。このオプションは途中から有効にすることができません。すでにあるデータに対して暗号化を実施したい場合は、スナップショットを取得してスナップショットの暗号化コピーを作成します。そして、作成された暗号化スナップショットからDBインスタンスを作成することで既存データの暗号化がなされます。

Amazon Aurora

Amazon Aurora（以下Aurora）は、7-2節の冒頭で説明したように、AWSが独自に開発した、クラウドのメリットを最大限に活かしたアーキテクチャを採用した新しいデータベースエンジンです。2014年のサービスイン当初はMySQLとの互換性を持つエディションのみでしたが、2017年10月にPostgreSQLとの互換性を持つ新しいエディションの提供が始まっています。ここでは、他のRDSとAuroraとの違いについて説明します。

Auroraの構成要素

Auroraでは、DBインスタンスを作成すると同時にDBクラスタが作成されます。DBクラスタは、1つ以上のDBインスタンスと、各DBインスタンスから参照するデータストレージ（クラスタボリューム）で構成されます。Auroraのデータストレージは、SSDをベースとしたクラスタボリュームです。クラスタボリュームは、単一リージョン内の3つのAZにそれぞれ2つ（計6つ）のデータコピーで構成され、各ストレージ間のデータは自動的に同期されます。また、クラスタボリューム作成時に容量を指定する必要がなく、Aurora内に保存されるデータ量に応じて最大64TBまで自動的に拡縮します。

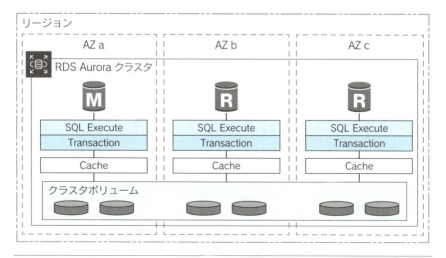

❏ Auroraの構成要素

Auroraレプリカ

Auroraは他のRDSと異なりマルチAZ構成オプションはありません。しかし、Auroraクラスタ内に参照専用のレプリカインスタンスを作成することができます。他のRDSのリードレプリカとの違いは、Auroraのプライマリインスタンスに障害が発生した場合にレプリカインスタンスがプライマリインスタンスに昇格することでフェイルオーバーを実現する点です。

エンドポイント

通常、RDSを作成すると接続用エンドポイント（FQDN）が1つ作成され、そのFQDNを使ってデータベースに接続します。Auroraでは、次の3種類のエンドポイントが作成されます。

○ **クラスタエンドポイント**：Auroraクラスタのうち、プライマリインスタンスに接続するためのエンドポイントです。クラスタエンドポイント経由で接続した場合、データベースへのすべての操作（参照・作成・更新・削除・定義変更）を受け付けることができます。

○ **読み取りエンドポイント**：Auroraクラスタのうち、レプリカインスタンスに接続するためのエンドポイントです。読み取りエンドポイント経由で接続した場合、データベースに対しては参照のみを受け付けることができます。Auroraクラスタ内に複数のレプリカインスタンスがある場合は、読み取りエンドポイントに接続することで自動的に負荷分散が行われます。

○ **インスタンスエンドポイント**：Auroraクラスタを構成する各DBインスタンスに接続するためのエンドポイントです。接続したDBインスタンスがプライマリインスタンスである場合はすべての操作が可能です。レプリカインスタンスである場合は参照のみ可能となります。特定のDBインスタンスに接続したいという要件の場合に使用します。

Column

カスタムエンドポイント

Auroraにはもう1つ、**カスタムエンドポイント**と呼ばれるエンドポイントがあります。これはAuroraクラスタを構成するインスタンスのうち、任意のインスタンスをグルーピングしてアクセスする場合に使います。たとえば、読み取りエンドポイントだとレプリカインスタンス全体にアクセスが分散されますが、カスタムエンドポイントを使って、レプリカインスタンスをWebサービス用とバッチ処理用に分けることで、バッチで実行する負荷の高い参照処理がWebサービスの参照に影響を与えないような構成をとることができます。

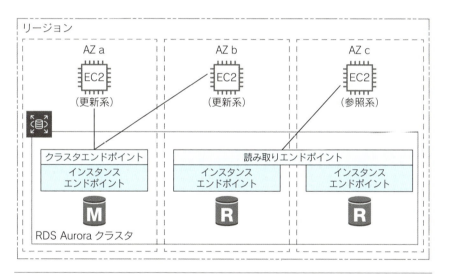

❏ エンドポイント

練習問題1

あなたはソリューションアーキテクトとして、社内基幹システムのAWS移行を推進しています。現在、業務データをRDSに格納するアーキテクチャを検討しています。下記のRDSに関する記述の中で、誤っているものはどれですか。

- **A.** リードレプリカを利用することで、DBレイヤーの負荷分散を行うことができる。
- **B.** マルチAZ構成にすることで、可用性が上がるだけでなく書き込み性能の向上も期待できる。
- **C.** 手動でスナップショットを取る際に、マスター／スタンバイな構成にしておくとI/O瞬断が発生しない。
- **D.** RDSインスタンスごとにセキュリティグループを割り当てることで、通信制限をかけることができる。

解答は章末（P.169）

7-3

Redshift

Amazon Redshift（以下Redshift）は、AWSが提供するデータウェアハウス向けのデータベースサービスです。大量のデータから意思決定に役立つ情報を見つけ出すために必要な環境をすばやく安価に準備できます。これまで一般的に提供されてきたデータウェアハウスの導入コストと比較して10分の1〜100分の1程度で始めることができるため、データウェアハウスを活用したビックデータ解析の導入障壁を一気に下げたサービスです。

Redshiftは PostgreSQL との互換性があるため、pgsqlコマンドで接続できる他、様々なBIツールがRedshiftとの接続をサポートしています。

▶▶▶ **重要ポイント**

- Redshiftはデータウェアハウス向けのデータベースサービスで、大量のデータから意思決定に役立つ情報を見つけ出すために必要な環境をすばやく安価に構成できる。

Redshiftの構成

Redshiftについては、複数ノードによる分散並列実行が大きな特徴として挙げられます。1つのRedshiftを構成する複数のノードのまとまりを**Redshiftクラスタ**と呼びます。クラスタは1つの**リーダーノード**と複数の**コンピュートノード**から構成されます。複数のコンピュートノードをまたがずに処理が完結できる分散構成をいかに作れるかが、Redshiftを使いこなすポイントになります。

○ **リーダーノード**：SQLクライアントやBIツールからの実行クエリを受け付けて、クエリの解析や実行プランの作成を行います。コンピュートノードの数に応じて最適な分散処理が実行できるようにする、いわば司令塔のような役割です。また、各コンピュートノードからの処理結果を受けて、レスポンスを返す役割も担います。リーダーノードは各クラスタに1台のみ存在します。

- **コンピュートノード**：リーダーノードからの実行クエリを処理するノードです。各コンピュートノードはストレージとセットになっています。コンピュートノードを追加することでCPUやメモリ、ストレージといったリソースを増やすことができ、Redshiftクラスタとしてのパフォーマンスが向上します。
- **ノードスライス**：Redshiftが分散並列処理をする最小の単位です。コンピュートノードの中でさらにリソースを分割してスライスという単位を構成します。ノード内のスライス数はコンピュートノードのインスタンスタイプによって異なります。

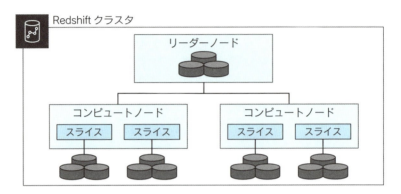

❏ Redshiftの構成

▶▶▶ **重要ポイント**

- 複数のコンピュートノードをまたがずに処理が完結できる分散構成をいかに作れるかが、Redshiftを使いこなすポイント

Redshiftの特徴

列指向型（カラムナ）データベース

データウェアハウスでは、大量のデータに対して集計処理を実行することがメインとなります。データウェアハウスの最大のボトルネック要因はデータI/Oです。そのため、必要なデータに効率的にアクセスできる仕組みはパフォーマンスの観点から非常に重要です。列指向型（カラムナ）データベースは、集計処理に使われるデータをまとめて（列単位で）管理し、ストレージからのデー

タ取得を効率化します。結果として、大容量のデータに対して集計処理を実行する場合に優れたパフォーマンスを発揮します。

多くの圧縮エンコード方式への対応

データI/Oのボトルネックを発生させないための方法として、取得するデータ量を削減するアプローチもあります。Redshiftは9種類の圧縮エンコード方式に対応しています。また、列ごとに圧縮エンコード方式が指定可能なため、データの性質に合った方式を選択することで効率的なデータ圧縮を実現します。各テーブルの列内に存在するデータは似たようなデータであることが多いため、列指向型データベースと組み合わせることでディスクI/Oをさらに軽減することが期待できます。

ゾーンマップ

Redshiftではブロック単位でデータが格納されます。1ブロックの容量は1MBです。**ゾーンマップ**とは、そのブロック内に格納されているデータの最小値と最大値をメモリに保存する仕組みです。この仕組みを活用することで、データ検索条件に該当する値の有無を効率的に判断でき、データが存在しない場合はそのブロックを読み飛ばして処理を高速化します。

柔軟な拡張性

Redshiftの柔軟な拡張性を実現している仕組みは**MPP**（Massively Parallel Processing）と**シェアードナッシング**の2つです。これら2つの仕組みを利用してRedshiftクラスタを構成することで大量データの効率的な集計処理を実現しています。

- **MPP**：1回の集計処理を複数のノードに分散して実行する仕組みです。この仕組みがあることで、ノードを追加（スケールアウト）するだけで分散並列処理のパフォーマンスを向上させることができます。
- **シェアードナッシング**：各ノードがディスクを共有せず、ノードとディスクセットで拡張する仕組みです。複数のノードが同一のディスクを共有することによるI/O性能の劣化を回避するために採用されています。

ワークロードの管理機能

Redshiftでは、多種多様なデータ解析要求を効率的に処理するための管理（Workload Management、WLM）機能が用意されています。Redshiftのパラメータグループにある **wlm_json_configuration** パラメータでクエリの実行に関する定義が可能です。

❖ クエリキューの定義

実行するクエリの種類に応じて専用のキューを作成します。各キューで定義可能なプロパティ例は次の表のとおりです。たとえば、長時間実行を要する単発のクエリ（①）と、実行時間は短いけれども定期的に実行するクエリ（②）がある場合、①の処理が②の実行に影響を与えないようにキューを分けるなどの使い方をサポートします。

❏ プロパティ例

プロパティ	定義内容
short_query_queue	機械学習を用いて自動的に実行時間が短いクエリを検出し、優先的に実行するかどうかを指定します。
max_execution_time	short_query_queueをTrueにした場合、実行時間が短いと判断する基準の時間を指定します。
query_concurrency	キュー内で同時実行可能なクエリ数を定義します。この数字以上のクエリが発生した場合はキューの中で待機して順次実行されます。
user_group	クエリを実行するユーザーによってキューを分ける場合に指定します。複数ユーザーを指定する場合はカンマで区切ります。
user_group_wild_card	user_groupにワイルドカード文字を利用可能にするかどうかを指定します。
query_group	実行するクエリに応じてキューを分ける場合に指定します。
query_group_wild_card	query_groupにワイルドカード文字を利用可能にするかどうかを指定します。
query_execution_time	クエリが実行され始めてからキャンセルされるまでの時間を指定します。タイムアウトした場合、実行条件に一致する別のキューがあればそのキューで再度クエリが実行されます。条件に一致するキューがない場合は実行がキャンセルされます。
memory_percent_to_use	キューに割り当てるメモリの割合を指定します。
rules	クエリ実行時のCPU利用率やデータの取得件数など、主に高負荷・大容量データ処理に関するクエリにおいて、特定の条件に該当した場合のクエリの扱いについて定義します。たとえば、「テーブル結合の結果該当データが〇億件を超えた場合は処理を停止する」などです。

154

Redshift Spectrum

Redshift Spectrum は、S3に置かれたデータを外部テーブルとして定義できるようにし、Redshift内にデータを取り込むことなくクエリの実行を可能にする拡張サービスです。かつてRedshiftを使う上では以下のような課題がありましたが、それらを解決するソリューションとして登場しました。

- S3からRedshiftへのデータロード（COPY）に時間がかかる。
- データの増加に伴いRedshiftクラスタのストレージ容量を拡張する必要があるが、CPUやメモリも追加されてしまいコスト高になる。

Redshift内のデータとS3上のデータを組み合わせたSQLの実行も可能なため、アクセス頻度の低いデータをS3に置いてディスク容量を節約する、複数のRedshiftクラスタからS3上のデータを共有するなどが可能になりました。

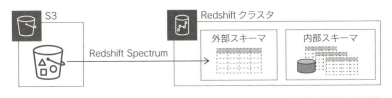

❏ Redshift Spectrum

練習問題2

あなたは営業支援のための社内システムを運用するエンジニアです。これまでの利用データを分析するために、Redshiftの導入ができないかを検討しています。
　Redshiftに関する記述の中で、誤っているものを選んでください。

- **A.** 必要なデータに効率よくアクセスするために、列指向のアーキテクチャを採用している。
- **B.** ブロックに格納されているデータの最小値／最大値がメモリに保存される仕組みがあり、検索性能の向上に寄与している。
- **C.** 1つの集計処理を複数のノードに分散して実行する仕組みが備わっている。
- **D.** 各ノードがディスクを共有するので、ノードのスケールアウトだけでは性能が上がらないことがある。

解答は章末（P.169）

7-4

DynamoDB

　Amazon DynamoDB（以下DynamoDB）は、AWSが提供するマネージド NoSQLデータベースサービスです。テーブルやインデックスを作成する際に、読み取り・書き込みに必要なスループットを指定してリソースを確保することで、安定した性能を担保する仕組みになっています。データを保存するディスク容量も必要に応じて拡縮することができます。また2018年11月より、トランザクション機能にも対応しています。

　このように、DynamoDBは拡張性に非常に優れたKey-Value型のデータベースです。以下のようなシステムのアプリケーション用データベースとして利用するとメリットを発揮します。

- 高い信頼性と拡張性を必要とするシステム
- スループットが増減するようなピーク帯のあるシステム
- 大量のデータを蓄積して高速な検索が可能なシステム
- 広告やゲームなどのユーザー行動履歴を管理するシステム
- Webアプリケーションの永続的セッションデータベース

▶▶▶ **重要ポイント**

- DynamoDBはマネージドNoSQLデータベースサービスで、拡張性に優れた Key-Value型のデータベースを提供する。

DynamoDBの特徴

高可用性設計

　DynamoDBは**単一障害点**（Single Point Of Failure、**SPOF**）を持たない構成となっているため、サービス面での障害対応やメンテナンス時の運用を考える必要がほとんどありません。また、DynamoDB内のデータは自動的に3つのAZ

7-4 DynamoDB

に保存される仕組みになっているため、非常に可用性が高いサービスだと言えます。

スループットキャパシティ

本節の冒頭にも書きましたが、DynamoDBを利用する場合、テーブルやインデックスを作成する際に読み取りと書き込みに必要なスループットを指定します。このスループットキャパシティはいつでもダウンタイムなく変更できます。スループットキャパシティは読み取りと書き込みそれぞれ個別に、キャパシティユニットを単位として指定します。

○ Read Capacity Unit（RCU）：読み取りのスループットキャパシティを指定する指標です。1RCUは、最大4KBの項目に対して、1秒あたり1回の強力な整合性のある読み取り性能、あるいは1秒あたり2回の結果的に整合性のある読み取り性能を担保することを表します。

○ Write Capacity Unit（WCU）：書き込みのスループットキャパシティを指定する指標です。1WCUは、最大1KBの項目に対して、1秒あたり1回の書き込み性能を担保することを表します。

スループットキャパシティの変更は、増加させるのに制限はありません。ただし、減少については1日9回までという制限があるので注意してください。

❖ スループットキャパシティの自動スケーリング

負荷の状況に応じてスループットキャパシティを自動的に増減することができます。1日のうちでスループットに変化がある場合に指定することで、常時高スループットなキャパシティを確保しておく必要がなくなるため、コストメリットがあります。EC2のAuto Scalingと同様、急激なスループットの上昇に即座に対応できるわけではないため、事前にスパイクが発生することが分かっている場合は手動でキャパシティを拡張して対処する必要があります。

データパーティショニング

DynamoDBはデータを**パーティション**という単位で分散保存します。1つのパーティションに対して保存できる容量やスループットキャパシティが決まっているため、データの増加や指定したスループットのサイズによって最適化さ

れた状態を保つようにパーティションを拡張します。この制御はDynamoDB内部で自動的に行われるため、利用者が意識することはありません。

プライマリキーとインデックス

　DynamoDB は Key-Value 型のデータベースであるため、格納されるデータ項目はキーとなる属性とその他の情報によって構成されます。**プライマリキー**はデータ項目を一意に特定するための属性で、「パーティションキー」単独のものと、「パーティションキー＋ソートキー」の組み合わせで構成されるもの（**複合キーテーブル**）の2種類があります。パーティションキーだけでは一意に特定することができない場合に、ソートキーと組み合わせてプライマリキーを構成します。

　また、プライマリキーはインデックスとしても利用され、データ検索の高速化に役立ちます。しかし、プライマリキーだけでは高速な検索要件を満たすことができない場合もあります。その場合には**セカンダリインデックス**を作成することで高速な検索を可能にします。セカンダリインデックスには「ローカルセカンダリインデックス（LSI）」と「グローバルセカンダリインデック（GSI）」の2種類があります。

- ○ **ローカルセカンダリインデックス（LSI）**：プライマリキーはテーブルで指定したパーティションキーと同じで、別の属性をソートキーとして作成するインデックスのことを指します。元テーブルと同じパーティション内で検索が完結することから「ローカル」という名前が付けられています。LSIは複合キーテーブルにのみ作成できます。
- ○ **グローバルセカンダリインデックス（GSI）**：プライマリキーとは異なる属性を使って作成するインデックスのことを指します。GSIはテーブルとは別のキャパシティユニットでスループットを指定します。

　セカンダリインデックスは便利ですが、Key-Value型のデータベースの使い方の本質ではありません。作成した分だけデータ容量を確保する必要があったり、別のキャパシティユニットが必要であったりとコストの追加も必要になります。複数のセカンダリインデックスを作成する必要がある場合は、RDBへの変更などの構成見直しも含めて検討する必要があります。

7-4　DynamoDB

テーブル

パーティションキー	ソートキー	属性1	属性2	属性3	属性4

ローカルセカンダリインデックス

パーティションキー	属性3	ソートキー

パーティションキー	属性2	ソートキー	属性1

グローバルセカンダリインデックス

属性1	属性2	パーティションキー

属性2	属性3	ソートキー	属性4

❏ LSIとGSI

期限切れデータの自動メンテナンス（Time to Live、TTL）

　DynamoDB内の各項目には有効期間を設定でき、有効期間を過ぎたデータは自動的に削除されます。データは即時削除されるわけではなく、有効期間が切れてから最大48時間以内に削除されます。自動メンテナンスによるデータ削除操作はスループットキャパシティユニットを消費しないため、この機能を有効活用することで過去データのメンテナンスを効率的に実施できます。

DynamoDB Streams

　DynamoDBに対して行われた直近24時間の追加・更新・削除の変更履歴を保持する機能です。DynamoDBを使ったアプリケーションの利用履歴を把握できることはもちろんのこと、データが変更されたタイミングを検知できるため、変更内容に応じた処理をリアルタイムで実行するなどの仕組みを構築できます。

強い一貫性を持った参照（Consistent Read）

　DynamoDBは結果整合性のデータモデルを採用したデータベースです。しかしこのオプションを有効にすると、参照のリクエストがあった時点よりも前に書き込まれているデータがすべて反映された状態のデータを元に参照結果を返すようになります。このオプションを利用するとRCUは2倍消費される点には注意が必要です。セカンダリインデックスと同様、Key-Value型データベース

の本来の仕様ではないため、このオプションを使うのか、それともRDBに構成を変更するほうがよいのかを検討する必要があります。

DynamoDB Accelerator (DAX)

　DynamoDBの前段にキャッシュクラスタを構成する拡張サービスです。DynamoDBはもともとミリ秒単位での読み取りレスポンスを実現しますが、DAXを利用すると毎秒数百万もの読み取り処理でもマイクロ秒単位での応答を実現します。性能が格段に向上することはもちろんのこと、DynamoDBに対して直接読み取り操作を実施する回数が減少するため、RCUの確保を抑え、コスト削減にも大きく貢献します。

❏ DAX

 練習問題3

　あなたはWebサービスを開発しているエンジニアです。現在、データの保管先を検討していますが、その候補の1つとしてDynamoDBに関して調査を進めています。
　下記のDynamoDBに関する記述の中で、正しいものはどれですか。

　A. パーティションキーとソートキーを組み合わせたものをテーブルのプライマリキーとして定義できる。
　B. ローカルセカンダリインデックスは、テーブルのプライマリキーとは異なるパーティションキーを指定してインデックスを作成できる。
　C. 読み取りキャパシティはいつでも変更できるが、書き込みキャパシティの場合はダウンタイムが発生する。
　D. DynamoDB Acceleratorを利用するとDynamoDBの前でキャッシュを行うためレスポンス性能が上がるが、DynamoDBの読み取りキャパシティを多く使うのでコスト面でのトレードオフを検討する必要がある。

解答は章末(P.169)

7-5

ElastiCache

Amazon ElastiCache（以下 ElastiCache）は、AWS が提供するインメモリ型データベースサービスです。高頻度で参照するデータや検索に時間がかかるデータセットをメモリ上に保持することでシステムのパフォーマンス向上に寄与します。ElastiCache は Memcached と Redis の2種類のエンジンをサポートしています。用途に応じて最適なエンジンを選択しましょう。

○ Memcached：KVS（Key-Value ストア）型インメモリデータベースのデファクトスタンダードとして広く利用されているエンジンです。非常にシンプルなデータ構造で、データ処理パフォーマンスの向上に特化したキャッシュシステムです。データの永続性機能はないため、メンテナンスや障害による再起動が行われた場合、すべてのデータが消去されます。以下の用途の場合は Memcached を選択しましょう。

　○ シンプルなキャッシュシステムを利用したい。

　○ 万が一データが消えたとしてもシステムの動作に大きな影響を与えない（なくても動く）。

　○ 必要なキャッシュリソースの増減が頻繁で、スケールアウト／スケールインをする必要がある。

○ Redis：KVS 型インメモリデータベースであることは Memcached と同じですが、Memcached よりも多くのデータ型が扱え、キャッシュ用途だけではなくメッセージブローカーやキューを構成する要素としても利用されています。また、ノード間のレプリケーション機能やデータ永続性機能といった可用性面も考慮された機能が実装されています。以下の用途の場合は Redis を選択しましょう。

　○ 文字列、リスト、セット、ストアドセット、ハッシュ、ビットマップなど、多様なデータ型を使いたい。

　○ キーストアに永続性を持たせたい。

　○ 障害発生時に自動的にフェイルオーバーしたり、バックアップ／リストアなどの可用性がほしい。

以降ではMemcachedとRedisに分けて、ElastiCacheの特徴を説明します。

▶ ▶ ▶ **重要ポイント**

- ElastiCacheはインメモリ型データベースサービスで、高頻度で参照するデータ
や検索に時間がかかるデータセットをメモリ上に保持することで、システムのパ
フォーマンス向上に寄与する。

Memcached版ElastiCacheの特徴

クラスタ構成

Memcachedクラスタは、最大20のElastiCacheインスタンスで構成されま
す。クラスタ内に保存されるデータは各インスタンスに分散されます。クラス
タを複数インスタンスで作成するときは、可用性を考慮して複数のAZにElasti
Cacheインスタンスを作成するようにしましょう。クラスタを作成すると2種
類のアクセス用エンドポイントが作成されます。

❏ Memcached版ElastiCacheのアクセス用エンドポイント

エンドポイントの種類	利用用途
ノードエンドポイント	クラスタ内の各ノードに個別にアクセスするためのエンドポイント。特定のノードにのみ必ずアクセスしたい場合に使用する。
設定エンドポイント	クラスタ全体に割り当てられるエンドポイント。クラスタ内のノードの増減を管理し、クラスタの構成情報を自動的に更新する。アプリケーションからElastiCacheサービスに接続するときは、このエンドポイントを使用する。

スケーリング

Memcachedクラスタでは「スケールアウト」「スケールイン」「スケールアッ
プ」「スケールダウン」の4つのスケーリングから必要に応じてリソースを調整
できます。

○ **スケールアウトとスケールイン時の注意点**：Memcachedクラスタのデータはクラ
スタ内の各ノードで分散して保存されることは先ほど説明したとおりです。そのた

め、ノード数を増減させた場合、正しいノードにデータが再マッピングされるまで
の間、キャッシュミスが一時的に増加することがあります。

○ **スケールアップとスケールダウン時の注意点**：Memcachedクラスタをスケール
アップ／スケールダウンするときは、新規のクラスタを作成する必要があります。
Memcachedにはデータ永続性がないため、クラスタを再作成した場合、それまで
保持していたデータはすべて削除されます。

Redis版ElastiCacheの特徴

クラスタ構成

　Redis版では、クラスタモードの有効／無効に応じて冗長化の構成が変わり
ます。どちらの場合もマルチAZ構成を作成することができるため、マスターイ
ンスタンスが障害状態になったときにはスタンバイインスタンスがマスター
インスタンスに昇格します。このように冗長構成が可能な点がMemcached版
ElastiCacheとの大きな違いです。

○ **クラスタモード無効**：クラスタモードが無効の場合、キャッシュデータはすべて1
つのElastiCacheインスタンスに保存されます。また、同じデータを持つリードレ
プリカを最大5つまで作成できます。1つのマスターインスタンスとリードレプリ
カのまとまりを**シャード**と呼びます。

○ **クラスタモード有効**：クラスタモードが有効の場合、最大500のシャードにデータ
を分割して保存する構成が可能です。リードレプリカは1つのシャードに対して最
大5つまで作成できます。データを分散することでRead/Writeの負荷分散構成を
作成することが可能です。

❏ クラスタモード無効／有効の比較

	クラスタモード無効	クラスタモード有効
シャード	1	最大500
リードレプリカ数	最大5台	最大5台（シャードあたり）
データの分散化（シャーディング）	×	○
リードレプリカの追加／削除	○	○
シャードの追加／削除	×	△（Redis 3.2.10以降○）
エンジンアップグレード	○	○
レプリカのプライマリ昇格	○	×
マルチAZ	○（オプション）	○（必須）
バックアップ／復元	○	○

Redis版ElastiCacheのアクセス用エンドポイントは次の表のとおりです。

❏ Redis版ElastiCacheのアクセス用エンドポイント

エンドポイントの種類	利用用途
ノードエンドポイント	クラスタ内の各ノードに個別にアクセスするためのエンドポイント。特定のノードにのみ必ずアクセスしたい場合に使用する。クラスタモードが有効／無効どちらの場合でも使える。
プライマリエンドポイント	書き込み処理用のElastiCacheインスタンスへアクセスするためのエンドポイント。クラスタモードが無効の場合に使用する。
設定エンドポイント	クラスタモードが有効の場合は、この設定エンドポイントを使ってElastiCacheクラスタに対するすべての操作を行うことが可能。

スケーリング

Redis版ElastiCacheのクラスタモードは、当初は構築後の「リードレプリカの追加／削除」「シャードの追加／削除」「エンジンバージョン」の変更ができないといった制約がありました。最近では、このあたりの制約は解消されています。一方で、スケーリング中には処理の大部分がオフラインとなるので、スケーリングは依然、計画立てて行う必要があります。

CPU使用率

Redisはシングルスレッドなので、1コアで動作します。たとえば4コアのインスタンスタイプを使用していても1コアしか使われないので、CPU使用率は

25%が最大値です。この点には注意しましょう。Redis6でマルチスレッドに対応しているので、やがてRedis版ElastiCacheでも改善される可能性はあります。

データ暗号化

Redis 3.2.6および4.0.10以降では、RedisクライアントとElastiCache間の通信とElastiCache内に保存するデータの暗号化をサポートしています。データ暗号化はRedis版のElastiCacheのみ対応しており、Memcached版にはデータ暗号化の機能はありません。

 練習問題4

あなたは人材募集サイトのエンジニアです。最近、システムのレスポンスが遅くなる時間があるというクレームが入りました。調査をしてみると、DBレイヤーへの負荷が集中していることが分かりました。あなたは、データの一部をインメモリキャッシュでキャッシュすることが打開策にならないかと考えており、ElastiCacheの導入を検討しています。

下記のElastiCacheに関する記述の中で、誤っているものはどれですか。

- **A.** Memcached版ElastiCacheでは、複雑なデータ型を取り扱うことはできない。
- **B.** Memcached版ElastiCacheでスケールアップするには、新しいクラスタを作成する必要があり、これまでのキャッシュはすべて削除される。
- **C.** Redis版ElastiCacheでクラスタモードを用いると、リードレプリカの追加ができないことがあることに注意が必要である。
- **D.** Redis版ElastiCacheはCPUコア数の多いインスタンスタイプを選ぶとマルチスレッドで動作する。

解答は章末 (P.170)

7-6

その他のデータベース

　実際に利用頻度が多いのは、RDS、Redshift、DynamoDB、ElastiCacheですが、それ以外のデータベースサービスについても概要だけ説明しておきます。どういった用途のときに選択肢として考えるのかだけでも押さえておきましょう。

Amazon Neptune

　Amazon Neptuneは、フルマネージドのグラフデータベースサービスです。グラフデータベースは、「ノード」「エッジ」「プロパティ」の3つの要素によって構成されていて、ノード間の「関係性」を表します。データ構造はネットワーク型になり、FacebookやTwitterのソーシャルグラフのような繋がりの関係を表現するのに適しています。それ以外にも、経路検索や購入履歴からのレコメンデーションなどにも利用されます。

Amazon DocumentDB

　Amazon DocumentDBは、フルマネージドなMongoDB互換のドキュメントデータベースのサービスです。互換データベースなので内部的な構造はAWSが独自に再構築したものと推測されていますが、インターフェイス面でMongoDBと互換性があり、サーバー上で独自に構築したMongoDBをDocumentDBに移行することもできます。

Amazon Keyspaces

　Amazon Keyspacesは、フルマネージドなApache Cassandra互換のデータベースサービスです。サービスとしての特徴はDocumentDB同様に、AWSがマネージドな互換データベースを出していることにあります。データベースの特

徴としては、Cassandraは列指向データと行指向データの両方の特徴を兼ね備えているので、検索性も高く任意のデータをまとめて取ってくるといったことも得意としています。

Amazon Timestream

Amazon Timestreamは、フルマネージドな**時系列データベース**サービスです。時系列データベースとは、時系列データを扱うことに特化したデータベースです。**時系列データ**とは、サーバーのメモリやCPUなどの利用状況の推移や、あるいは気温の移り変わりなど、時間的に変化した情報を持つデータのことをいいます。これらのデータをリレーショナルデータベースの千倍の速度で、かつ低コストに処理・分析できるように設計されています。IoTやサーバーモニタリング用途に最適です。

Amazon QLDB

最後に**Amazon Quantum Ledger Database**（**QLDB**）です。QLDBは、フルマネージドな**台帳データベース**と呼ばれています。台帳データベースとは変更履歴などをすべて残し、かつその履歴を検証可能な状態にするものです。企業の経済活動や財務活動を履歴として記録する必要がある場合に適したサービスです。同様の用途として、Hyperledger FabricやEthereumなどのブロックチェーンフレームワークが活用されることがありますが、そのインフラを管理するのは手間がかかります。QLDBを活用することにより、同様の機能を得ることができます。

練習問題5

厳重なコンプライアンスが定められたシステムを構築します。このシステムでは、データベースの変更履歴をすべて残し、さらにその履歴が正しいのか検証できる必要があります。最小限の労力で実現するには、どのデータベースを使えばよいでしょうか。

- **A.** Amazon Neptune
- **B.** Amazon DocumentDB
- **C.** Amazon Keyspaces
- **D.** Amazon QLDB

解答は章末(P.170)

本章のまとめ

▶▶▶ データベース

- AWSでは9つのデータベースサービスが提供されている。そのうち、RDSとRedshiftはRDB(関係データベース)型で、DynamoDB、ElastiCache、Neptune、DocumentDB、KeyspacesはNoSQL型。ユースケースに応じて適切に使い分けることが重要。
- RDSはマネージドRDBサービスで、最大のメリットは運用の効率化。オンプレミスでも使い慣れたデータベースエンジンから好きなものを選択できる。AWS独自のAuroraも選択可能。
- Redshiftはデータウェアハウス向けのデータベースサービスで、大量のデータから意思決定に役立つ情報を見つけ出すために必要な環境をすばやく安価に構成できる。
- DynamoDBはマネージドNoSQLデータベースサービスで、拡張性に優れたKey-Value型のデータベースを提供する。
- ElastiCacheはインメモリ型データベースサービスで、高頻度で参照するデータや検索に時間がかかるデータセットをメモリ上に保持することでシステムのパフォーマンス向上に寄与する。

7-6　その他のデータベース

練習問題の解答

✔ 練習問題1の解答

答え：**B**

　RDSにおける各機能の詳細について問う問題です。Aのリードレプリカを導入することで、参照系のリクエストをマスターDBではなくリードレプリカで受けることができます。それによって負荷の分散ができるため、Aの記述は正しいです。

　Cの記述も正しいです。シングル構成にした場合は瞬断が発生してしまいますが、マスター／スタンバイ構成であればスタンバイ側からスナップショットを取得するので、瞬断が発生しません。

　Dについても正しい記述です。セキュリティグループを設定できるので、たとえば「このセキュリティグループが付与されたEC2インスタンスからしか接続を許さない」という設定も可能になります。

　最後にBが誤りになります。マルチAZのマスター／スタンバイ構成にした場合、AZ間でデータ同期が行われます。AZ間の通信は遅くないとはいえ、AZ内に比べれば時間がかかります。可用性は上がりますが、性能が向上することはありません。よって、この問題の正解はBになります。

✔ 練習問題2の解答

答え：**D**

　Redshiftに関する記述の正否を問う問題です。Aの記述は正しく、Redshiftはカラムナ型のアーキテクチャを採用しています。

　Bも正しく、ゾーンマップという仕組みになります。データが存在しないことが分かればブロックを読み飛ばせるので、処理を高速化することができます。

　Cも正しい記述です。内部で分散処理を行い、複数のコンピュートノードで処理を実行しています。

　最後のDが誤りです。ノードごとにディスクを持つことで性能を向上させるシェアードナッシングという仕組みが提供されています。よってこの問題の正解はDとなります。

✔ 練習問題3の解答

答え：**A**

　DynamoDBの詳細を問う問題です。Aの記述は正しく、2つのキーを組み合わせたテーブルを作成することが可能です。よって正解はAとなります。

　残りの記述についても、どこが誤りかを見ていきましょう。Bのローカルセカンダリインデックスは、パーティションキーについてはテーブルと同じものを指定する必要があり、ソートキーはテーブルとは別にすることができます（グローバルセカンダリインデックスは、テーブルと異なるパーティションキーを指定することができます）。

169

Cについては、読み取りキャパシティだけでなく、書き込みキャパシティもダウンタイムなしにいつでも変更できます。

DのDynamoDB AcceleratorですがDynamoDBの前でキャッシュするため、レスポンス性能も上がるだけでなく読み取りキャパシティを減らせるメリットがあります。

✔ 練習問題4の解答

答え：**D**

ElastiCacheでは、MemcachedとRedisを利用することができます。この問題はそれらの特徴に関するものです。

まずAとBのMemcached版に関する記述について見ていきます。Memcachedはシンプルなデータを扱うのに向いているので、Aの記述は正しいです。また、Memcachedにはデータを永続化する機構がないため、失っても問題のないデータのみをキャッシュ対象にする必要があります。スケールアップ時に新しいクラスタを作成した場合もデータが失われることに注意する必要があります。よってBの記述も正しいです。

続いて、Redis版に関するCとDの記述についてです。まず、クラスタモードを採用した場合は、インスタンスタイプの変更ができないなどの制約が一部のバージョンに存在します。この制約の中には、リードレプリカの追加／削除ができないことも含まれます。よって、Cの記述は正しいです。

最後にDの記述ですが、Redisはシングルスレッドで動作するアーキテクチャを採用しています。そのため、CPUコア数の多いインスタンスタイプを選んでもマルチスレッドになることはありません。よってDの記述が誤りで、この問題の正解となります。

✔ 練習問題5の解答

答え：**D**

データベースの選択の問題です。この問題の要件は、変更履歴を残した上で、それが検証可能な状態であることが必要だということです。このような仕組みは台帳データベースと呼ばれます。一般的なリレーショナルデータベースで作り込むことも可能ですが、アプリケーション的な作り込みが必要で非常に手間がかかります。また、Hyperledger Fabric、Ethereumなどのブロックチェーンフレームワークを利用して台帳を作ることも可能ですが、ブロックチェーンネットワークを構築・維持するための労力が必要です。

正解はDのQLDBです。QLDBは台帳データベースと呼ばれ、登録・更新された履歴データを保持しており、その履歴は長期間保持します。またその履歴の正しさを検証するための機能を備えています。

AのNeptuneはグラフデータベースのサービス、BのDocumentDBはAWSにより管理されたMongoDBです。CのKeyspacesは、同じくAWSにより管理されたCassandraです。

第8章

セキュリティと
アイデンティティ

セキュリティはAWSで最も重視される項目の1つです。AWSを安全に扱うには、利用者やアカウントの管理が欠かせません。ここでは、SSL／TLSの証明書管理ツールであるCertificate Managerと、暗号化鍵の作成・管理ツールであるKey Management Service（KMS）を紹介します。また、アカウント管理ツールでありAWSの利用権限を一手に掌握するIdentity and Access Management（IAM）も取り上げます。IAMとKMSは実運用上でも利用機会が多く、認定試験でも頻出します。最重要分野の1つなので、ぜひ押さえておきましょう。

8-1	セキュリティとアイデンティティ
8-2	KMSとCloudHSM
8-3	AWS Certificate Manager

8-1

セキュリティとアイデンティティ

AWSのアカウントの種類

AWSには「AWSアカウント」と「IAMユーザー」と呼ばれる2種類のアカウントがあります。

AWSアカウントは、AWSへサインアップするときに作成されるアカウントです。このアカウントは、AWSのすべてのサービスをネットワーク上のどこからでも利用可能なため、そのユーザーは**ルートユーザー**とも呼ばれます。

一方、**IAMユーザー**は、AWSを利用する各利用者向けに作成されるアカウントです。初期状態ではIAMユーザーは存在しません。AWSアカウントでログインし、必要に応じてIAMユーザーを作成します。

また、複数のAWSアカウントを管理するための **AWS Organizations（組織アカウント）** という機能も追加されています。組織アカウントを利用することで、複数のアカウントの請求をひとまとめにする一括決済が可能となっています。さらに、利用可能なサービスをAWSアカウント単位で制限するサービスコントロールポリシー（SCP）も利用できるようになっています。

AWSアカウント

AWSアカウントのユーザーはルートユーザーとも呼ばれ、AWSの全サービスに対してネットワーク上のどこからでも操作できる権限を持っています。非常に強力なアカウントであるため、取り扱いには十分注意する必要があります。AWSでシステムを構築・運用する場合、AWSアカウントを利用することは極力避け、IAMユーザーを利用してください。また、AWSアカウント単体では、ルートユーザーにIPアドレス制限をするといった、利用シーンを制限する方法がありません。そのため、多要素認証（Multi-Factor Authentication、MFA）の設定などをしておくことを強くお勧めします。

IAMユーザー

IAMユーザーは、AWSの各利用者がWebコンソールにログインして操作するときや、APIを利用してAWSを操作するときなどに使用します。各IAMユーザーに対して、操作を許可する（しない）サービスが定義できます。各IAMユーザーの権限を正しく制限することで、AWSをより安全に使用できます。たとえば、EC2インスタンスをStart/Stopする権限だけを与えて、TerminateはできないIAMユーザーを作成したり、ネットワーク（セキュリティグループやVPC、Route 53など）に関する権限のみを持つネットワーク管理者用IAMユーザーを作成したりできます。

IAMユーザーの管理はセキュリティの要になります。VPCやEC2・S3をどんなにセキュアに保って管理していても、IAMユーザーの管理がずさんであれば、簡単にAWS自体を乗っ取られてしまいます。IAMユーザーは、それくらい重要なものだと心得てください。IAMにはユーザー以外にも様々な機能があります。もう少しIAMの機能について見ていきましょう。

▶▶▶重要ポイント

- AWSアカウントは非常に強い権限を持つのでこのアカウントの利用は極力避け、IAMユーザーを使用する。IAMユーザーの権限を適切に制御することは、AWSシステムのセキュリティの要となる。

IAMの機能

IAM（Identity and Access Management）の主要な機能には次の4つがあります。

- ○ IAMポリシー
- ○ IAMユーザー
- ○ IAMグループ
- ○ IAMロール

これらの機能を用いてユーザーに権限を付与するまでの流れは次のようになります。

1. AWSサービスやAWSリソースに対する操作権限を**IAMポリシー**として定義する。

2. IAMポリシーを**IAMユーザー**や**IAMグループ**にアタッチする。

3. IAMユーザーあるいはIAMグループに属するIAMユーザーがマネジメントコンソールにログインすると、付与された権限の操作を行うことができる。

　この流れを頭の片隅に置きながら、機能の説明を理解していっていただければと思います。なお、IAMユーザーは、利用者を特定すること（Identity）を前提として利用します。これに対してIAMロールは、必要に応じてどのような権限を付与するかという役割を与えるサービスです。どちらも重要なサービスなので、しっかりと理解しましょう。

IAMポリシー

　IAMポリシーは、**Action**（どのサービスの）、**Resource**（どういう機能や範囲を）、**Effect**（許可／拒否）という3つの大きなルールに基づいて、AWSの各サービスを利用する上での様々な権限を設定します。このようにして作成されたポリシーをIAMユーザー、IAMグループ、IAMロールに付与することで権限の制御を行います。

インラインポリシーと管理（マネージド）ポリシー

　IAMでは、ユーザーやグループ、ロールに付与する権限をオブジェクトとして管理することが可能で、これを**ポリシー**と呼びます。ポリシーには、インラインポリシーと管理（マネージド）ポリシーがあります。

　インラインポリシーは、対象ごとに作成・付与するポリシーで、複数のユーザー・グループに同種の権限を付与するには向いていません。

　これに対して**管理ポリシー**は、1つのポリシーを複数のユーザーやグループに適用できます。管理ポリシーには、AWS管理ポリシーとカスタマー管理ポリシーの2種類があります。**AWS管理ポリシー**は、AWS側が用意しているポリシーで、管理者権限やPowerUser、あるいはサービスごとのポリシーなどがあります。一方、**カスタマー管理ポリシー**はユーザー自身が管理するポリシーです。記述方法自体はインラインポリシーと同じですが、個別のユーザー・グループ内に閉じたポリシーなのか共有できるのかの違いがあります。なお、カス

174

タマー管理ポリシーは、最大過去5世代までのバージョンを管理できます。変更した権限に誤りがあった場合、即座に前のバージョンの権限に戻すといったことが可能です。

使い分け方としては、AWS管理ポリシーで基本的な権限を付与し、カスタマー管理ポリシーでIPアドレス制限などの制約を行います。インラインポリシーについては、管理が煩雑になるので基本的には使わないという方針でよいでしょう。ただし、一時的に個別のユーザーに権限を付与するときに利用するといった方法が考えられます。

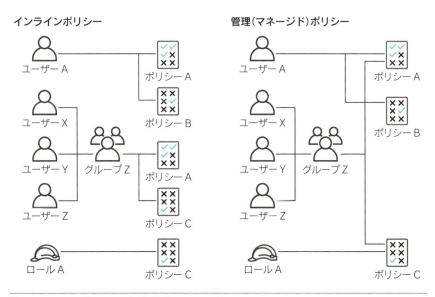

❏ インラインポリシーと管理ポリシーの違い

▶▶▶ **重要ポイント**

- インラインポリシーは、対象ごとに個別に適用する。
- 管理ポリシーは、複数のユーザー・グループにまとめて適用する。
- AWS管理ポリシーはAWSによって用意されたもの。
- カスタマー管理ポリシーはユーザー自身が管理する。

IAMユーザーとIAMグループ

ユーザーとは、AWSを利用するために各利用者に1つずつ与えられる認証情報（ID）です。これまで説明してきたIAMユーザーと同義と考えてください。ここでの利用者には、人だけではなく、APIを呼び出したりCLIを実行したりする主体も含まれます。IAMユーザーの認証方法は次の2とおりです。

- **ユーザーIDとパスワード**：Webコンソールにログインするときに使用します。多要素認証（MFA）を組み合わせることをお勧めします。
- **アクセスキーとシークレットアクセスキー**：CLIやAPIからAWSのリソースにアクセスする場合に使用します。

一方、**グループ**は、同じ権限を持ったユーザーの集まりです。グループはAWSへのアクセス認証情報は保持しません。認証はあくまでユーザーで行い、グループは認証されたユーザーがどういった権限（サービスの利用可否）を持つかを管理します。グループの目的は、権限を容易かつ正確に管理することです。複数のユーザーに同一の権限を個別に与えると、権限の付与漏れや過剰付与など、ミスが発生する確率が高くなります。

ユーザーとグループは多対多の関係を持つことができるので、1つのグループに複数のユーザーが属することはもちろん、1人のユーザーが複数のグループに属することもできます。しかし、グループを階層化することはできないので、グループに一定の権限をまとめておき、ユーザーに対して必要なグループを割り当てます。

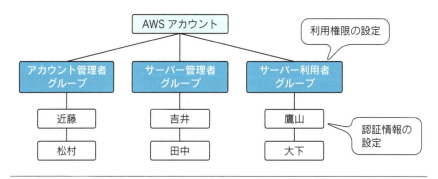

❏ IAMグループの構成例

IAMロール

IAMロールは、永続的な権限（アクセスキー、シークレットアクセスキー）を保持するユーザーとは異なり、一時的にAWSリソースへのアクセス権限を付与する場合に使用します。たとえば以下のような使い方をする場合は、ロールを定義して必要なAWSリソースに対するアクセス権限を一時的に与えることで実現できます。ロールの考え方は少し複雑ですが、上手に使いこなすことができれば非常に便利です。

○ **AWSリソースへの権限付与**：EC2インスタンス上で稼働するアプリケーションに一時的にAWSのリソースへアクセスする権限を与えたい（EC2インスタンス作成時にロールを付与することで可能）。

○ **クロスアカウントアクセス**：複数のAWSアカウント間のリソースを1つのIAMユーザーで操作したい。

○ **IDフェデレーション**：社内のAD（Active Directory）サーバーに登録されているアカウントを使用して、AWSリソースにアクセスしたい。

○ **Web IDフェデレーション**：FacebookやGoogleのアカウントを使用してAWSリソースにアクセスしたい。

ここでは、ポピュラーなEC2インスタンスにロールを付与して、インスタンス内のアプリケーションからAWSリソースにアクセスする方法を説明します。具体的な使用例として、EC2インスタンス上で稼働するアプリケーションからSESを使ってメール送信する場合を想定します。

① まず最初はIAMロールを作成します。ロール作成時にEC2インスタンスだけがそのロールを取得することができるロールタイプ（Amazon EC2ロール）を選択します。そして、ロールに対して必要な権限（AmazonSESFullAccess）を付与します。

② 次に、作成したロールをEC2インスタンスに関連付けます。EC2インスタンスにロールを関連付けることができるのは、初回のインスタンス作成時のみです。既存のインスタンスに後からロールを関連付けることはできません。既存のEC2インスタンスにロールを関連付けたい場合は、一度AMIを作成し、AMIから再度EC2インスタンスを作成し、そのときにロールを関連付けてください。

③ ②で作成したEC2インスタンス上でSESを使ったメール送信プログラムを稼働させます。このようなプログラムでは通常、SimpleEmailServiceクラスのオブジェ

クト生成時にアクセスキーとシークレットアクセスキーを認証情報として引数に渡しますが、今回のプログラムではインスタンスに関連付けられたロールから認証情報を一時的に取得するため、これらのキーは不要です。
④ SESへのアクセス権限をロールから一時的に取得したアプリケーションは、メールを配信することができるようになります。

このように、インスタンスにロールを関連付けることで、プログラムや設定ファイルに認証情報（アクセスキー、シークレットアクセスキー）を記述する必要がなくなり、セキュリティの向上が見込まれます。

❏ IAMロールの利用イメージ

 練習問題1

あなたは社内の勤怠管理システムをAWSに移行する案件に携わっています。まず、AWSのユーザーや権限の管理ルールを策定することにしました。
AWSのユーザーや権限管理について正しい記述はどれですか。

- **A.** 普段の作業にルートユーザー使うことは問題ないが、MFAを設定する必要がある。
- **B.** 複数のIAMユーザーに紐付けるポリシーはインラインポリシーとして定義すると管理が煩雑にならない。
- **C.** EC2インスタンスの役割（Webサーバー、バッチサーバーなど）にIAMグループを作成し、インスタンスを紐付ける設計が望ましい。
- **D.** IAMユーザーのアクセスキー、シークレットアクセスキーをEC2インスタンスに埋め込むよりも、EC2インスタンスにIAMロールを付与するほうがよりセキュアな設計になる。

解答は章末（P.186）

8-2

KMSとCloudHSM

機密性の高いデータを運用するには、暗号化の施策が必要になります。その際に重要になるのが、暗号化や復号のための鍵の管理です。AWS Key Management Service（以下KMS）やAWS CloudHSM（以下CloudHSM）は、暗号化鍵の作成と管理のためのサービスです。アーキテクチャを検討する上でも、試験対策としても重要なサービスです。より上位のプロフェッショナルやスペシャリティの試験を受ける場合は、出題頻度がより高まります。それほど重要なサービスだということです。

KMSとCloudHSM

AWSには鍵管理のサービスとして、KMSとCloudHSMがあります。CloudHSMは、VPC内で専有のハードウェアを利用して鍵を管理するサービスです。これに対してKMSは、AWSが管理するマネージドサービスです。両者の大きな違いは、信頼の基点（Roots of Trust）がユーザー自身なのか、AWSに委ねるのかの違いです。

❏ CloudHSMとKMSの違い

	CloudHSM	KMS
専有性	VPC内の専有ハードウェアデバイス	AWSが管理するマルチテナント
可用性	ユーザー側が管理	AWS側が高可用性・耐久性を設計
信頼の基点	ユーザー側が管理	AWS側が管理
暗号化機能	共通鍵および公開鍵	共通鍵
コスト	ほぼ固定費	従量課金

CloudHSMは専有ハードウェアを用いるため、初期コストも月次の固定費も必要です。そのため、よほど大規模なシステムや特定の規制・法令に準拠する目的以外では、利用するケースはなかなかないでしょう。実際に使うケースは

8

セキュリティとアイデンティティ

KMSのほうが圧倒的に多くなると思います。

　試験対策として、両者の違いと使い分けを理解しておけば十分です。アーキテクチャ設計のポイントとしては、秒間100を超える暗号化リクエストがある、あるいは公開鍵暗号化を使いたい場合にはCloudHSMを利用し、それ以外にはKMSを使うという形になるでしょう。

▶▶▶ **重要ポイント**

- AWSの鍵管理サービスにはKMSとCloudHSMがある。
- CloudHSMは、VPC内で専有のハードウェアを利用して鍵を管理するサービスで、相当に大規模なシステムに用いる。
- KMSは、AWSが管理するマネージドサービスで、多くの場合、CloudHSMではなくこちらを用いる。

KMSの機能

　KMSの主な機能は、鍵管理機能とデータ暗号化機能です。このうち、データ暗号化機能としては下記の3つのAPIがあります。

- ○ Encrypt
- ○ Decrypt
- ○ GenerateDataKey

　Encryptは文字どおりデータを暗号化するためのAPIです。4KBまでの平文データに対応しています。これに対してDecryptは復号のためのAPIです。GenerateDataKeyは、ユーザーがデータの暗号化に利用するための、カスタマーデータキーを生成します。平文の鍵と、Encrypt APIで暗号化された鍵を返します。ここを理解するには、マスターキーとデータキーの概念を理解する必要があります。少し詳しく見てみましょう。

マスターキーとデータキー

　KMSでは、主に2つの鍵を管理します。マスターキーとデータキーで、AWS

では、**Customer Master Key**（**CMK**）および**Customer Data Key**（**CDK**）と表現されることが多いです。CMKは、データキーを暗号化するための鍵です。そして、CDKはデータを暗号化するための鍵です。KMSではデータの暗号化に際して、データキーでデータを暗号化してから、そのデータキーをマスターキーで暗号化する手法をとっています。これは、データキーの保護のためで、この手法は**エンベロープ暗号化**と呼ばれています。

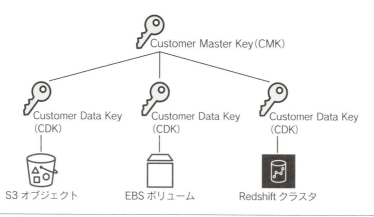

❏ 鍵の階層構造

　このような2層構造になっているのは、セキュリティの向上のためです。まずデータキーについては、基本的にS3、EBS、Redshiftなど、暗号化の対象ごとに作成します。そうすることによりデータキーの漏洩の際のリスクを限定化します。データキーをマスターキーで暗号化することにより、実際の運用で使う機会が多いデータキーを保護します。そして、マスターキーを集中管理することにより、全体としてセキュリティを高めることができます。

▶▶▶ **重要ポイント**

- CMKはデータキーを暗号化するための鍵。CDKはデータを暗号化するための鍵。
- KMSでは、データキーでデータを暗号化し、データキーをマスターキーで暗号化する（エンベロープ暗号化）。
- エンベロープ暗号化によって、全体的なセキュリティが高まる。

クライアントサイド暗号化とサーバーサイド暗号化

　暗号化については、どこで暗号化するかという点も重要になります。クライアントサイドで行うのか、サーバーサイドで行うのかということです。

　クライアントサイド暗号化は、ユーザー側の処理で暗号化する方式です。多くの場合、AWSが提供するSDKを利用して行います。EC2やLambda内のプログラムで暗号化してS3にアップロードした場合も、クライアントサイド暗号化になります。ユースケースとしては、経路の安全性が保障されない場合はクライアント側で暗号化したデータを送ります。

　これに対して、AWS側の処理で暗号化するのが**サーバーサイド暗号化**です。AWSのサービスが暗号化対応だという場合は、基本的に、サーバーサイド暗号化が用いられていることになります。クライアントサイド暗号化のサービスは少なく、該当するのはS3などの一部のサービスのみです。

 練習問題2

　社内のセキュリティポリシーにより、AWSに格納するデータの暗号化が義務付けられています。データの暗号化について正しくないものを1つ選んでください。

- **A.** EBSにデータを格納するときは、KMSを利用してボリュームを暗号化してデータを格納する。
- **B.** EC2インスタンスストレージにデータを格納するときは、KMSを利用してボリュームを暗号化して格納する。
- **C.** S3にデータを格納するときは、サーバー側のデータ暗号化を有効にして格納する。
- **D.** S3にデータを格納するときは、SDKを利用してクライアント側でデータを暗号化して格納する。

解答は章末(P.187)

8-3

AWS Certificate Manager

　あらゆる情報がインターネットを介してやり取りされている現在、通信の暗号化は必須です。サーバーとのやり取りの暗号化、またそのサーバーの信頼性を確認するために、**サーバー証明書**が利用されます。その際に利用されるプロトコルが**SSL**（Secure Sockets Layer）/**TLS**（Transport Layer Security）で、**SSL証明書**と呼ばれることが多いです。なお、SSL証明書と呼ばれていますが、SSL 3.0を元にした後継プロトコルTLS 1.0が制定されて以降、実際に利用されているのはTLSです。SSL 3.0には脆弱性があるため、すでに非推奨となっています。

証明書の役割と種類

　証明書を利用して実現できることは主に2つあります。1つは、**経路間の通信の安全性の確保**です。これには、通信内容を盗聴されないようにするための暗号化と、通信内容の改ざんを防止することがあります。もう1つは、**通信している相手が誰かの証明**です。本人性を証明するには、信頼性が高い第三者が必要となります。このためSSL証明書は、**認証局**（Certification Authority、**CA**）という、証明書を管理する機関により発行されています。

　証明の方法には次の4つがあります。なお、証明の種類と暗号化強度の間に相関関係はありません。DVよりEVのほうがより強い暗号が使われている、というわけではありません。

- ○ **自己証明書**：自分で認証局を立てて証明書を発行する（第三者による認証なし）。
- ○ **ドメイン認証（DV）**：ドメインの所有のみを認証。組織情報の確認はされない。
- ○ **組織認証（OV）**：組織情報の審査を経てから認証する。
- ○ **拡張認証（EV）**：OVより厳格な審査で認証する。アドレスバーに組織名が表示される（最近のブラウザでは表示されなくなっている）。

8

セキュリティとアイデンティティ

183

ACM

AWS Certificate Manager（以下**ACM**）は、AWS自身が認証局となってDV証明書を発行するサービスです。

ACMは、2048ビットモジュールRSA鍵とSHA-256のSSL/TLSサーバー証明書の作成・管理を行うサービスです。ACMの証明書の有効期限は13か月で、自動で更新するように設定することができます。ACMを利用できるのはAWSのサービスのみですが、ACMには「無料」という非常に強いアドバンテージがあります。ACMの初期設定時には、ドメインの所有の確認が必要です。ドメインの所有の証明には、メール送信もしくはDNSを利用します。

連携可能なサービス

ACMは、AWSのサービスのみで利用できます。2020年12月現在で利用可能なサービスは次のとおりです。

- Elastic Load Balancing（ELB）
- Amazon CloudFront
- AWS Elastic Beanstalk
- Amazon API Gateway
- AWS Nitro Enclaves

なお、Elastic Beanstalkは、サービス内で利用するELBに対して設定可能です。またELBのうち、ACMを利用可能なのはALB（Application Load Balancer）のみです。

▶▶▶**重要ポイント**

- ACMは、AWS自身が認証局となって、RSA鍵とサーバー証明書の作成・管理を行うサービス。AWSのサービスから無料で利用できる。

練習問題3

あなたはAWS上でWebサイトの運営をしています。WebサイトにはEC2を利用し、またアクセスの増減に対応するためにELB（ALB）を利用して動的にEC2の台数を増減しています。セキュリティを高めるために、SSL/TLS対応をすることになりました。コストおよび既存の構成の変更を最小限に抑えて対応するにはどうすればよいでしょうか。

SSL/TLS化対応について正しい記述を選んでください。

A. AWS Certificate Managerを利用して証明書を作成し、EC2に対してSSL/TLS証明書の設定を行う。

B. ELBの前にCloudFrontを追加し、CloudFrontに対してAWS Certificate Managerを導入する。

C. セキュリティグループを変更してHTTPSに対する通信を許可する。ELBのリスナーをHTTPSに変更し、証明書にAWS Certificate Managerを利用する。

D. セキュリティグループを変更してHTTPSに対する通信を許可する。ELBのリスナーをHTTPSに変更し、認証局から購入した証明書をインポートする。

解答は章末（P.187）

本章のまとめ

▶▶▶ セキュリティとアイデンティティ

- AWSアカウントは非常に強い権限を持つのでこのアカウントの利用は極力避け、IAMユーザーを使用する。IAMユーザーの権限を適切に制御することは、AWSシステムのセキュリティの要となる。

- AWSの鍵管理サービスにはKMSとCloudHSMがある。CloudHSMは、VPC内で専有のハードウェアを利用して鍵を管理するサービスで、相当に大規模なシステムに用いる。KMSは、AWSが管理するマネージドサービスで、多くの場合、CloudHSMではなくこちらを用いる。

- ACMは、AWS自身が認証局となって、RSA鍵とサーバー証明書の作成・管理を行うサービス。AWSのサービスから無料で利用できる。

練習問題の解答

✔ 練習問題1の解答

答え:**D**

　AWSのユーザー管理や権限管理に関する問題です。まず、ユーザーにはルートユーザーとIAMユーザーの2種類があります。ルートユーザーはすべての権限を持つ非常に強力なユーザーです。そのため、ログインには多要素認証(MFA)を必須とする設定をした上で、通常の作業ではルートユーザーを利用しないことがベストプラクティスとされています。よってAは誤りです。

　通常の作業はIAMユーザーを利用して行いますが、どのサービスの何の操作権限を与えるかはIAMポリシーで定義します。インラインポリシーはIAMユーザーごとに直接設定するポリシーなので、複数のユーザーに使うのには向いていません。複数のユーザーに割り当てる場合は、管理ポリシーを作成しましょう。よってBも誤りです。

　権限管理は利用者(ユーザー)だけではなく、AWSリソースについても与えることができます。たとえばEC2インスタンスにS3の操作権限を与えるには、次の2とおりの方法があります。

- IAMユーザーのアクセスキー、シークレットアクセスキーを発行し、EC2インスタンスの環境変数などに埋め込む(EC2インスタンスはIAMユーザーと同等の権限を所有することになる)。

- IAMロールを作成し、EC2に割り当てる(EC2インスタンスはIAMロールに割り振られた

8-3　AWS Certificate Manager

権限を所有することになる）。

　後者のほうが管理する鍵がないのでよりセキュアだと言えます。よってDは正しい記述になります。

　Cの記述ですが、インスタンスに紐付けるのはIAMグループではなくIAMロールです。IAMグループは、IAMユーザーをグループ化して権限を付与するための機能です。よってCの記述は誤りです。以上から、この問題の正解はDとなります。

✔ 練習問題2の解答

答え：**B**

　AWSの暗号化に関する問題です。暗号化可能なサービスと、サーバーサイド／クライアントサイド暗号化の組み合わせで、どれが可能かを理解しておく必要があります。

　まずEBSは、KMSを利用してサーバーサイドの暗号化を行うことが可能です。よってAは正しいです。なお、ブート領域の暗号化も可能となっています。

　インスタンスに付属のインスタンスストレージは、一時的なデータ置き場として利用します。インスタンスを停止すると初期化され、データは消失します。この領域に格納する際は、暗号化できません。よってBは誤りです。

　S3については、サーバーサイド暗号化とSDKを利用したクライアントサイドの暗号化、どちらも利用可能なのでCとDは正しいです。よってこの問題の正解はBとなります。

✔ 練習問題3の解答

答え：**C**

　ACMの導入に関する問題です。まず、ACMが導入可能な箇所は、API Gatewayの他にはELBとCloudFrontのみです。そのため、EC2に直接証明書をインポートすることはできません[1]。よってAは誤りです。

　次に導入箇所です。CloudFrontとELBのどちらにも導入可能ですが、この問題の環境には事前にCloudFrontが導入されていません。そのためCloudFrontの導入には、既存のFQDNをCloudFrontのオリジン用に別のFQDNに変更した上で、CloudFrontの設定および既存のFQDNの向き先をCloudFrontに変更する必要があります。構成変更を最小限にという制約があるので、他の選択肢がありそうです。

　選択肢CおよびDですが、ELBに対して証明書を設定する方法が示されています。証明書の設定方法としてはどちらも正しいですが、コスト最小限という制約があります。そのため、無料のサービスであるACMを利用するCが適切です。その上で、BとCを比較すると、より構成の変更が少ないCが適切です。以上から、この問題の正解はCとなります。

---

[1]　AWS Nitro Enclaves（EC2の高セキュリティ機能）ではACMが利用可能ですが、ここでは通常のEC2インスタンスを想定しています。

Column

ソリューションアーキテクト－アソシエイトの次に何を取るか

　AWS認定ソリューションアーキテクトのアソシエイトを無事取得できたとして、さらにAWSについて詳しくなりたい場合は、次はどの資格を目指せばよいのでしょうか？ AWS認定制度の黎明期は、ソリューションアーキテクトのアソシエイトとプロフェッショナルしかなかったので、必然的にプロフェッショナルを目指すしかありませんでした。しかし、今はデベロッパーやSysOpsなど、別のアソシエイトレベルの試験もあるし、スペシャリティといった専門特化型の試験もあります。

　筆者の個人的なお勧めとしては、まず**アソシエイトの3冠取得**をお勧めします。インフラ系のエンジニアは認定デベロッパーを敬遠し、アプリ系のエンジニアは認定SysOpsアドミニストレーターを敬遠する傾向があります。しかし、一時期フルスタックエンジニアという言葉が流行したように、最近の潮流としてはアプリ担当者・インフラ担当者という区分けが存在するとしても、お互いの領域の技術をある程度知っていることが求められます。アプリ開発者にとってのSysOpsも同様です。認定試験のアソシエイト3冠を取ると、インフラ・開発者・運用者の仕事がバランスよく学べるので、まずこの3つを取得することをお勧めします。

　次に、アソシエイト3冠を取った後はプロフェッショナルとスペシャリティのどちらを目指せばよいのでしょうか。これはけっこう難しい問題です。その人の技術スタック・キャリアによってどちらが良いのか一概には言えないからです。ただ最近のプロフェッショナル試験の難易度はかなり高くなっているようなので、アソシエイト3冠の人でも、プロフェッショナル試験の壁で苦労する人も多いです。

　そういった場合にお勧めなのが、スペシャリティから取得する方法です。スペシャリティは該当する分野の知識があれば、実はプロフェッショナルより1つ1つの問題の難易度は低く設計されているように思えます。プロフェッショナル試験は問題文が長く、場合によっては記述内容の設計を整理して書き上げながら考える必要があります。これに対して、スペシャリティは問題文自体の長さはアソシエイトと大差なく、問題文の背景や意図を読み解く必要は少ないです。筆者の経験ですと、プロフェッショナルは試験時間ギリギリまで問題を解く必要がありますが、スペシャリティは半分くらいの時間で終わることが多いです。

　そういった意味で、アソシエイト3冠の次は、自分の関連分野のスペシャリティを取ることをお勧めします。特に強い関連分野がない場合は、スペシャリティの中でもまず**セキュリティを目指す**のがお勧めです。セキュリティは万人に必要な技術であり、AWSを利用する上で避けては通れない道です。そしてセキュリティの認定試験は、AWSのセキュリティの重要点がコンパクトにまとめられています。

第9章

アプリケーション
サービス

AWSを利用して効率的にシステムを構築運用するには、アプリケーション
サービスが欠かせません。本章では、メッセージキューイングサービスSQS、
ワークフローサービスSWFおよびStep Functions、プッシュ型通知サービ
スSNS、Eメール送信サービスSESについて解説します。

9-1　AWSのアプリケーションサービス

9-2　SQS

9-3　SWFとStep Functions

9-4　SNSとSES

9-1
AWSのアプリケーションサービス

　AWSは、EC2やRDS、VPCといったIaaSやPaaSのみならず、SaaSと呼ばれるようなアプリケーションサービスも積極的に展開しています。AWSを利用してより効率的にシステムを構築運用するには、アプリケーションサービスをうまく活用することが鍵となります。

　試験の観点からも、コスト面や可用性に優れたシステムを構築する場合、アプリケーションサービスが鍵となります。

AWSのアプリケーションサービスに共通する基本的な考え方

　AWSには数多くのアプリケーションサービスがありますが、基本的な考え方は共通しています。多くのユーザーが利用する汎用的なサービスを、AWSの大規模なリソースを利用して開発・運用することにより、低コストかつ高品質なサービスが提供できるという点です。

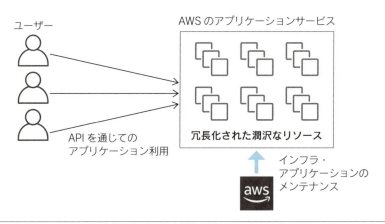

❑ アプリケーションサービスの概念図

9-1　AWSのアプリケーションサービス

　ここで重要なのは、AWSのアプリケーションサービスはAWSが提供する多数のサーバーリソースの上に構築されている点です。また、サーバーとアプリケーションのメンテナンスはAWSが行います。このため、自分で冗長化構成をとるよりも、多くの場合でコスト面でも安定性でも優れています。

　これは、AWS認定の試験問題の解き方の考え方にも関係します。アプリケーションサービスとしてフルマネージドサービスを利用している場合、そのサービスの制約以外では冗長性や可用性は考えなくてもよい前提になっています。

　この章では、代表的なアプリケーションサービスを確認していきましょう。

▶▶▶ 重要ポイント

- AWSのアプリケーションサービスはAWSのサーバーリソース上に構築されており、サーバーとアプリケーションのメンテナンスはAWSに任せておける。そのため、コスト面でも安定性の面でも、自身で構成するより優れている。

9-2
SQS

　Amazon Simple Queue Service（以下SQS）は、AWSが提供するフルマネージドなメッセージキューイングサービスです。AWSのサービス群の中では最古のもので、2004年からサービスインしています。これはAWSの中核機能であるAmazon EC2やAmazon S3の提供開始（2006年）より前で、このことからもシステム間の連携の中でキューが果たす役割の大きさが分かります。

❏ キューイングサービスを介すことで、システムは疎結合になる

　SQSの機能としては、キューの管理とメッセージの管理の2つがあります。**キュー**とは、メッセージを管理するための入れ物のようなもので、基本的には利用開始時に作成すれば管理する必要はなく、**エンドポイント**と呼ばれるURLを介して利用する形になります。キューの管理機能としては、キューの作成・削除の他に、動作属性などの詳細な設定があります。

　メッセージの管理機能としては、キューに対するメッセージの送信・取得と処理済みのメッセージの削除があります。それ以外にも、複数のキューをまとめて処理するバッチ用のAPIや、処理中に他のプロセスから取得できなくするための可視性制御のAPIもあります。

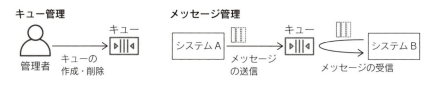

❏ キュー管理とメッセージ管理

9-2 SQS

Standardキューと FIFOキュー

　SQSのキューには、**Standardキュー**と **FIFOキュー**があります。SQSでは ベストエフォートのために、もともとメッセージの配信順序は保証されていま せんでした。それが、2016年11月に配信順序が保証されるFIFOキューが提供 されるようになりました。順序保証のFIFOキューが登場したことで、従来のキ ューはStandardキューと呼ばれるようになりました。

　Standardキューでは、取得のタイミングによって同一のメッセージが2回配 信される可能性がありました。そのため、利用するシステム側で同一のメッセ ージを受信しても影響がない作り方（冪等性）を保証する必要がありました。 FIFOキューの場合は、同一メッセージの二重取得の問題も解消されています。

　キューとしての使いやすさは、StandardキューよりもFIFOキューのほうが 優れています。ただし、FIFOキューは配信順序の保証のために、Standardキュ ーより秒あたりの処理件数が劣っています。Standardキューは、1秒あたりの トランザクション数（TPS）がほぼ無制限なのに対し、FIFOキューの1秒あた りのトランザクションはバッチ処理なしで300件、バッチ処理ありで3000件に 制限されています。

▶▶▶ **重要ポイント**

- Standardキューはメッセージの配信順序を保証せず、同一のメッセージが2回 配信される可能性がある。
- FIFOキューはメッセージの配信順序を保証する。秒あたりの処理件数は Standardキューに劣る。

ロングポーリングとショートポーリング

　キューのメッセージの取得方法として、**ロングポーリング**（Long Polling）と **ショートポーリング**（Short Polling）があります。両者の違いは、SQSのキュー 側がリクエストを受けた際の処理にあります。デフォルトのショートポーリン グの場合、リクエストを受けるとメッセージの有無にかかわらず即レスポンス を返します。これに対してロングポーリングの場合は、メッセージがある場合

に即レスポンスを返すことは同じですが、メッセージがない場合は設定されたタイムアウトのギリギリまでレスポンスを返しません。

ショートポーリングのほうがAPIの呼び出し回数も多くコストが高くなります。複数のキューを単一スレッドで処理するような例外的なケース以外では、ロングポーリングを利用することが推奨されています。

可視性タイムアウト

メッセージは、受信しただけでは削除されません。クライアント側から明示的に削除指示を受けたときに削除されます。そのため、メッセージの受信中に他のクライアントが取得してしまう可能性があります。それを防ぐために、SQSには同じメッセージの受信を防止する機能として**可視性タイムアウト**（Visibility Timeout）があります。可視性タイムアウトのデフォルトの設定値は30秒で、最大12時間まで延長できます。

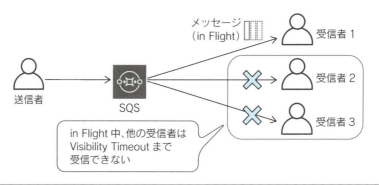

❏ 可視性タイムアウト

遅延キューとメッセージタイマー

メッセージの配信時間のコントロールとして、**遅延キュー**（Delay Queue）と**メッセージタイマー**（Message Timers）という2つの機能があります。遅延キューは、キューに送られたメッセージを一定時間見えなくする機能です。これに対してメッセージタイマーは、個別のメッセージに対して一定時間見えなくす

る機能です。両者とも、メッセージ配信後すぐに処理されると問題がある場合に利用します。

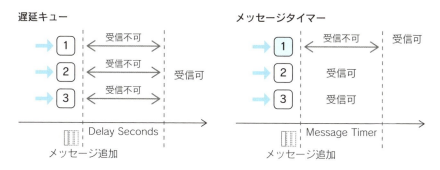

❏ 遅延キューとメッセージタイマー

デッドレターキュー

デッドレターキュー（Dead Letter Queue）は、処理できないメッセージを別のキューに移動する機能です。指定された回数（1〜1000回）処理が失敗したメッセージを通常のキューから除外して、デッドレターキューに移動します。データ上あるいはシステム上の理由から必ず失敗するジョブがある場合、これらはキューに残り続けます。デッドレターキューは、このような事態を防ぐのに有効です。デッドレターキューをうまく使うと、アプリケーション側の例外処理を大幅に簡素化できます。

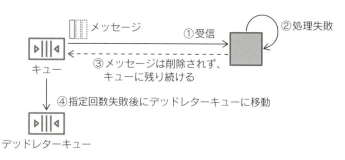

❏ デッドレターキュー

メッセージサイズ

キューに格納できるメッセージの最大サイズは256KBです。文字列の情報には十分なサイズですが、画像情報などを扱うには足りません。SQSでは、大きなサイズのデータはS3やDynamoDBに格納し、そこへのパスやキーといったポインター情報を受け渡すことで対応します。

 練習問題1

あなたは求人のためのプラットフォームシステムを開発するエンジニアです。現在、CSVファイルから求人案件を取り込む機能の開発を行っています。処理の概要としては、Web画面からファイルをアップロードし、入稿作業は非同期に行うという流れになります。入稿待ち状況についてはキューで管理することにしており、SQSを利用することにしました。

下記のSQSに関する記述のうち、誤っているものはどれですか。

- **A.** ロングポーリングを用いると、キューにメッセージがない場合に指定した時間までポーリングする。結果として、APIの呼び出し回数を減らすことができる。
- **B.** FIFOキューは順序性を保証するだけでなく、Standardキューに比べて処理性能も高いアーキテクチャを採用している。ただし、その分FIFOキューのほうが利用料金が高く設定されている。
- **C.** 何度も処理に失敗するメッセージをデッドレターキューに送ることで、アプリケーションの処理を簡素化できる。
- **D.** 複数のクライアントがあるときに、キューから同じメッセージを受信しないようにするために、可視性タイムアウトという設定値がある。

解答は章末（P.203）

9-3

SWFとStep Functions

　システム開発をする際に必ず出てくるのが、複数の処理間の関連性です。単純に「1→2→3」と処理が順番に流れてくるものもあれば、「1→2→3 or 4」といったように処理結果によって分岐する場合もあります。このような一連の処理の流れをワークフローと呼びます。ワークフローの中には、システム間の連携のみならず、人による処理が介在することもあります。

AWSのワークフローサービス

　AWSにはワークフローのサービスとして、Amazon Simple Workflow（以下SWF）とAWS Step Functions（以下Step Functions）があります。Step FunctionsのワークフローエンジンはSWFを利用していると言われています。そのため、一部の機能でStep Functionsがカバーしていない部分もあるものの、ワークフローの動作としては両者はほぼ同じことができます。

　Step FunctionsとSWFの違いは可視化の機能です。Step Functionsには、ワークフローを可視化して編集できる機能があります。とても難解なサービスであるSWFより、Step Functionsははるかに容易にワークフローを構築できます。新規でワークフローを作る場合は、基本的にStep Functionsを利用しましょう。

　認定試験では、アーキテクチャ上の設計のポイントを聞かれます。そのため、SWFとStep Functionsの特徴を押さえておく必要があります。両者は、分散処理や並列処理が可能で、かつSQSのStandardキューと違って1回限りの実行保証がついています。処理の順序性も保証されています。また、システムの処理途中で人間系の処理が入る場合には、かなりの確率でAmazon Mechanical Turkと併用して利用されることになります。Mechanical Turkはクラウドソーシングのサービスです。

9

アプリケーションサービス

197

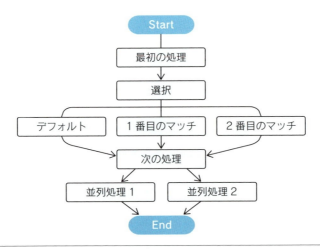

❏ ワークフローの例

▶▶▶ **重要ポイント**

- SWFとStep Functionsはワークフロー（一連の処理の流れ）を制御するサービス。両者はほぼ同等の機能を持つが、Step Functionsには可視化機能があり、SWFよりも使いやすい。

 練習問題2

AWSのワークフローサービスについて正しい記述はどれですか。

- **A.** ワークフローサービスを用いても処理の順序性は保証されないので、実装側で順序性を担保する必要がある。
- **B.** ワークフローサービスを用いると各処理の順序性を保証できる点がメリットだが、複数の処理を並列に行う定義はできない。
- **C.** ワークフローサービス群を用いることでフローのステート管理をサービスに任せることができるので、その分処理の実装を簡潔に行えるようになる。
- **D.** SWFはワークフローを可視化できるので、Step Functionsと比べてフローのビジュアライズ面で優れているサービスである。

解答は章末（P.204）

9-4
SNSとSES

　管理者同士の連携や利用者への通知など、複数のユーザーにシステムの状態を知らせる際に重要な役割を果たすのが**Amazon Simple Notification Service**（以下**SNS**）です。

　SNSは、プッシュ型の通知サービスです。マルチプロトコルなので、複数のプロトコルに簡単に配信できます。2020年12月現在、利用できるプロトコルはSMS、email、HTTP/HTTPS、SQSに加え、iOSやAndroidなどのモバイル端末へのプッシュ通知、Lambdaとの連携などが利用できます。メッセージをプロトコルごとに変換する部分はSNSが行うので、通知する人はプロトコルの違いを意識することなく配信できます。

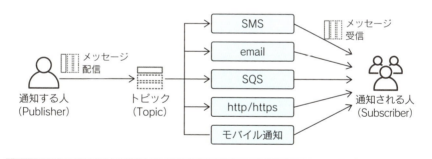

❏ SNSの概念図

　SNSは、システムのイベント通知の中核を担います。SQSやCloudWatchなどと組み合わせて、システム間の連携や外部への通知などに利用します。

　Amazon Simple Email Service（以下**SES**）は、Eメール送信のサービスです。SMTPプロトコルを利用して、あるいはプログラムから直接Eメールを送信する際に利用します。

▶▶▶ **重要ポイント**

- SNSはプッシュ型の通知サービスで、システムのイベント通知の中核を担う。様々な通信プロトコルに対応している。
- SESはEメール送信サービスで、SMTPプロトコルを利用する。

SNSの利用について

　SNSは、**トピック**という単位で情報を管理します。システム管理者は、メッセージを管理する単位でトピックを作成します。トピックの利用者としては、通知する人（**Publisher**）と通知される人（**Subscriber**）がいます。Subscriberは、利用するトピックおよび受け取るプロトコルを登録します。これを**購読**と呼びます。Publisherはトピックに対してメッセージを配信するだけで、Subscriberのこともプロトコルのことも意識する必要はありません。

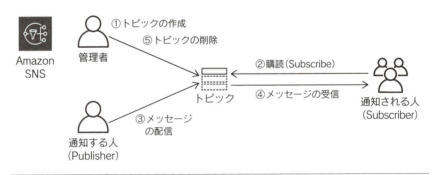

❏ SNSの利用手順

SNSを使ったイベント通知

　SNSは、AWS上でイベントが発生したときの通知を一手に引き受けます。そのためアーキテクチャ設計上、SNSは非常に重要な役割を果たします。イベントの種類には様々なものがありますが、たとえば次のようなものがあります。

9-4　SNS と SES

○ リソースの設定・状態を評価する AWS Config でルールに違反している使われ方が発見された。
○ CloudWatch で EC2 の CPU・ネットワークなどのメトリクスを監視しているときに閾値を超えた。

　SNS は、メールやモバイルプッシュで人間に通知することも可能ですし、SNS から Lambda を呼び出してプログラムに対処させることも可能です。プッシュ型の通知が必要なアーキテクチャを問われた場合は、まず SNS が使えるかどうかを検討してみましょう。

SES

　SES は E メール送信サービスです。SMTP プロトコルや API を通じたメール送信の他に、E メールを受信し、S3 に保存することも可能です。SES の特徴は高い配信性能にあります。近年のメール環境は、ウイルスメールやスパムメールの送信者など、悪意を持った送信者によって危険にさらされています。そのため、メールサーバーを運営するインターネットサービスプロバイダー (ISP) や通信キャリア、個人・企業などは、安全性を高めるために様々な手段を講じています。
　たとえば、特定の IP から短期間のうちに大量のメールが送信された場合に遮断します。あるいは、IP アドレスやドメインごとに過去の行動履歴を調べ、評価 (レピュテーション) を与え、評価が低い IP アドレスからの送信を受け付けない、ということもあります。さらに、それらの情報をデータベース化して全世界で共用することにより、防御効果を高めています。
　SES は、こういった状況に対処して信頼性の高いメールだけを配信するための、いくつもの機能を備えています。

○ 送信時にウイルスやマルウェアを検出してブロックする機能
○ 送信の成功数や拒否された数を統計的に処理し、配信不能や苦情を管理する機能
○ Sender Policy Framework (SPF) や DomainKeys Identified Mail (DKIM) といった認証機能

　SES は、信頼性を保つために利用者にもいくつかの制約を課しています。まず SES は、登録済みのメールアドレスもしくはドメインからのみ送信可能です。

9
アプリケーションサービス

201

登録の際には、送信元として正式な所有者であることを証明する必要があります。また、利用するには次の3つの条件をクリアしなければなりません。

- Bounce Mail（配信不能メール）の比率を5％以下に保ち続ける。
- 苦情を防ぐ（0.1％未満）。
- 悪意のあるコンテンツを送らない。

メールサーバーの運用は年々負荷が高いものとなっており、SESはその運用に必要な機能を備えていると言えるでしょう。

 練習問題3

あなたは社内のナレッジ共有システムをAWS上で構築しています。現在、システムの状態の検知や、そのメール配信をSNSとSESを使って構築できないか検証しています。

SNSとSESに関する下記の記述の中で誤っているものはどれですか。

A. SNSを機能の間に挟むことで、各機能が密結合になる。
B. SESはメール送受信機能を提供するマネージドサービスであるが、配信不能メールを減らすなど利用者側で対応する事項もある。
C. SNSとSESを組み合わせて利用することができる。
D. SESでは登録済みのメールアドレスかドメインからしかメール送信ができない。

解答は章末（P.204）

9-4 SNSとSES

本章のまとめ

▶▶▶ アプリケーションサービス

- AWSのアプリケーションサービスはAWSのサーバーリソース上に構築されており、サーバーとアプリケーションのメンテナンスはAWSに任せておける。そのため、コスト面でも安定性の面でも、自身で構成するより優れている。
- SQSはフルマネージドなメッセージキューイングサービスで、キューとメッセージを管理する。
- SWFとStep Functionsはワークフロー（一連の処理の流れ）を制御するサービス。両者はほぼ同等の機能を持つが、Step Functionsには可視化機能があり、SWFよりも使いやすい。
- SNSはプッシュ型の通知サービスで、システムのイベント通知の中核を担う。様々な通信プロトコルに対応している。
- SESはEメール送信サービスで、SMTPプロトコルを利用する。様々な防御機能を備えており、高い配信性能を誇る。

練習問題の解答

✔ 練習問題1の解答

答え：**B**

　SQSの特徴を問う問題です。まず、Aのロングポーリングに関する記述は正しいです。キューを確認したときにメッセージがなくても、しばらくメッセージを待つ動きになります。結果として、ショートポーリングと比べてAPIの呼び出し回数は少なくできます。Cのデッドレターキュー、Dの可視性タイムアウトに関する記述も正しいです。これらの機能がSQS側に備わっていることで、アプリケーション側で考慮することを減らせます。最後にBの記述ですが、これが誤りです。

- FIFOキューは順序性を保証する
- FIFOキューのほうが利用料金が高く設定されている

については正しいですが、「Standardキューに比べて処理性能も高いアーキテクチャを採用している」が誤りです。FIFOキューは順序性を担保する代わりに、トランザクション数に制限を設けています。

203

✔ 練習問題2の解答

答え：**C**

　AWSのワークフローサービスであるSWF、Step Functionsに関する問題です。ワークフローサービスの特徴として、

- 順序性の担保
- 並列処理／分散処理を定義可能

が挙げられます。よって、AとBの記述は誤りです。Cの記述が正しく、この問題の正解となります。

　ワークフローがない場合、ステート（状態）の管理を利用者側で行う必要があります。たとえば「1つ目の処理は完了していて、その後続の処理を実行中」といった状態をSQSやDynamoDBに保持する必要がありました。ワークフローサービスを利用することで、状態管理のための実装が不要になるので、その分処理の実装をシンプルにできます。Dの記述ですが、フローを可視化することができるのはSWFではなく、Step Functionsです。

✔ 練習問題3の解答

答え：**A**

　誤っているものを探す問題です。最初のAですが、SNSを挟むことでPublisherはSubscriberのことを意識する必要がなくなります。後続の処理を意識せずに済む実装になるということは、各機能が疎結合になるということを意味します。よってAは誤りです。疎結合化できるのがSNSの大きなメリットなので覚えておくようにしましょう。

　残りの記述はすべて正しいです。SESはマネージドサービスで、メールサーバー運用の負荷を軽減することができます。ただし、配信できないメールや苦情対応については利用者側の責務になります。よってBは正しい記述です。これらを怠るとサービスが利用できなくなるので、SESを使う場合は念頭に置いておくようにしてください。

　この配信不能メールの対応は、SNSと組み合わせることで自動化することもできます。SNSとSESは組み合わせて利用できるので、Cの記述も正しいです。

　Dの記述も正しく、正式な所有者からのメール送信のみを受け付けることで、よりセキュアなメール配信機能が提供されます。

第 10 章

開発者ツール

本章では、継続的なアプリケーション開発を支援するサービス群であるCodeシリーズを紹介します。CodeCommit（リポジトリサービス）、CodeBuild（ビルド／テスティングサービス）、CodeDeploy（デプロイサービス）、CodePipeline（開発プロセスを自動化するサービス）の4つです。もう1つのCodeシリーズサービスであるCodeStar（CI/CD環境を自動構築するサービス）については、コラムで簡単に紹介します。

10-1	AWSにおける継続的なアプリケーション開発の支援サービス
10-2	CodeCommit
10-3	CodeBuild
10-4	CodeDeploy
10-5	CodePipeline

10-1
AWSにおける継続的な
アプリケーション開発の支援サービス

アプリケーションは、一度作ってしまえばそれで終わり、というわけではありません。利用者の声を聞きながら新しい機能を追加したり、報告のあった不具合を改修したりすることで、継続的にアプリケーションの価値を高めていくことが重要です。

そのため、ソースコードをビルドしたり、ユニットテストを走らせたりといった開発プロセスの自動化を考える必要があります。このような考え方は、**継続的インテグレーション（CI）**や**継続的デリバリー（CD）**と呼ばれます。そのための環境、**CI/CD環境**をマネージドサービスとして提供しているのがCodeシリーズです。

Codeシリーズの概要と各サービスの役割

まずはじめに、Codeシリーズについて簡単に説明しておきます。詳細な説明については後続の節を参照してください。Codeシリーズには次の5つのサービスがあります。

- ○ **CodeCommit**：ソースコードを管理するGitリポジトリサービス
- ○ **CodeBuild**：ソースコードのビルド／テスティングサービス
- ○ **CodeDeploy**：ビルドされたモジュール（アーティファクト）のデプロイサービス
- ○ **CodePipeline**：上記3つのサービスを束ねて、一連の開発プロセスを自動化するサービス
- ○ **CodeStar**：上記4つのサービスを利用したCI/CD環境を自動構築するサービス

CodeStarを除いた各サービスの関係を図にすると、次のようになります。

206

10-1 AWSにおける継続的なアプリケーション開発の支援サービス

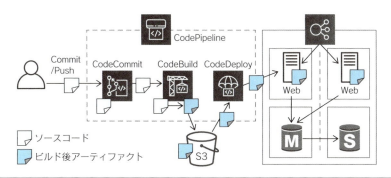

❏ Codeシリーズの利用イメージ

▶▶▶ 重要ポイント

- AWSではCodeシリーズのサービスとしてCodeCommit、CodeBuild、CodeDeploy、CodePipeline、CodeStarの5つが提供される。これらによって、継続的インテグレーション（CI）や継続的デリバリー（CD）が実現される。

Column

CodeStar

CodeStarはこの章で紹介するCodeシリーズを使って、CI/CD環境を自動でセットアップしてくれるサービスです。CI/CD環境だけでなく、アプリケーションの実行環境も自動で構築することができます。

たとえば、下記のような環境を自動構築できます。

- Elastic Beanstalk（11-2節）で環境を構築し、その上でRuby on Railsプロジェクトを動作させる。
- Pythonで書いたプログラムをLambda上で動作させるサーバーレスな環境を構築する。
- EC2上でPHP Laravelフレームワークを動作させる。

アプリケーションの実行環境とCI/CD環境を簡単に用意することができるため、すぐにアプリケーション開発をスタートできます。特に、チームの構成がアプリケーションエンジニア中心の場合に、AWSのベストプラクティスに従う形でインフラ環境を構築できるのが利点だと言えます。まずはCodeStarでCodeシリーズを使ってみた上で、各サービスの細かいカスタマイズ方法を考える、という進め方をしてみるのもよいかもしれません。

10-2

CodeCommit

CodeCommitは、ソースコード管理のためのGitリポジトリサービスを提供するマネージドサービスです。チームでアプリケーションを開発していく際に、ソースコードをバージョン管理するのは今ではあたり前です。特に最近では、Gitを用いることがデファクトスタンダードとなっています。Gitのリポジトリを用意する場合、大きく下記の2つの方式があります。

○ 自前でサーバー上に導入する
○ SaaSを利用する

最初の方法では、自身で用意したサーバー上にGitリポジトリをホスティングするため、クローズドな環境でGitを使えるメリットがあります。しかし、サーバーの保守であったり、ソフトウェアのアップデートなども自分で行う必要があるため、その管理工数がかかってしまう点がデメリットです。

SaaSを用いると、サーバーのメンテナンス作業に工数がかからないため、本来行いたい開発業務に人的リソースを割り当てることができます。世の中には、Gitリポジトリを提供するSaaSがいくつかありますが、CodeCommitはそのうちの1つになります。

▶▶▶ **重要ポイント**

- CodeCommitは、ソースコード管理のためのGitリポジトリサービスを提供するマネージドサービス。

CodeCommitの特徴

IAMユーザーを用いた権限管理

まず、CodeCommitの特徴として、IAMユーザーを用いて権限管理を行う点

が挙げられます。たとえば、HTTPS方式でアクセスする場合は、コンソール上で下記のコマンドを利用し、ローカル環境にあるIAMのクレデンシャル情報を用いてGitリポジトリに接続できます。

❏ Gitリポジトリに接続

```
$ git config --global credential.helper '!aws --region ap-northeast-1
➡--profile CodeCommitUser codecommit credential-helper $@'
$ git config --global credential.UseHttpPath true
```

　SSHで接続する場合は、ターミナル上で秘密鍵と公開鍵のペアを作成し、公開鍵をマネジメントコンソールでIAMユーザーに紐付けることでGitリポジトリに接続します。開発に携わるメンバーが全員IAMユーザーを保持しているのであれば、Gitリポジトリ用のユーザー管理をしなくて済むことが利点と言えます。

他のAWSサービスとの連携

　AWSのサービスでGitリポジトリを運用するメリットとして、他のAWSサービスとシームレスに連携できることが挙げられます。下記の設定画面から分かるように、Gitリポジトリで何らかのイベントが発生した際に、それをトリガーにSNSトピックを呼び出すことができます。SNSトピック経由で他のAWSサービスをキックすることができ、様々な連携を行うことができます。

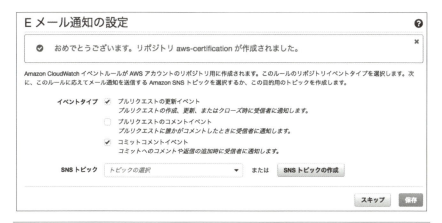

❏ SNSとの連携が可能

また、後の節で解説するCodePipelineやその他のCodeサービスと組み合わせることで、CI/CD環境を簡単に構築できます。CodeCommitに新しいソースコードをPushすると、自動でそれをビルドし、自動でユニットテストを走らせ、自動で開発環境へデプロイするといった連携を簡単に設定できます。

プルリクエスト機能の提供

　チームでソフトウェア開発をする場合、コードレビューによる品質の担保が非常に重要になります。そのコードレビューを支援するための**プルリクエスト**という機能があります。

　ソースコードのどの部分が修正されたかをdiffで表示したり、誰がその修正を承認していて、誰が修正が必要とコメントしているかといったコミュニケーションを支援します。現在ではチーム開発に欠かせない機能となっているプルリクエスト機能ですが、CodeCommitでも2017年11月のアップデートでサポートされました。

練習問題1

　あなたはあるR＆Dプロジェクトに携わるエンジニアです。検証用のコードをGitで管理するために、CodeCommitを導入することを検討しています。

　CodeCommitの特徴として誤っている記述はどれですか。

- **A.** プルリクエストが作成されたことを通知できる。
- **B.** IAMユーザーの権限を利用したアクセス制御が可能。
- **C.** CodeCommitインスタンスにSSHで接続し、カスタマイズできる。
- **D.** CodePipelineのパイプラインに組み込むことができる。

解答は章末（P.220）

10-3

CodeBuild

CodeBuildは、その名のとおりソースコードのコンパイル／ビルド環境を提供するマネージドサービスです。継続的な開発プロセスでは、最新ソースコードをビルドし実行できる形にするまでの流れを自動化することが多いです。そのためにビルド用のサーバーを調達し、Jenkinsのようなソフトウェアを導入したビルド環境を作る必要があります。

しかし、その環境の管理が必要なことや、ビルドするときにしか使わない環境のためにインフラリソースを確保し続けなければならないなどの課題がありました。この課題を解消するSaaSサービスもいくつかあるのですが、CodeBuildもその1つです。本節ではこのCodeBuildの特徴について説明します。

▶▶▶ 重要ポイント

- CodeBuildは、ソースコードのコンパイル／ビルド環境を提供するマネージドサービス。

CodeBuildの特徴

ビルド環境を簡単に構築可能

CodeBuildはビルド環境を簡単に構築、運用できるマネージドサービスです。マネジメントコンソールから数ステップでビルド環境を構築できます。また、CodeBuild上でユニットテストを実行することもでき、継続的な品質の担保にも貢献します。ビルド環境のランタイムとして、JavaやPHP、Python、Ruby、Node.jsなどを標準でサポートしている他、個人で用意したDockerイメージを利用することもできます。

ビルド対象のソースコード取得元として、CodeCommitはもちろんのこと、外部プロバイダーとしてGitHubやBitbucketを選択することもできます。S3か

ら取得することも可能なので、ソースプロバイダーとして対応していないリポジトリを利用している場合は、一度S3に転送する必要があります。

ビルドの定義はbuildspec.ymlに記載する

CodeBuildで提供されるビルド環境上で何をするかは、設定ファイルのbuildspec.ymlに定義します。この設定ファイルには、次の内容が含まれます。

- ○ ビルド環境のセットアップ情報
- ○ ビルド／ユニットテスト実行コマンド
- ○ ビルド前後に実行したい処理
- ○ ビルド後の出力情報

参考までに、AWSが提供しているサンプルのbuildspec.ymlファイルを掲載します。

❏ buildspec.yml

```
version: 0.2

phases:
  build:
    commands:
      - echo Build started on `date`
      - mvn test
  post_build:
    commands:
      - echo Build completed on `date`
      - mvn package
artifacts:
  files:
    - target/my-app-1.0-SNAPSHOT.jar
    - appspec.yml
  discard-paths: yes
```

料金は従量課金型

気になる料金体系ですが、ビルドにかかった時間単位の従量課金となります。CodeBuildで選択した環境のスペックに従って下記の料金体系となります

（2020年12月現在）。

❏ CodeBuildの料金体系例

コンピューティング インスタンスタイプ	メモリ (GB)	vCPU	Linuxのビルド1分 あたりの料金(USD)	Windowsのビルド1 分あたりの料金(USD)
general1.small	3	2	0.005	該当なし
general1.medium	7	4	0.010	該当なし
general1.large	15	8	0.020	該当なし

　従量課金なので課題の1つであった「インフラリソースを使っていない間のコスト」を気にしなくて済みます。また、アプリケーションの成長に伴いビルド負荷が高まってきたタイミングで、環境のスペックを上げることも可能です。開発当初から高いスペックのリソースを用意しなくてよいことも、コストメリットの1つと言えるでしょう。

練習問題2

　あなたはあるシステムの運用担当者です。現在のシステムでは、各開発者のローカルPCで開発を進め、その後すべてのソースコードの追加・修正が完了した時点でソースコードがマージされ、ビルドサーバー上で全体のビルドが行われます。このビルドサーバーは、EC2インスタンス上で動作しています。

　ある日、開発チームから、最近アプリケーションのビルドに非常に時間がかかっており、困っていると相談されました。ビルド自体は週に1～2回しか行われないものの、突発的に緊急リリースしたいことがあり、ビルド時間はなるべく短くしたいと考えています。

　このとき、最もコスト効率よく要件を満たす対応はどれですか。

　A. ビルドサーバーのインスタンスタイプを上げる。
　B. CodeCommitを導入する。
　C. CodeBuildを導入する。
　D. ビルドサーバーのディスクボリュームを増やす。

解答は章末（P.220）

10-4

CodeDeploy

CodeDeployは、ビルド済みのモジュール（アーティファクト）のサーバーへのデプロイを自動化するサービスです。運用中のシステムに対して新しいモジュールをデプロイするには様々な工夫が必要になります。たとえば、複数台のWebサーバーにモジュールをデプロイする場合、一気にすべてのサーバーにデプロイするのではなく少しずつ、システムを停止することなくデプロイしたい、という要望がよくあります。この場合、ロードバランサー配下にあるサーバーを少しずつ切り離してデプロイし、再度ロードバランサーにアタッチするといった作り込みが必要になります。

また、少しずつデプロイし始めたのはいいが途中で新しいモジュールに不具合が見つかった、という場合に備えてロールバックを考慮する必要があります。この作業についても、方式を検討したり、切り戻し用のスクリプトや手順を作成する必要がありました。

CodeDeployには、こういったデプロイの悩みを解決する機能があらかじめ用意されています。CodeDeployを用いることで、デプロイのための作り込みを減らすことができ、よりビジネスに直結する機能の開発に集中できます。この節では、CodeDeployの主な機能を紹介します。

▶▶▶ **重要ポイント**

- CodeDeployは、ビルド済みのモジュール（アーティファクト）のサーバーへのデプロイを自動化するサービス。

10-4　CodeDeploy

CodeDeployの特徴

デプロイ先を選択可能

CodeDeployは、EC2やLambda、そしてオンプレミスのサーバーに対してモジュールをデプロイできます。EC2やオンプレミスサーバーを対象とする場合は、対象サーバーにCodeDeployエージェントをインストールしておく必要があります。デプロイ時にどのモジュールを、どこに配置するかといった設定は、**appspec.yml**に定義します。参考までに、簡単なappspec.ymlファイルの例を掲載します。

❏ appspec.ymlの例

```
version: 0.0
os: linux
files:
  - source: index.php
    destination: /var/www/html/
  - source: img
    destination: /var/www/html/img/
hooks:
  BeforeInstall:
    - location: script/clean.sh
      runas: root
```

デプロイの前後に何かしらの処理を差し込む場合は、このappspec.ymlの「hooks」エリアに定義することで実現できます。上の例では、デプロイ実行直前にデプロイ先ディレクトリのクリーニングをするシェルを実行しています。

デプロイ方式を選択可能

システムのサービスレベルによっては、無停止で新機能をデプロイすることが求められます。このような要件に対応できるように、CodeDeployではデプロイの方式をいくつか用意しています。次ページの表に、その方式を示します。

その他、「正常に稼働しているホスト数が3つ以上を維持する」「正常に稼働しているホスト数が全体の25%以上を維持する」といった独自のデプロイ設定

を作成することも可能です。また、「デプロイが失敗したときにロールバックする」機能を有効にすることで、デプロイに失敗した場合の切り戻しを自動で行うことも可能です。

❏ CodeDeployのデプロイ方式

デプロイ方式	具体的な動き
AllAtOnce	関連するサーバーすべてに同時にデプロイを行います。リリース時間が最も短くなる半面、システム全体でダウンタイムが発生してしまいます。
HalfAtATime	関連するサーバー群の半分のリソースに対してデプロイを行います。デプロイの前に対象のサーバーをロードバランサーから切り離すため、デプロイ中は半分のサーバーで縮退運用することになります。半分のリソースでも高負荷にならないようなデプロイ計画が必要です。
OneAtATime	関連するサーバーを1つずつロードバランサーから切り離し、デプロイを行う方式です。ロードバランサーから切り離されるサーバーは最大でも1台なので、他のサーバーに負荷がかかりにくくなります。その分リリースにかかる時間が長くなります。

デプロイ対象のサーバーが増減する場合への対応

デプロイの仕組みを自前で構築する場合、サーバー数が増減した際の対応が必要です。特に、Auto Scalingを用いて動的にサーバー数が変わる構成を採用している場合は、この設計の難易度が上がります。CodeDeployでは、AutoScalingグループをデプロイ対象として選択できるため、この問題に簡単に対処できます。

 練習問題3

あなたはソリューションアーキテクトとして、物流システムの再構築案件を支援しています。アプリケーションのデプロイについては、ツールを自前で作り込む手間を省き、アプリケーション開発に注力したいという要望がありました。あなたはCodeDeployを用いることをプロジェクトに提案しようと考えています。

CodeDeployの特徴として誤った記述はどれですか。

　A. デプロイ定義はappspec.ymlに記述する。
　B. オンプレミスサーバーへのデプロイも可能。
　C. Auto Scalingグループをデプロイ対象にすることができる。
　D. デプロイ時にはCodeDeployでユニットテストを実行することが望ましい。

解答は章末 (P.221)

10-5

CodePipeline

ここまで、Codeシリーズとして、CodeCommit、CodeBuild、CodeDeployの説明をしました。これらのマネージドサービスを用いることで、ソースコードの管理・ビルド・サーバーへのデプロイの「それぞれ」を容易に実現できるようになりました。しかし、

○ ソースコードが変更されたことを検知してビルドする
○ ビルドの完了を待って検証環境にデプロイする

といった前段の作業が終わったことを検知し、その後続の作業を実施する部分については人手が必要な状況です。開発が続く限り、この一連の作業を何度も繰り返すことになるので、サイクル全体を自動化したいところです。このような要望に対応するのがCodePipelineです。

▶▶▶ **重要ポイント**

- CodePipelineは、CodeCommit、CodeBuild、CodeDeployのサービスを束ねて、一連の開発プロセスを自動化するサービス。

CodePipelineの特徴

開発プロセスの自動化

CodePipelineを用いることで、

○ ソースコードのPush
○（Pushを検知して）→ソースコードのビルド
○（ビルドが完了したことを検知して）→アーティファクトのデプロイ

という自動化されたパイプラインを作成することができます。パイプラインは

次の図のようにビジュアライズされるため、現在どの作業が進んでいるかを一目で理解できます。

❏ CodePipelineのイメージ

ここまでは、Codeシリーズを使う前提で説明してきましたが、一部のプロセスをAWS以外のサービスに置き換えることも可能です。たとえば、ソースコードの取得元をGitHubのリポジトリに設定したり、ビルドやテスティング部分をJenkinsに任せたりすることができます。開発プロセスの一部がすでにある場合は、足りない部分をCodeシリーズで埋めた上で、CodePipelineで自動化するという使い方も可能です。

承認プロセスを定義することも可能

CodePipelineでは、リリースの承認プロセスをパイプラインの途中に挟むことも可能です。たとえば、開発チーム内でのテストが終わった後、リリース承認者に対してUAT（User Acceptance Test：ユーザー受け入れテスト）を依頼するシーンがあると思います。CodePipelineでは、次のように承認（approval）プロセスを定義することができます。

○ 開発環境へのリリースまでは自動で行う。
○ UAT環境へのリリースの直前に承認者にメールを送信し、承認者が承認するまでパイプラインの処理を停止する。
○ 承認者が承認したタイミングでUAT環境へのリリースを行う。

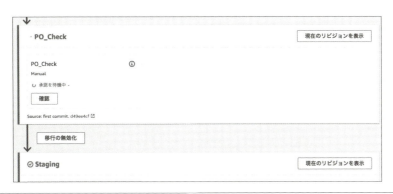

❏ 承認プロセス付きCodePipelineのイメージ

練習問題4

あなたは社内システムの運用担当者です。ある日アプリケーション担当のエンジニアから、コード修正から検証環境へのリリースまでを自動化できるような仕組みを作ってほしいと依頼されました。あなたはAWSのマネージドサービスを用いてこの要件を達成しようとしています。

以下の中から最も記述が正しいものを1つ選んでください。

- **A**. CodeCommit→CodeBuild→CodeDeployの順で実行されるパイプラインをData Pipelineを使って構築する。
- **B**. CodeBuild→CodeCommit→CodeDeployの順で実行されるパイプラインをData Pipelineを使って構築する。
- **C**. CodeCommit→CodeBuild→CodeDeployの順で実行されるパイプラインをCodePipelineを使って構築する。
- **D**. CodeBuild→CodeCommit→CodeDeployの順で実行されるパイプラインをCodePipelineを使って構築する。

解答は章末（P.221）

本章のまとめ

▶▶▶ 開発者ツール

- AWSではCodeシリーズのサービスとしてCodeCommit、CodeBuild、Code Deploy、CodePipeline、CodeStarの5つが提供される。これらによって、継続的インテグレーション（CI）や継続的デリバリー（CD）が実現される。
- CodeCommitは、ソースコード管理のためのGitリポジトリサービスを提供するマネージドサービス。
- CodeBuildは、ソースコードのコンパイル／ビルド環境を提供するマネージドサービス。
- CodeDeployは、ビルド済みのモジュール（アーティファクト）のサーバーへのデプロイを自動化するサービス。
- CodePipelineは、CodeCommit、CodeBuild、CodeDeployのサービスを束ねて、一連の開発プロセスを自動化するサービス。

練習問題の解答

✔ 練習問題1の解答

答え：**C**

　誤った記載はCになります。CodeCommitはマネージドサービスで、AWS側が提供するリソースにSSH接続することはできません。環境へのSSH接続が必須の場合はEC2インスタンス上にGitサービスを導入する必要があります。

　他の記述はCodeCommitの特徴として正しいです。プルリクエストの作成や更新、コメントの追加をトリガーにSNSと連携できます。また、アクセス制御においてIAMユーザーの権限を利用することもできます。そして、他のCodeシリーズとパイプラインを組むことができるので、Gitリポジトリへのソースコードプッシュをトリガーに環境へのデプロイまでの一連の流れを自動化できます。

✔ 練習問題2の解答

答え：**C**

　コスト効率を考えると、ビルド時間で課金されるCodeBuildを用いるのがよいでしょう。AやDのビルドサーバーのスペックを変更する方式もビルド時間の短縮に寄与しうるのですが、それだけコストが上がってしまいます。それほど頻繁にビルドをしないのであれば、

220

10-5 CodePipeline

CodeBuildへの変更を考えるほうがコスト面で最適だと言えます。なお、BのCodeCommit にはビルド機能がありません。

✔ 練習問題3の解答

答え：**D**

CodeDeployの特徴を問う問題です。順に見ていきましょう。Aのデプロイ設定の定義ですが、appspec.ymlに記述することがCodeDeployの仕様として定められています。Aは正しい記述です。

Bも正しいです。CodeDeployは、EC2インスタンスやLambda関数に加えて、オンプレミスのサーバーへのモジュールリリースもサポートしています。その際、EC2インスタンスの場合と同様に、エージェントのインストールが必要になることは覚えておくようにしましょう。

Cも正しく、CodeDeployのメリットの1つだと言えます。自動的にインスタンスが増減する環境では、デプロイ対象のインスタンスがその都度変わるのですが、この機能を用いることで簡単にデプロイを行うことができます。

最後のDの記述は誤りです。Codeシリーズの中でユニットテストを行う環境を提供するのはCodeBuildです。

✔ 練習問題4の解答

答え：**C**

正しいフローはCの「CodeCommit → CodeBuild → CodeDeploy」という順序です。また、アプリケーション開発のためのパイプラインの作成に利用するサービスはCodePipelineです。Data Pipeline（12-2節）はデータ処理のためのパイプラインを構築するサービスです。

10

開発者ツール

221

Column

認定プロフェッショナルと認定スペシャリティの位置づけの違い

AWS認定には、**認定プロフェッショナル**と**認定スペシャリティ**があります。この両者の位置づけはどのようなもので違いは何なのでしょうか？ 著者なりの見解を紹介しておきたいと思います。

まずプロフェッショナルは、**ソリューションアーキテクト**と**DevOps**の2種類があり、どちらもアソシエイトの試験範囲とほぼ同様で、内容をより広く・深くしたものです。まさしくアソシエイトに対する上位資格と位置づけられています。

一方でスペシャリティは、語弊があるかもしれませんが、問題の難易度としてはアソシエイトと大きく違いません。問題の難易度がアソシエイトと変わらないのであれば、何がスペシャリティなのでしょうか。スペシャリティの由縁はやはり専門分野ということです。実務でやっていない、あるいはその分野の勉強をしていないで受験すると、言葉の意味すら知らない単語がどんどん出てきます。特にその傾向が顕著なのは、機械学習（ML）です。機械学習は、AWSにどんなに詳しくても機械学習の知識がなければほとんど解けません。機械学習の知識を持った上で、AWS上でそれを実現できるかを問う試験です。そういった意味で、機械学習はスペシャリティという名前にふさわしい内容になっています。

他のスペシャリティの試験はどうでしょうか？ セキュリティについては、試験範囲としてはソリューションアーキテクトと重複する部分が多いです。しかし、経路安全やデータ保護などセキュリティを確保する方法を、様々な観点で、あるいは複数の手段を組み合わせて実現する方法を問われます。合格レベルまで勉強するとAWSのセキュリティ設計の考え方がよく理解できるようになり、かつIAMやKMSといったセキュリティの中核をなすサービスを、他のAWSサービスとどう組み合わせて使うのかがよく分かります。

このようにスペシャリティは、その対象に特化した試験となっています。AWSが対象とする領域の拡大とともに、今後もスペシャリティの試験種別は増えていくのではないでしょうか。

第11章

プロビジョニング
サービス

オンプレミス環境に比べ、クラウドではインフラリソースの構築を迅速かつ
簡単に行えます。気軽に環境面を増やせるので、同じ環境を複数回作ること
もよくあります。その際に役立つのがプロビジョニングサービスです。本章
では、AWSが提供する3つのプロビジョニングサービス、Elastic Beanstalk、
OpsWorks、CloudFormationについて解説します。

11-1　AWSにおけるプロビジョニングサービス

11-2　Elastic Beanstalk

11-3　OpsWorks

11-4　CloudFormation

11-1
AWSにおける
プロビジョニングサービス

　オンプレミス環境に比べ、クラウドではインフラリソースの構築をすばやく簡単に行うことができます。たとえば、高負荷対策としてWebサーバーの数を増やそうと思ったときに、オンプレミスの場合はサーバーの調達、ラックの調整、電源やネットワーク周りの作業が必要でリードタイムがかかってしまいます。それに対してAWSをはじめとするクラウドでは、GUIで数クリックするだけで環境を増やすことができます。

　こういった背景もあり、クラウドでは同じ環境、あるいは似たような環境を何度も作ることになります。このとき、すべての作業を手作業で行っていると、ミスをしたり、環境間で思わぬ差異が生まれてしまったりします。そこで、環境構築作業を自動化することを考えます。

　AWSでは、このような構築自動化・プロビジョニングサービスとして下記の3つが提供されています。

○ Elastic Beanstalk：定番構成の自動構築
○ OpsWorks：Chef環境を提供し、OSより上のレイヤーの自動構築をサポート
○ CloudFormation：JSONあるいはYAMLのテンプレートを作成し、OSより下のレイヤーの自動構築をサポート

　AWSではこれらのサービスを必要に応じて使い分けることで、環境構築の自動化を実現します。本章ではこれらのプロビジョニングサービスの特徴について詳細に解説します。

11-2

Elastic Beanstalk

AWS Elastic Beanstalk（以下Elastic Beanstalk）は、定番のインフラ構成を自動構築するサービスです。アーキテクチャのパターンは限られますが、AWSのベストプラクティスに沿った構成を簡単に構築できます。インフラに詳しいメンバーがいないときでも、適切な環境をすばやく用意でき、アプリケーション開発に集中できることがElastic Beanstalkのよさと言えます。

▶▶▶ **重要ポイント**

- Elastic Beanstalkは、定番のインフラ構成を自動構築するサービス。インフラに詳しいメンバーがいなくても、適切な定番環境がすばやく構築できる。

Elastic Beanstalkで構築できる「定番」構成

Elastic Beanstalkで構築できる構成は大きく下記の2つです。

1. Webサーバー構成（ELB + Auto Scaling + EC2）
2. Batchワーカー構成（SQS + Auto Scaling + EC2）

それぞれ、無料利用枠をなるべく使う「低コスト」の構成、複数のサーバーを用意しAuto Scalingの設定を含める「高可用性」の構成から選択することができます。個別にカスタマイズすることもでき、たとえば「高可用性」の構成にするが、サーバー台数は最大でも2台までにする、といった指定を行うこともできます。

また、プラットフォームとしてJava、Ruby、PHP、Pythonといった言語を選択することができ、あらかじめ用意されたサンプルアプリケーションを最初からデプロイすることも可能です。

11

プロビジョニングサービス

225

Elastic Beanstalkの様々な利用方法

　Elastic Beanstalkはマネジメントコンソールから利用することができますが、それ以外にも様々な利用方法があります。たとえば、EclipseからElastic Beanstalkの機能を利用する **AWS Toolkit for Eclipse** というツールが提供されています。また、他のサービスと同様に **AWS CLI** や各言語のSDKを使って環境を構築することも可能です。さらに、Elastic Beanstalk専用の **EB CLI** というクライアントツールも提供されています。このEB CLIはElastic Beanstalkの複数のAPIを束ねたコマンドになっており、AWS CLIから利用するのに比べ、より直感的に作業を行うことができます。

アプリケーションデプロイのサポート

　Elastic Beanstalkの利点として、アプリケーションデプロイのサポートがある点も挙げられます。自前で用意する場合は、どのEC2インスタンスをどの順番にELBから切り離すかなどを考慮する必要がありますが、Elastic Beanstalkでは様々なデプロイ方式を提供しているので、デプロイのための開発が不要になります。

　デプロイ方式は、デプロイにかかる時間や、システム停止時間をどれだけ許容できるかといった指針から選ぶことになります。次の表は、Elastic Beanstalkにおけるデプロイ方式の特徴、メリット、デメリット（考慮すべき点）について整理したものです。

❏ アプリケーションデプロイ方式の比較

	デプロイの進み方	メリット	デメリット
All at Once デプロイ	・すべての「既存の」インスタンスに一気にデプロイを実行する	・デプロイにかかる時間が短い	・システムが全停止する瞬間がある（可能性がある） ・デプロイに失敗したときは、元のモジュールをデプロイし直すことになり、システムの全停止期間、あるいは不具合が発生している期間が延びる

	デプロイの進み方	メリット	デメリット
Rolling デプロイ	・「既存の」インスタンスのうち一部をELBから切り離し、デプロイを行う ・デプロイが済んだインスタンスがELBに問題なくアタッチされたことを確認し、残りのインスタンスにデプロイを行う ・最初にデプロイするインスタンスの数は台数や割合で設定できる	・システムを全停止することなくデプロイできる ・デプロイが失敗したとしても、最初にデプロイした一部のインスタンスは切り離されているため影響が出にくい	・All at Once方式よりデプロイに時間がかかる ・デプロイ時に縮退構成になる。システム負荷が高いときにデプロイしないように注意が必要
Rolling with additional batch デプロイ	・インスタンスを「新規に」いくつか作成しデプロイする ・デプロイが済んだ新インスタンスがELBにアタッチされたことを確認し、次に「既存の」インスタンスの一部にデプロイする ・「既存の」インスタンスもELBに正常にアタッチされたら、残りの「既存の」インスタンスをターミネートする ・新規に作成するインスタンスの数は台数や割合で設定できる	・システムを全停止することなくデプロイできる ・縮退構成になる期間がない ・デプロイが失敗したときは新しく作成したインスタンスを切り離すだけなので、これまでの方式に比べ失敗時のリスクが少ない	・新しくインスタンスを作成する分、Rollingデプロイよりも時間がかかる ・一時的に異なるバージョンのアプリケーションがELBにぶら下がることになる。それでも問題が発生しないアプリケーション設計、データベース設計が必要になる ・インスタンスが使い捨てになるので、ファイルなどをローカルに保持しないステートレスな設計にする必要がある
Immutable デプロイ	・インスタンスを「新規に」1つ作成しデプロイする ・デプロイが済んだ新インスタンスがELBにアタッチされたことを確認し、残りのインスタンスの数だけ「新規に」インスタンスを作成しデプロイする ・すべてのインスタンスが正常にELBにアタッチされたことを確認し、「既存の」インスタンスをすべてターミネートする	・システムを全停止することなくデプロイできる ・縮退構成になる期間がない ・これまでのデプロイ方式の中で最も切り戻しがしやすく、デプロイ失敗時のリスクが小さい ・すべてのインスタンスを使い捨てにできる	・すべてのインスタンスを新規作成するので、デプロイに時間がかかる ・Rolling with additional batchデプロイと同じく、一時的に異なるバージョンのアプリケーションがELBにぶら下がることになる。適切な考慮が必要 ・インスタンスが使い捨てになるので、ファイルなどをローカルに保持しないステートレスな設計にする必要がある

	デプロイの進み方	メリット	デメリット
ebコマンドによるURL Swapデプロイ	・ebコマンドを利用してCNAMEを切り替えるブルーグリーンデプロイメント ・eb createコマンド：新規に環境を作成する ・eb swapコマンド：旧環境と新環境でURLを入れ替える ・eb terminateコマンド：旧環境を削除する	・事前に新環境でアプリケーションの確認をしてから切り替えられるので、デプロイリスクが小さい ・旧環境がそのまま残っているので、デプロイの失敗に気付いたらすぐに切り戻せる	・環境をすべて作り直すことになるため、デプロイ全体にかかる時間が長くなる ・ELBも新しくなるため、高負荷時に切り替える場合はELBプレウォーミングが必要になる ・DNSキャッシュが効いていると古い環境にリクエストが飛ぶので考慮が必要
ebコマンドによるRoute 53レイヤーでの切り替えデプロイ	・ebコマンドを利用してRoute 53の設定を変更するブルーグリーンデプロイメント ・eb createコマンド：新規に環境を作成する ・Route 53の設定を新環境の情報に変更する ・eb terminateコマンド：旧環境を削除する	・URL Swapデプロイと同じ	・URL Swapデプロイと同じ

練習問題1

あなたは社内の新規事業を担当しているエンジニアです。新しい事業アイデアを検証する際に、PoC（事業検証活動）をすばやく行いたいと考えています。そこで、Elastic Beanstalkを利用して、プロトタイプ開発を効率よく進められないか考えています。

Elastic Beanstalkに関する記述のうち、誤っているものはどれですか。

A. よくあるWebサービスの定番構成を簡単に構築することができる。

B. Elastic Beanstalk CLIは、複数のElastic BeanstalkのAPIを束ねたコマンドを提供している。

C. Immutableデプロイは、All at Onceデプロイに比べて、すばやくデプロイを行うことができる。

D. Elastic Beanstalkは、マネジメントコンソール以外からも利用することができる。

解答は章末（P.242）

11-3

OpsWorks

　AWS OpsWorks（以下OpsWorks）は、Chefを利用した構成管理サービ
スです。Chefはレシピと呼ばれるファイルにサーバーの構成を定義し、ミドル
ウェアのインストールや設定を自動化するツールです。簡単なレシピの例を紹
介します。

❏ レシピの例

```
package "httpd" do
    action :install
end

service "httpd" do
    action [ :enable, :start ]
end
```

　このレシピは、Apacheのインストール、サーバー起動時の自動プロセス立ち
上げ設定、そしてhttpdプロセスの立ち上げを行うものです。この例は簡単なも
のなので利点が分かりにくいかもしれませんが、作業が複雑になればなるほど
自動化の恩恵を受けることができます。また、インフラ作業をコード化できる
ので、レシピをバージョン管理することができることも利点だと言えます。

　通常、Chefの利用方式には次の2つがあります。

○ **Chef Clientローカル方式**：各サーバーがレシピを持ち、自分自身にレシピを適用
する方式
○ **Chef Server/Client方式**：マスターサーバーを用意し、レシピそのものや各サー
バーへのレシピ適用状況を管理する方式

　どちらの方式を用いる場合もChef環境のセットアップが必要になるのです
が、OpsWorksを使えばこのセットアップを任せることができます。Chefの利
用方式に合わせて、OpsWorksもこの2つの機能を提供しているので、その詳細
について説明します。

229

OpsWorksスタック

　Chef Clientローカル方式でChefを利用する場合は、**OpsWorksスタック**を利用します。まずはスタックおよびレイヤーという概念について説明します。

- **スタック**：OpsWorksのトップエンティティ。スタック単位の構成情報をJSON形式で保持する。スタックの下に複数のレイヤーを定義できる。
- **レイヤー**：インスタンスの特性ごとにレイヤーを用意する。レイヤーに対してChefレシピをマッピングする。レイヤーを指定してEC2インスタンスを起動することで、インスタンスに対してレシピが適用される。

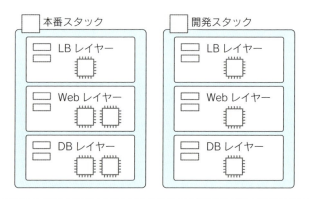

❏ OpsWorksのスタックとレイヤー

　スタックをコピーすることも可能なので、東京リージョンで環境を作り、そのDR環境を別のリージョンにコピーするといった使い方ができます。

　レイヤー内で起動したEC2インスタンスには、**OpsWorksエージェント**がインストールされます。このOpsWorksエージェントがOpsWorksからレシピを取得し、自身のインスタンスに適用します。インスタンスからOpsWorksへの通信経路が必要なので、その点に注意してください。

❏ OpsWorksエージェント

OpsWorks for Chef Automate

続いて、ChefをChef Server/Client方式で利用するシーンを考えていきます。Chefには**Chef Automate**という、Chefを統合的に利用するための機能があります。Chef Automateでは、レシピが適用される各インスタンスをクライアントと呼び、それらとは別にクライアントを管理するマスターサーバーが存在するアーキテクチャを採用しています。

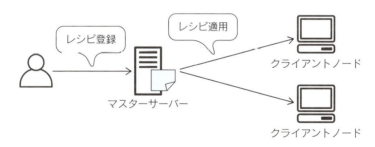

❏ Chef Automate

OpsWorksでもこのChef Automateの利用をサポートしています。**OpsWorks for Chef Automate**を利用すると、Chef Automateサーバーが自動構築されます。利用者側でChef Automateサーバーのプロビジョニングやインストール作業を行う必要がなく、Chef Automateサーバー自体のバックアップを行う機能なども標準提供されています。

Chef Automateサーバーにcookbookを登録した上で、クライアントノード（EC2インスタンス）を起動すると、このノードにレシピが適用されます。Auto Scalingにも対応しているため、クライアントノードを自動的に増やすことも可

能です。また、Chef Automateの機能の一部であるダッシュボード機能も利用
でき、このダッシュボード上で管理対象のノードやレシピを確認できます。

 練習問題2

あなたはソリューションアーキテクトとして、人材募集サイトのクラウド移行案件に携わっています。旧システムはオンプレミス環境で稼働していたので、今回の移行に合わせてクラウドに合った設計をし直すことにしました。ただし、旧システムでChefを使った構成管理を行っていたので、移行後も引き続きChefを用いることを検討しています。そこであなたはOpsWorksを利用することを提案しようと考えています。

OpsWorksに関する記述のうち、正しいものはどれですか。

- **A.** Chef Clientローカル方式で利用する場合は、OpsWorks for Chef Automateを使う。
- **B.** Chef Server/Client方式で利用する場合は、OpsWorksスタックを用いる。
- **C.** Chefを使う場合、エージェントの導入が必要になるが、OpsWorksはエージェントレスで利用できるという特徴がある。
- **D.** OpsWorks for Chef Automateを利用する場合、マスターサーバーのセットアップはAWS側で行ってくれる。

解答は章末（P.242）

11-4 CloudFormation

　マネジメントコンソールから手作業で環境を構築していくのは、最初は直感的で分かりやすいでしょう。しかし、同じ環境を複数用意する、複数の環境に同じ修正を横展開するといった作業を人力でやり続けることは効率が悪く、設定ミスも発生しやすくなります。**AWS CloudFormation**（以下**CloudFormation**）は、AWSリソースを自動構築するためのサービスで、この問題を解決します。

　CloudFormationを利用する際の流れは次のようになります。

1. CloudForamtionテンプレートを作成する。
2. テンプレートを適用する。
3. CloudFormationスタックが作成され、それに紐付く形でAWSリソースが自動構築される。

❏ CloudFormationを利用する際の流れ

▶▶▶ **重要ポイント**

- CloudFormationはAWSリソースを自動構築するためのサービス。構築されたAWSリソースはスタックと呼ばれる。スタックは、テンプレートと呼ばれる設計図に基づいて構築される。

CloudFormationスタック

CloudFormationで構築されたAWSリソースは、**CloudFormationスタック**という集合にまとめられます。テンプレートを修正し、スタックを指定して再度適用することで、スタック上のAWSリソースの設定を変更したり、リソースを削除したりできます。また、同じテンプレートを利用し、別のスタックとして新たに環境を作れるので、システムのDR環境を別リージョンに作成する際に重宝します。

同一システム内でテンプレートを分割することで、複数のスタックにリソースを分けることもできます。たとえば、次のようにスタックを分けることができます。

- ○ IAMやCloudTrailといったアカウント設定用スタック
- ○ VPCやサブネットといったネットワーク用スタック
- ○ ELBやWebサーバーといったパブリックサブネット用スタック
- ○ DBやインメモリキャッシュといったプライベートサブネット用スタック

このように分けて定義することで、他のシステムでテンプレートを流用しやすくなります。

CloudFormationテンプレート

続いて、スタックの設計図である**CloudFormationテンプレート**について説明していきます。テンプレートはJSON形式かYAML形式で記述します。本書ではYAMLで説明していきます。

ここで紹介するサンプルテンプレートは、以下のリソースを作成します（本来はインターネットゲートウェイ、ルートテーブル、そしてセキュリティグループの作成も書く必要があるのですが、長くなるので割愛します）。

- ○ VPCの構築
- ○ パブリックサブネットの構築
- ○ EC2インスタンスの構築

11-4 CloudFormation

❏ サンプルテンプレート

```
AWSTemplateFormatVersion: '2010-09-09'
Description: Create VPC, Public Subnet and EC2 Instance

# Parametersセクション
Parameters:
  InstanceType:
    Type: String
    Default: t2.micro
    AllowedValues:
      - t2.micro
      - t2.small
      - t2.medium
    Description: Select EC2 instance type.
  KeyPair:
    Description: Select KeyPair Name.
    Type: AWS::EC2::KeyPair::KeyName

# Mappingsセクション
Mappings:
  RegionMap:
    us-east-1:
      hvm: 'ami-a4c7edb2'
    ap-northeast-1:
      hvm: 'ami-3bd3c45c'

# Resourcesセクション
Resources:
  cfnVpc:
    Type: 'AWS::EC2::VPC'
    Properties:
      CidrBlock: '192.168.0.0/16'
      Tags:
        - Key: 'Name'
          Value: 'cfn-vpc'
  cfnSubnet:
    Type: 'AWS::EC2::Subnet'
    Properties:
      CidrBlock: '192.168.1.0/24'
      MapPublicIpOnLaunch: true
      Tags:
        - Key: 'Name'
          Value: 'cfn-subnet'
```

11

プロビジョニングサービス

235

```yaml
      # VPC IDは動的に決まるので、Ref関数を用いて参照する
      VpcId: !Ref cfnVpc
  cfnInternetGateway:
    Type: AWS::EC2::InternetGateway
    Properties:
      Tags:
      - Key: 'Name'
        Value: 'cfn-igw'
  cfnEC2Instance:
    Type: 'AWS::EC2::Instance'
    Properties:
      # Mappingsセクションの値をFindInMap関数で取得
      ImageId: !FindInMap [ RegionMap, !Ref 'AWS::Region', hvm ]
      # Parametersセクションの値をRef関数で取得
      InstanceType: !Ref InstanceType
      SubnetId: !Ref cfnSubnet
      BlockDeviceMappings:
        - DeviceName: '/dev/xvda'
          Ebs:
            VolumeType: 'gp2'
            VolumeSize: 8
      Tags:
        - Key: 'Name'
          Value: 'cfn-ec2-instance'
      SecurityGroupIds:
        - !Ref cfnSecurityGroup
      KeyName: !Ref KeyPair
```

テンプレートを構成する要素としては、**セクション**と**組み込み関数**がありま
す。これらの要素について、上記のサンプルテンプレートを細かく分割しなが
ら解説していきます。

セクション

CloudFormationテンプレートは、いくつかのセクションに分かれています。
本書では、よく使われる下記の3つのセクションについて説明します。

○ Resourcesセクション
○ Parametersセクション
○ Mappingsセクション

11-4 CloudFormation

❖ Resourcesセクション

まず、最も重要なセクションが **Resourcesセクション**です。テンプレートはスタックの設計図だと述べましたが、この Resources セクションに、構築する AWS リソースの設計を書いていきます。

各リソースには論理 ID を付ける必要があり、このテンプレートで

❏ Resources セクション

```
Resources:
  cfnVpc:
    Type: 'AWS::EC2::VPC'
    Properties:
      CidrBlock: '192.168.0.0/16'
      Tags:
        - Key: 'Name'
          Value: 'cfn-vpc'
```

は「cfnVpc」が VPC リソースを表す論理 ID です。この論理 ID を使って、リソース間の紐付けを行います。

続けて、リソースの型を **Type** で定義します。この例では VPC を表す「AWS ::EC2::VPC」型のリソースとして宣言しています。型によって **Properties** で設定できる項目が決まっています。項目の詳細については AWS の公式ドキュメントを確認するようにしてください。

📖 AWSリソースおよびプロパティタイプのリファレンス

URL https://docs.aws.amazon.com/ja_jp/AWSCloudFormation/latest/UserGuide/ aws-template-resource-type-ref.html

VPC リソースの場合は IP アドレスレンジ **CidrBlock** の定義が必須です。ここでは「192.168.0.0/16」と定義しています。さらに、任意項目である **Tags** を使って VPC リソースに名前を付けています。CloudFormation で扱える型や項目は日々変わるので、上記の AWS 公式ドキュメントを見ながら 1 つずつ定義していくようにしてください。

❖ Parametersセクション

Parametersセクションは、実行時に値を選択（入力）する項目を定義するセクションです。たとえば今回の例では、インスタンスタイプを変数として定義し、実行時に選択する形に

❏ Parameters セクション

```
Parameters:
  InstanceType:
    Type: String
    Default: t2.micro
    AllowedValues:
      - t2.micro
      - t2.small
      - t2.medium
    Description: Select EC2 instance type.
```

11

プロビジョニングサービス

237

しています。

　Parametersセクションで定義された値は、次のようにResourcesセクションでRef関数を用いて参照できます（Ref関数については後述します）。

❏ Parametersセクションの値をRef関数で取得

```
cfnEC2Instance:
  Type: 'AWS::EC2::Instance'
  Properties:
    # Parametersセクションの値をRef関数で取得
    InstanceType: !Ref InstanceType
    # 以下省略
```

　インスタンスタイプやEC2のキーペアなど、環境によって変わる値をパラメータ化することで、環境が変わるたびに書き換える必要がない汎用的なテンプレートにできます。

❖ Mappingsセクション

　Mappingsセクションでは、変数をMap形式で定義できます。実行環境によって変わる値を定義するのに用いられることが多いです。たとえば、EC2インスタンスを作るときに利用するAMIを選択しますが、同じAmazon LinuxのHVM形式のものでも、AMI IDはリージョンによって変わります。その場合、まずは次のようにMappingsセクションにAMI IDを定義します。

❏ Mappingsセクション

```
Mappings:
  RegionMap:
    us-east-1:
      hvm: 'ami-a4c7edb2'
    ap-northeast-1:
      hvm: 'ami-3bd3c45c'
```

　この定義をResourcesセクション内で**FindInMap**関数を用いて参照することで、適切なAMI IDを取得できます（FindInMap関数についても後述します）。

11-4 CloudFormation

❏ Mappings セクションの値を FindInMap 関数で取得

```
cfnEC2Instance:
  Type: 'AWS::EC2::Instance'
  Properties:
    ImageId: !FindInMap [ RegionMap, !Ref 'AWS::Region', hvm ]
    # 以下省略
```

　前述のとおり、CloudFormation は DR 環境の構築のために用いられることも多いです。リージョンが変わってもテンプレートを書き換えなくて済む形を目指しましょう。なお、**AWS::Region** は、**疑似パラメータ**と呼ばれる事前定義されたパラメータで、CloudFormation の実行リージョンを取得できます。疑似パラメータには他にも、実行された AWS アカウントのアカウント ID を取得する **AWS::AccountId** などがあります。

組み込み関数

　テンプレートを作成する際は、汎用的に作ることを心がけることが大切です。各セクションと同じく、その手助けをしてくれるのが**組み込み関数**です。

　Ref 関数は、AWS リソースの値や設定されたパラメータの値を取得する関数です。右のテンプレートは VPC とサブネットを構築します。サブネットは VPC に紐付くので、VPC ID をプロパティとして指定する必要があります。しかし、VPC もテンプレート実行時に作られるため、テンプレートを作成している時点では VPC ID が分かりません。このようなときに、「VpcId: !Ref cfnVpc」のように VPC の論理 ID を指定することで、実行時に決まった VPC ID をプロパティで指定できます。

　Ref 関数は、Parameters セクシ

❏ Ref 関数の使用例

```
Resources:
  cfnVpc: ←
    Type: 'AWS::EC2::VPC'
    Properties:
      CidrBlock: '192.168.0.0/16'
      Tags:
        - Key: 'Name'
          Value: 'cfn-vpc'
  cfnSubnet:
    Type: 'AWS::EC2::Subnet'
    Properties:
      CidrBlock: '192.168.1.0/24'
      MapPublicIpOnLaunch: true
      Tags:
        - Key: 'Name'
          Value: 'cfn-subnet'
      VpcId: !Ref cfnVpc
```

ID を取得

239

ョンで設定した値を取得する場合にも利用します。10前後ある組み込み関数の中で、最も用いる機会が多い関数です。

FindInMap関数は、Mappingsセクションで定義したMap型の変数を取得する際に使います。たとえば、Mappingsセクションで次のような変数が宣言されていたとします。

❏ Mappingsセクションの例

```
Mappings:
  MappingName:
    Key1:
      Name1: Value11
    Key2:
      Name1: Value21 #・・・この値を参照したいとする
      Name2: Value22
```

このときに、FindInMap関数を使ってValue21を取得したいときは、「!FindInMap [MappingName, Key2, Name1]」とします。前述の疑似パラメータと組み合わせることで、実行環境に応じて動的に値が変わる汎用的なテンプレートを作ることができます。

この2つ以外にも、リストからインデックスを指定して値を取得するSelect関数、他のCloudFormationスタックの値を取得するImportValue関数などの組み込み関数が用意されています。どうしても汎用的にテンプレートを作れない場合は、下記のリファレンスを参考にしながら試行錯誤してみるとよいでしょう。

📖 組み込み関数リファレンス

URL https://docs.aws.amazon.com/ja_jp/AWSCloudFormation/latest/UserGuide/intrinsic-function-reference.html

練習問題3

あなたはソリューションアーキテクトとして、社内のAWS導入を支援しています。環境構築を自動化したいという声が上がったので、CloudFormationのレクチャーをしようと考えています。

CloudFormationに関する記述のうち、正しいものはどれですか。

- **A.** CloudFormationでは各種リソースの設計書をスタックに記述する。スタックはJSONかYAML形式で定義することができる。
- **B.** CloudFormationで自動構築したリソース群はテンプレートという単位でまとめられる。テンプレートを削除すると、紐付くリソースをまとめて削除することもできる。
- **C.** CloudFormationを用いることで異なるリージョンや別のアカウントでも簡単に同じ環境を構築することができる。そのためには組み込み関数を使うなどして環境に依存しないテンプレートを作成することを心がける。
- **D.** CloudFormationでは1つの環境を複数のテンプレートから構築することができる。ただし、テンプレートを分けると管理が煩雑になるので、なるべく1つのテンプレートにまとめることが望ましい。

解答は章末（P.242）

本章のまとめ

▶▶▶ プロビジョニングサービス

- Elastic Beanstalkは、定番のインフラ構成を自動構築するサービス。インフラに詳しいメンバーがいなくても、適切な定番環境がすばやく構築できる。
- OpsWorksは、Chefを利用した構成管理サービス。Chefは、レシピと呼ばれるファイルにサーバーの構成を定義し、ミドルウェアのインストールや設定を自動化するツール。
- CloudFormationはAWSリソースを自動構築するためのサービス。構築されたAWSリソースはスタックと呼ばれる。スタックは、テンプレートと呼ばれる設計図に基づいて構築される。

練習問題の解答

✔ 練習問題1の解答

答え：**C**

　Elastic Beanstalkの特徴を端的に表したものがAの記述です。Webサービスを提供する構成や、裏側のバッチワーカー構成を提供します。Dの記述も正しく、AWS CLIや各種SDKからもElastic Beanstalkを利用することができます。また、BのElastic Beanstalk CLIは、Elastic Beanstalkを利用する上で便利な「eb」コマンドを提供しています。

　誤った記述はCになります。Elastic Beanstalkではいくつかのデプロイ方式をサポートしていますが、All at Onceデプロイはすべての既存のインスタンスに同時に新しいモジュールをデプロイする方式です。Immutableデプロイは段階的にすべてのインスタンスを入れ替える方式です。Immutableデプロイのほうが静止点がなくデプロイできるなどのメリットがありますが、All at Onceデプロイに比べるとデプロイに時間がかかる方式となっています。

✔ 練習問題2の解答

答え：**D**

　まず、OpsWorksには下記の2つの利用形態があります。

- **OpsWorksスタック**：Chef Clientローカル方式で利用する場合
- **OpsWorks for Chef Automate**：Chef Server/Client方式で利用する場合

　AとBの記述は反対になっているので誤りです。OpsWorksを利用する場合でも、対象サーバーへのエージェントの導入は必須となるのでCも誤りです。

　最後のDが正しい記述になります。従来であればChef Automateサーバーのセットアップは自前で行う必要がありましたが、OpsWorks for Chef Automateではその準備を自動で行ってくれるという特徴があります。

✔ 練習問題3の解答

答え：**C**

　まず、AとBについては「スタック」と「テンプレート」の記述が逆になっているため誤りです。それぞれ逆にすることで正しい説明になります。

　Cは正しい記述です。環境に依存するテンプレートも作成できるのですが、将来的に他の環境、たとえばDR用途で別のリージョンに環境構築する可能性があるのなら、はじめから汎用的に作ることを心がけるのがベストプラクティスです。

　Dは誤りです。テンプレートを1つにまとめたほうがよい場面もあるかもしれませんが、それは必須ではありません。逆に、テンプレートを大きくしすぎるとメンテナンスが難しくなるため、レイヤーごとにテンプレートを分けたほうがよい場面もあります。

第12章

分析サービス

AWSには多数の分析サービスがあり、さらにはAIや機械学習と広がりを見せています。分析サービスに限定すると、大きく「投入・加工のためのサービス」と「格納・検索のためのサービス」に分類できます。前者のサービスとしてはEMR、Data Pipeline、Glue、Kinesisがあり、後者のサービスとしてはCloudSearch、QuickSightなどがあります。本章では、これらのうちEMR、Data Pipeline、Kinesis、Glueについて詳しく解説します。

12-1 EMR

12-2 ETLツール

12-3 その他の分析サービス

12-1

EMR

Amazon EMR（以下EMR）は、分散処理フレームワークです。もともとHadoopを中心としたサービスであり、「Amazon Elastic MapReduce」というサービス名でしたが、最近はHadoopにとどまらず様々な分散処理のアプリケーションをサポートするようになったためか、略称のEMRがサービス名となっているようです。

EMRは2つの性格を持ったサービスで、分散処理基盤と分散処理アプリケーション基盤の2つの機能で構成されています。

▶▶▶ **重要ポイント**

- EMRは分散処理フレームワークで、分散処理基盤と分散処理アプリケーション基盤の2つから構成される。

EMRのアーキテクチャ

EMRは、マスターノード、コアノード、タスクノードという3種類のノードで構成されます。

マスターノードはその名のとおりマスターの役割を果たし、コアノード、タスクノードにジョブを振り分けます。マスターノードは1台のみ存在し、フェイルオーバーができません。そのため、マスターノードに何らかの問題があった場合、ジョブ全体が失敗します。

コアノードと**タスクノード**は、どちらも実際のジョブを実行します。両者の違いは、コアノードはデータを保存する領域であるHDFS（Hadoop Distributed File System）を持ち、タスクノードはHDFSを持ちません。そのため、タスクノードはコアノードに比べ柔軟に増減ができます。ただし、コアノードなしでタスクノードのみの構成にすることはできません。

244

12-1 EMR

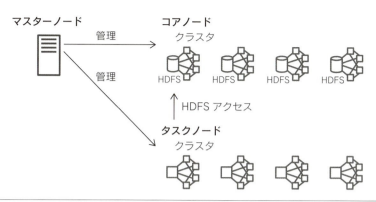

❏ EMRのアーキテクチャ

分散処理基盤としてのEMR

EMRの1つ目の機能として、分散処理基盤があります。これには、分散処理に必要なEC2の調達・廃棄などのリソースの調整機能と、S3を分散処理に扱いやすいストレージとして扱う機能（EMRFS）があります。どちらも重要な機能ですが、ソリューションアーキテクトの認定試験では、リソースの調整機能にフォーカスされることが多いです。

リソースの調整機能として重要になるのが伸縮自在性とコストです。伸縮自在性は、処理するEC2インスタンスを解析開始時に調達し、必要に応じて増減させる機能です。またデフォルト設定の動作としては、解析が完了すると自動的にリソースが解放されるようになっています。

コストの観点では、EMRには分析費用を小さくするための機能があります。もともとEC2インスタンス自体のコスト削減機能として、リザーブドインスタンスやスポットインスタンスがあります。分散処理基盤は動作の特性からスポットインスタンスと相性がよく、EMRにもスポットインスタンスのオプションがあります。

▶▶▶ 重要ポイント

- 分散処理基盤は、その動作の特性からスポットインスタンスと相性がよい。

EMRとコスト

　分散処理の機能の構成要素の1つとして、ジョブの分割と管理があります。ジョブの分割は、全体の処理を小さな単位のジョブとして分割することです。ジョブの管理は、分割したジョブを分散処理基盤内のインスタンスに振り分け、その成否を管理する機能です。たとえば、ジョブを振り分けたインスタンスが何らかの事情で処理完了できない場合、別のインスタンスにそのジョブを再度処理させます。

　スポットインスタンスは、入札価格より時価が上回った場合に利用が強制的に中断されます。その制約があるために、通常のEC2のオンデマンドの価格より大幅に低コストで使えるのですが、利用には一工夫が必要です。EMRなら、その一工夫が分散処理の機能として備わっているため、スポットインスタンスと非常に相性がよいというわけです。

　EMRを使う際は、まず分散処理できるようにアプリケーションを適合させ、その上でスポットインスタンスを利用できるようにするのがよいでしょう。認定試験でも、分散処理を早く低コストに実行するための定石として、オートスケールとスポットインスタンスの組み合わせが最適なケースになることが多いです。

分散処理アプリケーション基盤としてのEMR

　分散処理を実現するには、アプリケーションが不可欠です。EMRでは、分散処理アプリケーションとして、HadoopやHadoop上で動く多数のフレームワークが利用可能です。代表的なところを挙げると、Apache Spark、HBase、Presto、Flinkなどがあります。これら事前に用意されているアプリケーションは**サポートアプリケーション**と呼ばれます。それ以外にも、自分で用意したアプリケーションをカスタムアプリケーションとして利用できます。

　なお、AWSの分析のフルマネージドサービスであるAthenaのエンジン部分はPrestoです。Athenaはインスタンスの立ち上げすら不要ですので、要件に応じて使い分けるとよいでしょう。また、EMRはバージョンアップの頻度が高く、サポートされるアプリケーションの範囲・バージョンもどんどん広がっています。定期的に利用バージョンを見直すとよいでしょう。

練習問題 1

あなたはEMRを利用した分散バッチシステムを管理しています。このバッチシステムでは、1台のマスターサーバーと2台のコアサーバーを利用することにより、1日分の処理を12時間で完了することができます。また、このバッチシステムは、バッチ処理を実行するサーバー台数に比例して処理速度を高速化できるものとします。

この処理をできるだけ短時間かつ低コストに実行するにはどうすればよいでしょうか。

- **A.** マスターサーバーにオンデマンドインスタンスを割り当てる。スポットインスタンスを利用し、2台のコアサーバーを割り当てる。
- **B.** 3台のリザーブドインスタンスを購入し、マスターサーバー1台、コアサーバー2台を割り当てる。
- **C.** マスターサーバーにオンデマンドインスタンスを割り当てる。スポットインスタンスを利用し、6台のコアサーバーを割り当てる。
- **D.** マスターサーバーにオンデマンドインスタンスを割り当てる。オンデマンドインスタンスを利用し、6台のコアサーバーを割り当てる。

解答は章末（P.255）

12-2

ETLツール

　データ分析サービスと切っても切り離せないのが **ETL ツール**です。ETL は「Extract Transform Load」の略で、データソースからのデータの抽出・変換・投入の役割を果たします。

　AWS には ETL 関連サービスとして、Data Pipeline と Glue があります。また、Kinesis も広義の ETL と言えるでしょう。この中でアーキテクチャ上重要になるのが Kinesis です。

Kinesis

　Amazon Kinesis（以下 **Kinesis**）は、AWS が提供するストリーミング処理プラットフォームです。Kinesis には、センサーやログなどのデータをリアルタイム／準リアルタイムで処理する **Data Streams** と **Data Firehose**、動画を処理する **Video Streams**、収集したデータを可視化・分析する **Data Analytics**という4つの機能があります。試験対策としては、まずは Data Streams の機能を押さえておくとよいでしょう。

　Data Streams は、右ページの図のようなアーキテクチャとなっています。様々なデータソースから送信されたデータが Stream に流れ、それを他のアプリケーションに流していきます。

　アーキテクチャ上重要なのが、データレコードの分散と順序性です。まずデータレコードの分散についてです。どのストリームで処理されるかは、データ入力時に指定されたパーティションキーを元に決められます。そして、そのストリーム内では、データが入ってきた順番に処理されます。

　この特性を理解した上で設計すれば、Kinesis の伸縮自在性・耐久性の恩恵を受けることができます。センサーやログなど大量のデータをリアルタイムで処理する場合、Data Streams を使ったアーキテクチャが有用です。

12-2 ETLツール

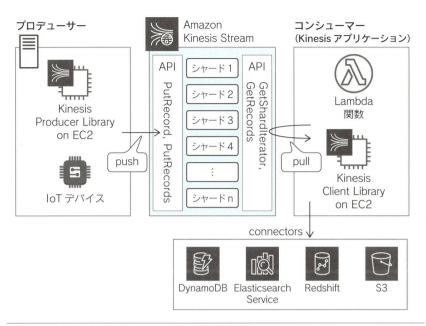

❏ Kinesis Data Streamsのアーキテクチャ

▶▶▶ **重要ポイント**

- Kinesisはストリーミング処理プラットフォームで、センサーやログなどのデータをリアルタイム／準リアルタイムで処理するData StreamsとData Firehose、動画を処理するVideo Streams、収集したデータを可視化・分析するData Analyticsで構成される。

Data Pipeline

　AWS Data Pipeline（以下**Data Pipeline**）もデータ処理やデータ移動を支援するサービスです。Data Pipelineでパイプラインを設定すると、オンプレミスやAWS上の特定の場所に定期的にアクセスし、必要に応じてデータを変換し、S3、RDS、DynamoDBなどのAWSの各種サービスに転送します。設定は、ビジュアルなドラッグ＆ドロップ操作でリソースを繋ぎ合わせて行えます。

　また、スケジュール実行の他に、エラー時の再実行や耐障害性・可用性が機能として備えられています。そのため、自前でEC2インスタンスを立ててバッチ

処理を作るのに比べ、例外処理の設計・実装の手間が少なくインフラ運用の負荷も少ないです。

バッチ処理のETLを構築する必要がある場合は、Data Pipelineを検討してみましょう。

▶▶▶ **重要ポイント**

- Data Pipelineはデータ処理やデータ移動を支援するサービス。ビジュアル操作で設定できる。

Glue

AWS Glue（以下Glue）は、データレイクやデータウェアハウス（DWH）とセットで使われることが多いサーバーレス型のETLツールです。ビッグデータの解析などに使われることが多く、S3のデータを管理してRedshiftなどに変換して格納するといった用途によく利用されます。

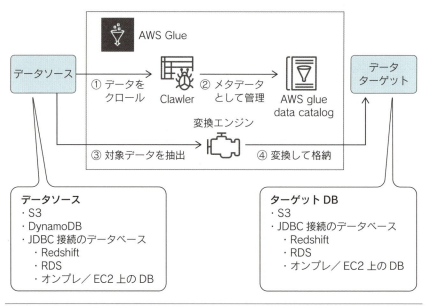

❏ Glueのアーキテクチャ

12-2　ETLツール

　Glueはいくつかの機能を持っていますが、大きくデータを管理する機能と、それを変換するエンジンとしての機能を持っています。

　まずデータ管理の機能ですが、データソースのデータを探索するクローラー機能と、それをメタデータとして管理するデータカタログの機能があります。クローラーが定期的にデータを探索し、データの存在を管理します。Glueはこのデータカタログを、Apache Hiveメタストアの互換形式で保持しています。

　実際のデータ変換処理は、変換エンジンで行われます。Glueでは、この処理をジョブという単位で管理します。変換処理は、PythonやSparkによって自分で実装することができます。

　ビッグデータのETLツールとしては、LambdaやGlueがよく使われます。使い分けとしては、Lambdaは比較的小規模のデータを対象とし、Glueは中大規模のデータを対象とします。

 練習問題2

　あなたはWebサーバーからのログをリアルタイムで分析し、可視化するプロジェクトに参画しています。可視化のシステムはすでに用意されており、ログを所定の場所に置くと可視化できるようになっています。あなたはこのシステムを完成させるために、ログの転送部分を作成する必要があります。

　この処理をできるだけ短時間かつ低コストで実行するにはどうすればよいでしょうか。

- **A.** Data Pipelineを利用し、ログを定期的に転送する。
- **B.** Data Pipelineを利用し、ログをリアルタイムで転送する。
- **C.** Kinesis Data Streamsにログをプッシュし、直接ログを所定の場所に転送する。
- **D.** Kinesis Data Streamsにログをプッシュし、Lambdaでポーリングして所定の場所に転送する。

解答は章末(P.255)

練習問題3

S3上のデータを整形した上で、Amazon Redshiftに格納したいと考えています。どのAWSサービスを利用すればよいですか。2つ選んでください。

- **A.** AWS Data Pipeline
- **B.** AWS ETL
- **C.** AWS Glue
- **D.** Amazon Kinesis
- **E.** AWS DataSync

解答は章末(P.256)

12-3

その他の分析サービス

AWSには、データ分析で活用するサービスがまだまだたくさんあります。最後にAmazon AthenaとAmazon QuickSightの特徴と使い所を簡単に紹介しておきます。

Amazon Athena

Amazon Athena（以下Athena）は、S3内のデータを直接、分析できるようにする対話型のクエリサービスです。所定の形式で格納されたS3のデータに対して、標準SQLでデータの操作ができます。Athenaは、内部的にはオープンソースの分散型SQLクエリエンジンであるPrestoで実装されていて、CSV、JSON、ORC、Avro、Parquetのデータ形式に対応しています。また、AthenaはJDBCドライバを通じて、BIツールとの連携が可能です。

Athenaは内部的にはPrestroを使っているので、EMRでPrestroを使った場合と同じような処理が可能です。ただAthenaを使うと、自前でインフラの管理をすることなくクエリから簡単に結果を取り出すことが可能です。そのフットワークの軽さが、EMRと比べた際のAthenaの選択ポイントとなっています。

Amazon QuickSight

Amazon QuickSight（以下QuickSight）は、データの可視化ツールです。QuickSightを利用することで簡単にダッシュボードを作成することができます。作成したダッシュボードはブラウザ経由で閲覧可能で、アプリケーション、ポータル、Webサイトに埋め込むことができます。QuickSightは、グラフやダッシュボードを作るUI部分と、SPICEと呼ばれるデータベースで構成されています。データソースはRDBやRedshift、Athenaなど様々なソースに対応しています。

ログの可視化などにはCloudWatchを利用しますが、ビッグデータ分析などのビジネス的な解析の可視化にはQuickSightを利用します。

 練習問題4

同一の書式のCSVデータが格納されたS3のバケットがあります。最小限の労力でこの中のデータを集計したいのですが、どのAWSサービスを使えばよいでしょうか。

- **A**. AWS Lambda
- **B**. Amazon EMR
- **C**. Amazon Athena
- **D**. Amazon QuickSight

解答は章末（P.256）

本章のまとめ

▶▶▶ **分析サービス**

- EMRは分散処理フレームワークで、分散処理基盤と分散処理アプリケーション基盤の2つから構成される。
- EMRの分散処理基盤は、その動作の特性からスポットインスタンスと相性がよい。
- ETLツールは、データソースからのデータの抽出・変換・投入の役割を果たす。
- Kinesisはストリーミング処理プラットフォームで、センサーやログなどのデータをリアルタイム／準リアルタイムで処理するData StreamsとData Firehose、動画を処理するVideo Streams、収集したデータを可視化・分析するData Analyticsで構成される。
- Data Pipelineはデータ処理やデータ移動を支援するサービス。ビジュアル操作で設定できる。
- Glueはサーバーレス型のETLツールで、ビッグデータの解析などに使われることが多い。

12-3 その他の分析サービス

練習問題の解答

✔ 練習問題1の解答

答え：**C**

EMRの処理分散の特性を理解した上で、コストを下げるための施策を検討する問題です。EMRのコスト問題の肝となるのがスポットインスタンスの活用です。スポットインスタンスは、価格が安くなる可能性がある分、入札価格より時価が上がった場合に利用できなくなります。EMRは、マスターサーバーがジョブを割り当て、割り当てたジョブが終わらなければ別のサーバーに割り当てます。マスターサーバーさえダウンしなければ、コアサーバーが一時的に使えなくても問題がない構造です。そのため、EMRとスポットインスタンスは、非常に組み合わせやすいと言えます。それを踏まえた上で選択肢を検討します。

Aは、スポットインスタンスの活用によりコストダウンがなされる可能性がありますが、処理台数が同じため処理性能は変わりません。

Bは、リザーブドインスタンスを利用しています。リザーブドインスタンスにより単位時間あたりのコストはオンデマンドインスタンスより下がりますが、24時間分の時間で課金されます。設問のバッチシステムは毎日12時間のみの稼働なので、割引効果を取り消す可能性が高いです。また、処理性能は変わりません。

Dについては、サーバー台数が増えているので処理時間は短くなります。一方で、オンデマンドインスタンスを利用しているため、1台あたりの単価は変わらず台数の合計は増えています。結果として、合計のコストは同じままです。

Cは、サーバー台数が増えているので処理時間は短く、かつスポットインスタンスでコスト削減効果が出てきます。よって答えはCになります。

✔ 練習問題2の解答

答え：**D**

データ転送の問題です。データ転送の要件の場合、まずリアルタイム・準リアルタイム・バッチのいずれであるかを見極めます。この問題の場合はリアルタイムなので、それを満たす機能を持つサービスを選択する必要があります。

まずData Pipelineですが、これはバッチでのデータ転送を行うサービスです。Aは記述としては正しいですが、設問の要件を満たしていません。

Bは、そもそもData Pipelineでリアルタイムの処理はできないので誤りです。

Kinesis Data Streamsは、ストリームデータを処理するサービスです。Kinesisにプッシュされたデータはシャードに保管され、コンシューマーアプリケーションがプルするデータを取得して処理します。そのため、CのようにKinesis Data Streamsが特定の場所に転送するようなことはできません。よって答えはDです。

なお、Kinesis Data Firehoseの場合はコンシューマーアプリケーションが不要で、直接S3やRedshift、Elasticsearch Serviceに転送することが可能です。ただし、Kinesis Data Streams

12

分析サービス

255

に比べると若干の遅延があり、準リアルタイム処理と分類されます。

✔ 練習問題3の解答

答え：**A、C**

　ETLサービスを選ぶ問題です。Data PipelineとGlueが、AWSのETLサービスです。Data Pipelineは比較的古く単純な処理しかできません。Glueは新しいETLサービスで、幅広いAWSサービス間のデータ変換が可能です。Kinesisはリアルタイムのデータ収集のためのサービスですが、S3のデータを収集して変換するようなことはできません。DataSyncは、ストレージ間のデータ転送サービスです。AWS ETLというサービスは存在しません。

✔ 練習問題4の解答

答え：**C**

　Amazon Athenaは、S3内のデータを直接分析できるようにする対話型のクエリサービスです。分析対象は所定のフォーマットである必要がありますが、CSVも対象です。よってCが正解です。LambdaやEMRでも、S3内のデータを集計する仕組みを構築することは可能です。しかし、そのためには専用のプログラムを用意する必要があるために、Athenaのほうが少ない労力で実施できます。QuickSightは可視化のためのサービスです。Athenaと統合してS3内のデータを集計して可視化するといったことも可能ですが、QuickSight自体はS3のデータを直接集計することはできません。

256

第13章

AWSの
アーキテクチャ設計

AWSにおけるアーキテクチャ設計の考え方は「AWS Well-Architectedフレームワーク」という形でまとめられています。試験対策としては、この考え方を踏まえた上で配点の多い分野を優先的に学んでいくのが効果的です。本章では、AWSの背景にある基本的な考え方、すなわちアーキテクチャについて説明します。

13-1 AWSにおけるアーキテクチャ設計

13-2 回復性の高いアーキテクチャ

13-3 パフォーマンスに優れたアーキテクチャ

13-4 セキュアなアプリケーションおよびアーキテクチャ

13-5 コスト最適化アーキテクチャ

13-6 オペレーショナルエクセレンスを備えたアーキテクチャ

13-1

AWSにおけるアーキテクチャ設計

認定試験は、AWSが考える適切なアーキテクチャ設計をどのように実現するのかを問う試験です。このAWSが考える適切な設計というものは、**ベストプラクティス**という形でホワイトペーパーなどで公開されています。

📖 AWSホワイトペーパー

URL https://aws.amazon.com/jp/whitepapers/

ただしここには膨大な数の文書が存在し、その対象も多岐にわたります。効率的に学習するには、まず基本的な考え方である **AWS Well-Architected フレームワーク**（AWSによる優れた設計のフレームワーク）を読んだ上で、試験範囲を重点的に学習するのが効果的です。

📖 AWS Well-Architectedフレームワーク

URL https://d1.awsstatic.com/whitepapers/ja_JP/architecture/AWS_Well-Architected_Framework.pdf

第1章でも紹介しましたが、試験範囲と割合は次の表のとおりです。7割の得点で試験には合格できるので、配点の多い分野を優先して学習するとよいでしょう。

❏ 試験の範囲と割合

分野	割合
レジリエントアーキテクチャの設計	30%
高パフォーマンスアーキテクチャの設計	28%
セキュアなアプリケーションおよびアーキテクチャの設計	24%
コスト最適化アーキテクチャの設計	18%

それでは、この出題範囲に沿って押さえておくべき事項を整理していきましょう。

258

13-2

回復性の高いアーキテクチャ

　認定試験で一番配点が高いのが**回復性の高いアーキテクチャ**です。Well-Architectedフレームワークでは、信頼性の柱とも表現されています。**信頼性**とは、サービスの障害からの復旧、負荷に応じた自動的なリソースの調整、あるいはインスタンスやネットワークに生じた障害の軽減を考慮されたシステムです。

▶▶▶ **重要ポイント**

- 回復性の高いアーキテクチャを設計するための知識は、試験範囲の中で最も大きな比重を占める。

回復性の高いアーキテクチャの構成要素

　信頼性・回復性の高いアーキテクチャの構成要素は次の5つです。

- ○ 復旧手順のテスト
- ○ 障害からの自動復旧
- ○ スケーラブルなシステム
- ○ キャパシティ推測が不要であること
- ○ 変更管理の自動化

復旧手順のテスト

　まず、復旧手順のテストです。逆説的に思えるかもしれませんが、クラウド環境はオンプレミス環境に比べると専用の環境を用意しやすいと言えます。オンプレミスの場合、たとえばネットワーク機器や負荷分散装置のようなものは、システム間で共用で使われていることが多くあります。クラウドの場合は、これらの設備も仮想的に専有できます。そのため、障害の発生をシミュレーショ

ンしやすく、復旧手順のテストも容易になります。これにより、すべての要素の
テストをすることや、障害復旧の自動化の設計も可能となります。

障害からの自動復旧

　AWSでは、主要なリソースの状況をメトリクスとして追跡することが可能
です。また閾値を設けて、負荷状況などが超過した場合にトリガーを設定する
ことが可能です。それによりリソースの追加や、問題の発生したリソースの自
動的な交換などの設定ができます。これが障害からの自動復旧です。障害から
の自動復旧は、小さな労力でシステムの運用面で多大な効果をもたらします。
　このアーキテクチャの設計には、まず閾値の検知に**CloudWatch**を利用し
ます。インスタンス単体での障害復旧の場合、CloudWatchの自動復旧（Auto
Recovery）を利用することで、インスタンスもしくはインスタンス内のOSなど
の障害を検知して自動復旧することが可能となります。
　自動復旧は、ELBなどのロードバランサー配下のインスタンス群に適用され
ることが少なくありません。その場合は**Auto Scaling**と組み合わせ、ELBか
ら定期的に**ヘルスチェック**を行い、一定期間の応答がない場合は自動的にイン
スタンスを切り離し、新たなインスタンスを追加します。負荷増大などのリソー
ス不足の場合は、新たなインスタンスを起動してロードバランサー配下のリ
ソースの総量を増やします。
　DBの場合は、**RDS**を使って**マルチAZ構成**をとることが基本となります。マ
スターとスタンバイの構成となっていて、マスター障害時に自動的にスタンバ
イがマスターに昇格して復旧します。このあたりの処理にはDNSの切り替えを
利用します。DNSの切り替えは、AWSのサービス全般に適用できる復旧方法
です。Black Beltオンラインセミナーで詳しく紹介されているので、ぜひ読んで
理解しておきましょう。

スケーラブルなシステム

　オンプレミスの場合、リソースの総量はあらかじめ用意した分しかありませ
ん。そのため、スケーラブルなシステムを作るのは非常に困難です。これに対し
てクラウドは、需給に応じてリソースを増減することが容易です。そのため、ス
ケーラブルなシステムを構築することが、信頼性の観点からもコストの観点か
らも重要となります。

260

スケーラブルなシステムを検討する際は、まずは水平方向の拡張（**スケールアウト**）が可能な仕組みを考えます。スケールアウト可能なアーキテクチャとは、インスタンスを単純に追加していけば、システム全体の処理能力が上がるという構造です。この構成には2つのポイントがあります。

1つは、増減するサーバーに状態を持たないように（**ステートレス**に）することです。たとえばセッションのような個々のユーザーの状態をインスタンスに持つと、ユーザーごとの処理は特定のサーバーでしかできません。これを防ぐのがステートレスなサーバーです。具体的には、Webサーバーの場合はセッションを外部のサービスに出します。AWSのサービスの場合は、**ElastiCache**を利用することが一般的ですが、**DynamoDB**を利用する場合もあります。

もう1つは、個々のリソースのサイズをできるだけ小さくすることです。リソースサイズが大きいと、負荷がかかっていない状態での無駄が大きくなります。また、リソースを追加した際にも過剰なリソースを追加することになります。小さな単位でリソース追加できることはクラウドの大きな利点です。

キャパシティ推測が不要であること

オンプレミスでは、あらかじめ用意した物理機器以上の性能を出すことができません。そのため事前のキャパシティ推測が重要になります。これに対して、クラウドはリソース追加が容易なのでキャパシティ推測の重要性は低下します。

一方で、クラウドの場合でも、アーキテクチャのキャパシティ設計は重要です。これは、水平方向に追加（**スケールアウト**）できるリソースは何か、あるいは垂直方向に拡張（**スケールアップ**）しないといけないリソースは何かを正しく知ることです。

一般的にWebサーバーやアプリケーションサーバーはスケールアウトが容易です。これに対して、DBサーバーはスケールアウトは難しく、スケールアップすることが多いです。DBサーバーの一般的なスケーリングとしては、以下があります。

○ 参照系と更新系を分離する
○ 参照系はリードレプリカを利用し、スケールアウト可能
○ 更新系はスケールアップして処理性能をアップさせる

1台のソースDBに対して作成できるリードレプリカの上限は決まっている
ので、注意が必要です。MySQLやPostgreSQLでは5台までです。Auroraの場合
は、最大15台まで設定可能です。また、Auroraの場合は、デフォルトでリード（読
み込み）エンドポイントとライト（書き込み）エンドポイントが用意されてい
ます。RDSのマルチAZ構成のように通常時にまったく利用されないスタンバ
イのようなリソースがないだけ、リソースの利用効率が高くなります。

　またRDBMS以外の選択肢として、DynamoDBがあります。DynamoDBの特
徴として、性能を設定値で増減させるということが可能です。また性能自体も
自動で増減させることができるので、キャパシティの柔軟性がより上がります。

■ 変更管理の自動化

　最後に変更管理の自動化です。今まで述べてきたとおり、AWSではリソース
の増減が容易です。その恩恵を受けるためには、変更管理の自動化が必要です。
つまり、リソースの追加時に、追加されたリソースが他のサービスと同じ設定・
アプリケーション・データを持っている必要があるということです。構成管理
の自動化には、CloudFormationやAMI、OpsWorksがよく利用されます。

　試験でよく問われるのは、Auto Scaling時のインスタンス構成です。AMIを
使うパターンの場合は、常にAMIを最新の状態に保つゴールデンマスター方式
です。それ以外に、インスタンス起動時に最新のソース・コンテンツを取得する
パターンです。このパターンの場合は、ソース・コンテンツの取得方法の他に、
起動後に即ELBに組み込まれて不整合が発生しないようにするための手法が
問われます。

　それ以外のパターンとしては、サーバーからデータを排除して、NASのよう
な共有のコンテンツ置き場をマウントするパターンがあります。NASの実現方
法として、AWSにはEFSやFSxがあります。

▶▶▶重要ポイント

- 回復性の高いアーキテクチャは5つの要素で構成される：復旧手順のテスト、障
  害からの自動復旧、スケーラブルなシステム、キャパシティ推測が不要であるこ
  と、変更管理の自動化。

13-3

パフォーマンスに優れた
アーキテクチャ

パフォーマンスに優れたアーキテクチャとは、リソースを効率的に使用し、需給や技術の進化に合わせて効率的に利用することです。そのためには、適切なリソースの選択と確認、リソース状況のモニタリング、トレードオフの判断が必要です。

リソースの選択

パフォーマンスに優れたアーキテクチャの第一歩は、適切なリソースの選択です。主なリソース種別としては、コンピューティング、ストレージ、データベース、ネットワークがあります。それぞれ見ていきましょう。

コンピューティングリソース

代表的なリソースであるコンピューティングリソースの場合、インスタンス・コンテナ・関数（FaaS：Function as a Service）の選択肢があります。常駐型のプロセスが必要な場合は、インスタンスもしくはコンテナを利用します。イベント駆動の非常駐型のプロセスの場合は、関数型のリソースを利用します。

インスタンス型のサービスには EC2 や Elastic Beanstalk があり、コンテナ型のサービスには ECS があります。関数型のサービスには Lambda を利用します。インスタンスとコンテナの使い分けについては、いろいろな考え方があるので一概には言えませんが、原則的に「アプリケーションの可搬性を高めたい」「アプリケーションのOSとの依存度を下げたい」といった場合は、コンテナを選ぶケースが多いです。

ストレージリソース

ストレージのアーキテクチャが問われる際には、まずインスタンスに紐付いたブロックストレージであるかどうかを考えます。この場合は、EBS が基本とな

13

AWSのアーキテクチャ設計

263

ります。これに対して、リソースをオブジェクト（ファイル）単位で扱えればよい場合は、オブジェクトストレージであるS3が最適になります。EBSとS3の比較では、スケーラビリティやコスト、耐久性の面でS3のほうが優位になります。

　そのため、アーキテクチャ設計においてS3を利用できるのであれば、S3を優先します。S3とEBSの違いは前述のとおり、オブジェクトストレージかブロックストレージかです。オンプレミスの構成では、基本的にブロックストレージが前提となっていることが多いので、そこをどのようにS3に変更するかが設計のポイントです。

■ データベースリソース

　データベース（DB）の選択については、RDBMSかNoSQLかの選択が第一です。次に大容量のデータ処理の場合は、DWHであるRedshiftが考えられます。

　RDBMSとNoSQLについては、特性の違いがあるだけで優劣は存在しません。そのため、RDBMSが得意とするもの、NoSQLが得意とするものを、それぞれ把握しておく必要があります。RDBMSは汎用的で使いやすいので、まずはNoSQLの特性を押さえるとよいでしょう。

　しかし一口にNoSQLと言っても、ドキュメント指向、列指向、KVSなど様々なタイプがあります。AWSでは、大量データ処理の場合は列指向のDWHであるRedshift、KVSの場合はインメモリデータベースでもあるElastiCacheを考えます。それ以外の汎用NoSQLであればDynamoDBが選択肢となります。

　RDBMSの選択肢としてはRDSとAuroraの2種類があります。Auroraは基本的にはRDSの上位互換サービスになります。それぞれの特性の違いを把握した上で、アーキテクチャを検討できるようにしましょう。

■ ネットワークリソース

　パフォーマンスの要素として、ネットワークは非常に重要です。一方で、AWSのサービスとしては、ネットワーク自体のパフォーマンスはAWSが管理する領域なので、ユーザー自身ですることはありません。そのため、ネットワークに関するアーキテクチャについては、インスタンスのネットワークに関する知識を問われます。具体的には、インスタンスごとのネットワーク帯域の限界に関する問いと、EBS最適化に関する問いです。

　まずEC2インスタンスには、インスタンスごとにネットワーク帯域の限界が

264

13-3　パフォーマンスに優れたアーキテクチャ

定められています。CPUやメモリに余裕があるのにパフォーマンスが出ない場合は、インスタンスのネットワーク帯域の限界に達している可能性があります。帯域の上限を上げるには、より帯域が広い**インスタンスタイプ**に変更します。

またインスタンスからEBSへのアクセスは、ネットワーク経由となります。ネットワークのボトルネックになりやすい箇所に対して、EC2では**EBS最適化インスタンス**というものが設けられています。これは、通常のネットワーク経路とは別に、EBS専用のネットワークを用意するオプションです。

ネットワークのパフォーマンスを問う問題はこの2つが多いので、それぞれ把握しておきましょう。

リソースの確認とモニタリング

システムを構築した後も、継続的な確認とモニタリングが必要です。AWSのサービスは常に進化しているため、構築時点のサービスでは実現できなかったものも新たなサービスで実現できる場合があります。このため、最適なリソースを使っているか、継続的な確認が必要となります。

また、システムが一定の閾値の中で利用されているかをモニタリングすることも重要です。そして、閾値を超えた場合には適切な対処が必要になります。モニタリングには**CloudWatch**を利用し、自動対処には**SQS**や**Lambda**を利用します。

トレードオフの判断

トレードオフの判断とは、どこで処理をするかの決定です。具体的には、キャッシュの活用です。代表的なキャッシュの使い方としては、データベースのキャッシュと、コンテンツのキャッシュがあります。データベースのキャッシュには**ElastiCache**を利用するのが一般的です。コンテンツのキャッシュには**CloudFront**を利用します。

▶▶▶ **重要ポイント**

- パフォーマンスに優れたアーキテクチャは、リソースを適切に選択し、それを継続的にモニタリングし、キャッシュを活用することで実現できる。

13-4
セキュアなアプリケーションおよびアーキテクチャ

AWSのアーキテクチャの中でも、セキュリティは非常に重要な要素となります。AWSにおけるセキュリティには、主に2つの観点があります。AWS利用に関するセキュリティと、構築したシステムのセキュリティです。

AWS利用に関するセキュリティ

AWS利用に関するセキュリティの大前提は、AWSマネジメントコンソールやAPIへのアクセス制限です。AWSへのアクセスにはIAMを利用します。このIAMへの権限付与がポイントとなります。原則としては次の3点です。

- ○ 利用者ごとのIAMユーザー作成
- ○ 最小権限の原則
- ○ AWSリソースからのアクセスにはIAMロールを使う

まず利用者ごとのIAMユーザー作成です。AWSには、アカウント作成時に作られたAWSルートアカウントがあります。AWSルートアカウントは、利用者の追跡やアクセス制限が難しいため、原則としては通常の運用には使いません。ユーザーごとにIAMユーザーを発行し、パスワードポリシーの設定や多要素認証（MFA）を設定します。ユーザー本人にしか利用できないようにすることで、誰がリソースを操作したのかも追跡できるようになります。操作の追跡にはCloudTrailを利用し、設定履歴の確認にはAWS Configを利用します。

次に、最小権限の原則です。IAMユーザーやIAMロールには、必要な操作権限を最小限に付与することが重要です。たとえば、通常の開発者にはネットワークの操作権限は不要ですし、運用者にはインスタンスの起動停止のみで十分な場合が多いです。業務で必要な権限以外を与えないことで、万が一アクセス権を奪われた場合でも、被害を最小限に抑えられます。

さらに、IAMロールの活用も有効です。ロールは、AWSリソースなど、サービスに対して付与できます。たとえば、EC2インスタンスにロール（インス

タンスプロファイル）を付与することにより、そのインスタンスのプログラムからAWSを操作できるようになります。プログラムにIAMユーザーのアクセスキー・シークレットアクセスキーを付与すると、キー流出の危険性はどうしても高くなります。できる限りロールを使うようにしましょう。また、異なるAWSアカウント間でのサービス利用として、クロスアカウントロールの利用もあります。

構築したシステムのセキュリティ

システムのセキュリティについては、オンプレミスと同じ部分も少なくありません。1つは、**レイヤーごとの防御**です。これは、レイヤーごとに最善の防御策を講じることです。ネットワークレイヤーで防御しているのでインスタンスやOSでは防御しない、というのではなく、それぞれのレイヤーに防御施策を講じることが重要です。

当然のことながら、レイヤーが異なればベストプラクティスも異なります。そのため、前提となる知識は非常に広い範囲に及びます。ネットワークレイヤーの保護では**VPC**が前提となり、**セキュリティグループ**や**ネットワークACL**をどのように活用するかがポイントとなります。あるいは、S3などのAWSリソースにインターネットを経由しないでアクセスするためのVPCエンドポイント／プライベートリンクをどのように利用するかも重要です。また、インスタンスを直接インターネットに接続しないようにするため方策として、**ELB**や**NATゲートウェイ**の使い方を問われることもあります。

もう1つは、**データの保護**です。これについては、バックアップやバージョニングの他に暗号化があります。**バックアップ**については、EBSやS3上のデータをどのようにバックアップするかが問われます。バックアップの設問に多いのが、データのライフサイクルです。S3のライフサイクル機能を使えば、一定期間が過ぎたら低頻度アクセスにする、もしくはS3 Glacierに移行する、そして不要になったら削除するといったことが可能になります。また、オペレーションの失敗からデータを保護するには、S3の**バージョニング**が有効です。

データの保護については、**暗号化**の観点もあります。データの暗号化には、EBSやS3の暗号化機能を使う場合と、KMSを使う場合があります。両者の違いは、暗号化の鍵の管理の主体です。ユーザーが主体的に管理する場合はKMSを利用します。

13-5

コスト最適化アーキテクチャ

　コスト度外視で堅牢なシステムを作ったとしても、ビジネス上の目的を達成することは困難です。そのため、コストの最適化もアーキテクチャ設計の上で重要な要素です。AWSをはじめとするクラウドは、大規模な設備投資やネットワーク設備の共用など、規模の経済・スケールメリットを活かして、自前で構築・運用するよりも低価格でサービスを提供しています。

　そのため、AWSを利用するだけでコスト的なメリットを得る可能性は高いのですが、AWS認定試験ではさらにアーキテクチャ上の工夫によるコスト最適化を問われます。代表的なコスト最適化策がいくつかあるので、それぞれ見ていきましょう。

需給の一致

　コスト最適化の大前提が、需給の一致です。つまりピーク時に備えて、あらかじめ大量のリソースを用意しないということです。クラウドのアーキテクチャは、オンプレミスに比べるとこの点が大きく異なります。現実的には、AWSといえども数秒〜数分といった短期間に急激にリソースを増加させるシステムを作るのは困難です。そのため、ある程度のリソースの余裕は持たせる必要はありますが、理想的に作れれば、オンプレミスとの比較という意味では需給をほぼ一致させることができます。

　この需給の一致を実現するためには、CloudWatchでリソース状況のメトリクスを計測し、EC2であればAuto Scalingでリソースの調整を行うのが基本となります。

インスタンス購入方法によるコスト削減

　AWSならではのコスト削減策として、インスタンスの買い方があります。通

268

常使うインスタンスは**オンデマンドインスタンス**と呼ばれ、この費用が定価に当たります。これに対して、1年間もしくは3年間の利用を約束することで3〜7割程度の割引を受けられるのが**リザーブドインスタンス**です。さらに、その時間でのAWSの余剰リソースを入札制で買うのが**スポットインスタンス**です。常時値引きされているわけではありませんが、値引き幅は大きく、最大9割引きくらいに達することもあります。この3つの方法を用途に応じて組み合わせて購入するのが、インスタンス購入方法によるコスト削減です。

まずリザーブドインスタンスについては、常時使っていることを前提とした価格体系となっています。そのため、事前に計画されていて確実に使うものだけに適用されるように購入するのが戦略となります。

次にスポットインスタンスです。スポットインスタンスは値引き幅が大きい反面、入札額を上回った場合は強制的に利用を中断させられるなど、制約もあります。対策としては、スポットインスタンスに適したアーキテクチャに利用するということが推奨されます。一番適合するのが、**EMR**などの分散処理との組み合わせです。EMRは、フレームワークとしてジョブが中断したときに、別のインスタンスで同じジョブを実行させるようになっています。

認定試験でも、分散処理のコスト削減策としてスポットインスタンスの利用を問われることが少なくありません。また、常時起動しているマスターノードのみリザーブドインスタンスを購入する、というパターンもあります。

なお、リザーブドインスタンス購入の推奨値は、**Trusted Advisor**のコストの項目で確認できます。あわせて覚えておきましょう。

アーカイブストレージの活用

インスタンス利用料以外のコストで大きな割合を占めることが多いのがストレージです。ストレージには、主にブロックストレージである**EBS**とオブジェクトストレージである**S3**があります。コスト削減の余地が多いのはS3です。

S3には、アクセス料は高いが保存料が安いという低頻度アクセスクラスと**S3 Glacier**があります。利用頻度が低いものを、S3のライフサイクル機能を使ってS3 Glacierにアーカイブするのが定番のコスト削減策です。ただし、S3 Glacierは復元料が高く時間もかかるので、数か月以上経過したログデータなど、利用する可能性の低いものに対して適用するのが一般的です。

通信料

　AWSでは、AWSに入ってくるインバウンドの通信は無料ですが、AWSから外に出ていくアウトバウンドの通信は有料です。サービスの性質によっては、通信料がかさむケースもあります。その場合はCloudFrontを使った通信料の最適化が必要です。CloudFrontは、通常のデータ転送料に比べて転送料を抑えることができます。

　一方で、転送する地域によって転送料は変わるため、一部地域では高額となる場合があります。価格クラスを選ぶことによって、転送料が高い地域ではCloudFrontを使わないという選択肢もあります。

コストの把握

　コストの最適化には、コスト自体を正しく把握する必要があります。AWSでは、月次の請求以外にも、コンソールなどで現在の利用額を常時確認できます。また、AWSから能動的に通知を得る方法として、CloudWatchとSNSの組み合わせがあります。この2つを使うことにより、月内にあらかじめ定めた以上の金額に達した場合、メールなどで通知を受けることが可能となります。

▶ ▶ ▶ **重要ポイント**
- 認定試験ではアーキテクチャ上の工夫によるコスト最適化が問われる。コスト最適化は、リソースの需給を一致させる、適切なインスタンスを購入する、アーカイブストレージを活用するなどの工夫で実現できる。

13-6
オペレーショナルエクセレンスを備えたアーキテクチャ

　AWSは、継続的にサービスを提供することに重きを置いています。そのため、オペレーション（運用）は非常に重要な要素です。AWSの場合でもオンプレミスと同様に、事前の運用計画や設計が重要なことは言うまでもありません。その上で、AWSのサービスを組み合わせることにより、より素晴らしい運用を実現できます。

　試験範囲の分野から外れていますが、オペレーションの考え方は引き続き必要になるので、合わせて学びましょう。

コードによるオペレーション (Infrastructure as Code)

　AWSでは、運用の負荷軽減・品質の維持のために運用の自動化を支援しています。これは Infrastructure as Code とも呼ばれ、繰り返される手順を自動化することができます。対象として、システム構築、システム構成の管理・変更に加え、障害などのイベントへの対応も含まれます。

　これを支援するサービスも多岐にわたり、構成を管理する CloudFormation を筆頭に、EC2に管理サービスとデプロイツールを付けた Elastic Beanstalk や、アプリケーションのライフサイクルを支援する CodeCommit、Code Deploy、CodePipeline など、様々なものがあります。試験対策としては、Elastic Beanstalk や Code系サービスによるアプリケーションのデプロイ方法をしっかりと押さえておくとよいでしょう。

障害時の対応

　障害時の対応も運用面における非常に重要な要素です。AWSは、本番同等のシステムを簡単にコピーして再現することや、擬似的に障害をシミュレートする方法など、障害時の対応の設計・訓練がしやすい仕組みになっています。

アーキテクチャとして問われるのは、障害の検知方法と障害への対応方法です。検知方法としてはCloudWatchとSNSとの組み合わせ、対応方法としてはEC2のAuto RecoveryやAuto Scalingによる復旧を押さえておきましょう。RDSのマルチAZの挙動も重要です。また、障害の挙動が説明され、その原因を問われることもあります。

変更の品質保証

運用においてシステムの変更(リリース)は重要なイベントです。事前に十分な準備をしていたとしても、何らかの問題が発生する可能性は否めません。その際の被害の軽減策としては、ロールバックの方策やユーザーごとの分割リリースなどがあります。試験でも比較的よく問われるので、それぞれのリリース方法を押さえておきましょう。

まず、ロールバックしやすいリリース方法として、ブルーグリーンデプロイメントがあります。これは、稼働中のシステム(ブルー)に対し、リリース後のシステム(グリーン)を別に用意し、切り替えることでリリースする方式です。AWSでの実現方法としては、Route 53による宛先の変更や、ELBの向き先のインスタンスの変更、ECSのコンテナを使う方法などがあります。

次にユーザーごとの分割リリースとして、ローリングデプロイメントやカナリアデプロイメントがあります。ローリングデプロイメントはリソース中の一部のリソースを、カナリアデプロイメントは最小のリソースセットを切り替える方法です。実現方法としては、Route 53の加重ルーティングが一般的ですが、ELBのターゲットインスタンスに混ぜ込むという方法もあります。

▶▶▶ **重要ポイント**

- オンプレミスと同様、AWSでもオペレーション(運用)は重要な要素。各種サービスを利用した自動化の方法、障害への対応方法、リリースの方法などをしっかり理解しておく必要がある。

13-6 オペレーショナルエクセレンスを備えたアーキテクチャ

本章のまとめ

▶▶▶ **アーキテクチャ設計**

- 回復性の高いアーキテクチャを設計するための知識は、試験範囲の中で最も大きな比重を占める。

- 回復性の高いアーキテクチャは5つの要素で構成される：復旧手順のテスト、障害からの自動復旧、スケーラブルなシステム、キャパシティ推測が不要であること、変更管理の自動化。

- パフォーマンスに優れたアーキテクチャは、リソースを適切に選択し、それを継続的にモニタリングし、キャッシュを活用することで実現できる。

- AWSのセキュリティには2つの観点がある。1つはAWS利用に関するセキュリティで、これにはIAMを利用する。もう1つは構築したシステムのセキュリティで、これにはセキュリティグループ、ネットワークACL、バックアップ、バージョニング、暗号化などを利用する。

- 認定試験ではアーキテクチャ上の工夫によるコスト最適化が問われる。コスト最適化は、リソースの需給を一致させる、適切なインスタンスを購入する、アーカイブストレージを活用するなどの工夫で実現できる。

- オンプレミスと同様、AWSでもオペレーション（運用）は重要な要素。各種サービスを利用した自動化の方法、障害への対応方法、リリースの方法などをしっかり理解しておく必要がある。

Column

AWSの効率的な勉強方法

　筆者のような立場だと、頻繁にAWSを効率的に学ぶ方法について質問を受けます。これについては正直なところ、質問者のバックグラウンドや業務で必要とする知識が違うので、人それぞれで王道はないと思っています。しかし、比較的多くの人に勧めやすいのが、AWS Black Beltオンラインセミナー（P.10参照）とハンズオン（P.13参照）の組み合わせです。

　AWS Black Beltの資料は、日本のAWSのソリューションアーキテクト（試験名じゃなくて役職名）が作っています。資料のクオリティも非常に高く、オンラインで見た場合は動画もついています。解説を聞きながら資料を読むと、非常に効率的に理解が進みます。一方で、BlackBelt読んだだけだと、分かった気にはなるものの細かい部分までは分からない、ということもあります。これはそもそも、詳細解説のためではなく概要を解説することを目的としていることが多いからです。ではより理解を深めるにはどうしたらよいでしょうか？ 筆者としては、**BlackBeltを見た後にハンズオンを実施する**ことをお勧めします。

　資料を読むだけではなかなか理解が難しいことも、ハンズオンで実機で動かすことで理解は一気に深まります。AWSの場合、公式ドキュメントにチュートリアルという名のハンズオンが載っていることが多く、それ以外にも10分ハンズオンという形でいろいろなサービスのハンズオンが用意されています。また、初心者向けのシリーズもあります。

　BlackBelt＋ハンズオンで、多くのサービスについて6割くらいは理解できるのではないでしょうか。その上で、細かい部分についてはドキュメントを確認しながら理解を深めればよいでしょう。また場合によっては、完璧にサービスを理解する必要はなく、使えるところまでで十分というケースもあります。

　なお、より高度な、あるいはより深い知識を学ぶ方法として、AWSの社員に直接聞くという方法もあります。AWSにはサービスごとに担当のソリューションアーキテクト（SA）がいて、当然のことながら担当の範囲についての深い造詣があります。そのSAに直接質問するにはどうすればよいのかという難易度がありますが、たとえばAWS SummitなどのイベントではAsk the Expertというコーナーが開催されており、AWSとしても直接話しをできる窓口を用意しています。

第 14 章

問題の解き方と模擬試験

本書の最後に、試験問題をどのように解いていくかを考えます。これまでの章で、各サービスの特徴やユースケースについて学んできました。ソリューションアーキテクト試験に合格するためには、これらの知識を活かしながら問題を解き進めることが重要です。さらに本章では、実践的な模擬試験も用意しています。

14-1　問題の解き方

14-2　模擬試験

14-3　模擬試験の解答

14-1

問題の解き方

　本書で学んできた知識を試験に活かすためには、各問題が受験者に何を問いたいのかを、1歩引いて考えてみることが重要です。このときに参考になるのが、前章の「AWSのアーキテクチャ設計」で紹介した4つの分類です。

1. 単一障害点のない設計になっているか
2. スケーリングする設計になっているか
3. セキュリティ面に問題はないか
4. コストの最適化がされているか

　この指標に沿って、この問題はソリューションアーキテクトとして何を問いたいのだろうか？と考えてみると、ヒントが見つかるかもしれません。
　本章では、これらの4つの視点でどのように問題を解いていくかを具体的に説明し、その後、本書オリジナルの模擬試験を解いてもらいます。きっと、ソリューションアーキテクト試験に向けたよい実践練習となるはずです。ぜひ上記4つの視点を意識しながらチャレンジしてみてください。

▶▶▶ **重要ポイント**

- 問題を読み解く鍵は、単一障害点、スケーリング、セキュリティ、そしてコストの4つの視点。

276

単一障害点のない設計になっているか

ソリューションアーキテクトとして設計を行うとき、そのシステム内に**単一障害点**（Single Point Of Failure、**SPOF**）がないかを見渡すようにしましょう。

- このインスタンスが停止してもサービス全体に影響がないか
- AZ障害が起きたときに問題にならないか

といったチェック項目を用意し、構成図を見ていくとよいでしょう。例題を見てみましょう。

例題

あなたはAWSで稼働する営業支援のための社内システムを運用しています。このシステムは営業活動に密接に結び付くミッションクリティカルなシステムで、高い可用性が求められています。現在、下記のシステム構成で運用しています。

- 営業支援用の画面を提供するWebサーバーを用意している。4台のEC2インスタンスがこの役割を担い、ELBで負荷分散している。
- データベースにはRDSを用いており、マスター／スタンバイ構成をとっている。
- 別途メールサーバー用のEC2を1台構築し、案件の進捗を営業部内に共有するメールをリアルタイムで配信するようにしている。
- 部内で共有するファイルはS3に保存しており、Webサーバー経由で参照できる。

この中で、障害が発生したときにシステム全体に影響が出てしまう設計ポイントはどこですか。

　　A. Webサーバー用のEC2インスタンス
　　B. データを管理するRDS
　　C. メールサーバー用のEC2インスタンス
　　D. ファイルを管理するS3

✔ 例題の解答

　1か所に障害が発生したらシステム全体に影響してしまうような設計箇所を探していきます。AのWebサーバー用のEC2インスタンスについては、ELBの下に複数のインスタンスが紐付く構成をとっています。そのため、1台のインスタンスが停止しても、縮退構成でサービスを維持できるでしょう。

　BのRDSについても、1台のインスタンスではなく、マスター/スタンバイな構成をとっています。マスターインスタンスに障害が発生しても、スタンバイ側にフェイルオーバーすることで、システムを継続できます。

　ここまでは問題なさそうです。しかし、Cのメールサーバー用のインスタンスは1台で運用されており、万が一このインスタンスが停止するとメール機能が全面的に止まります。つまりこの部分が単一障害点となっており、冗長化構成になるように設計を見直す必要があります。よって**正解はC**となります。

　なお、DのS3については、AWSのマネージドサービスで高い可用性が担保されているため問題ありません。

　このように、設計に対して1つ1つ「単一障害点になっていないか」をチェックしていくことが重要です。また、次のスケーリングにも関連するのですが、AWS側で高い可用性を担保してくれているマネージドサービスがあります。

　たとえば、今回問題になったメールサーバーをSESというサービスに置き換えれば、利用者側で冗長化を意識する必要がなくなります。各サービスに対して、利用者が可用性を意識する必要があるのか、AWS側で可用性を担保してくれるのかを押さえておくことが大切です。

スケーリングする設計になっているか

　アーキテクトとしてアーキテクチャ設計するときに、「いま想定しているリクエスト量は処理できそうだから、この構成で問題ない」と考えるのはよくありません。「将来リクエスト量が増えたときに、スケールできる設計になっているか」を意識することが非常に重要です。前章でも紹介しましたが、インスタンスをスケールアウトするには、ステートレスに設計しておく必要があります。これを初期構築のときから意識しないと後で苦労します。

　また、AWSの各サービスにはスケーリングを利用者側で意識する必要があるものと、AWS側でうまく吸収してくれるものとがあります。各サービスについてこの観点を押さえておくと、スケーリングしやすい設計になっているかを

14-1 問題の解き方

確認するときに役立ちます。

例題

あなたはIoT関連の実証実験に参加しています。各エリアに設置したセンサーからの情報を格納し、日次でデータ集計する基盤を構築することがあなたのミッションです。あなたはこの基盤を下記の設計で構築することにしました。

- API GatewayとLambdaを利用し、APIを提供する。
- 各センサーはこのAPIを呼び出し、センサーデータを連携する。
- LambdaはDynamoDBにデータを格納する。
- 夜間に1台のEC2インスタンスからDynamoDBのデータを取得し、翌朝までに必要な計算を行う。

無事に実証実験が完了し、事業化に向けた検討を行っています。あなたはエリア拡大に向けて、スケーリングが可能かアーキテクチャの見直しを行っています。設計の見直しが最も必要なものはどれですか。

- **A**. API Gateway設計
- **B**. Lambda関数
- **C**. DynamoDBテーブル
- **D**. EC2インスタンス

✔ 例題の解答

この問題は、各サービスのスケーラビリティへの理解を問うものです。API GatewayやLambdaは、リクエストが増えたときに自動的にスケールする設計になっているので、大きい見直しが必要になる可能性は低いです。また、DynamoDBについては、キャパシティ設定の見直しは必要かもしれませんが、機能が変わらないのであれば大きな設計変更は必要なさそうです（自動的にキャパシティを変更する機能もあるのですが、この問題では特に言及されていません）。

設計上、最も影響があると考えられるのはEC2インスタンスです。ここでは、DynamoDBのデータを処理するワーカーを担当していますが、エリア拡大に伴い1日のデータ量が増えたときはインスタンスの台数をコントロールする必要がありそうです。よって**正解はD**となります。

セキュリティ面に問題はないか

これまで見てきたように、機能要件を満たすだけでなく、非機能要件を意識することがとても重要です。セキュリティがしっかり守れているかを考えるのもソリューションアーキテクトの役割です。特に試験で頻繁に問われるのがIAM関連の設計についてです。

 例題

あなたは就職支援のためのWebプラットフォームの開発に従事しています。利用者にメールを配信する要件があるので、EC2インスタンスで必要な情報を集め、SDK経由でSESにメール送信の依頼を出す設計にしました。

EC2から他のAWSサービス群に接続する方法として、最も推奨されるものはどれですか。

- **A.** IAMユーザーからアクセスキーとシークレットキーを作成し、プログラムに埋め込む。
- **B.** IAMロールを作成し、EC2インスタンスに割り当てる。
- **C.** IAMグループを作成し、EC2インスタンスをそのグループに入れる。
- **D.** IAMポリシーを作成し、EC2インスタンスに割り当てる。

✓ 例題の解答

まず、この問題ではCとDは記述が誤っているため、消去法でAとBの2択に絞れます。問題はここからです。実はAもBも権限を付与し、メールを送ることはできるのですが、どちらがよりセキュアかを考える必要があります。Aのプログラムに埋め込む方式は、

- 誰もがキーを見られることになるが問題ないだろうか
- 流出を防ぐ方法はあるのだろうか
- キーが流出したときにそれを検知することはできるのだろうか

と、少し考えただけでいくつも問題になりそうな点が見つかります。IAMロールを利用する方法をとれば、そもそもキーを管理すること自体が必要なくなり、漏洩するキーもありません。このような理由から、この問題の**正解はB**となります。

このように、記述内容が機能要件を満たすかどうかだけではなく、それが脆

弱性に繋がらないかを考える視点を持つようにしましょう。

コスト最適化がされているか

最後のポイントとして、コスト最適化を意識することが重要です。大きく分けて、

- AWSリソースのコスト最適化
- 人的リソースのコスト最適化

の2つの観点があります。具体的な例題を見ていきましょう。

例題

あなたはAWS上で営業支援を行う社内システムを運用しています。先日、システムトラブルが発生し、一時的に社内業務が止まってしまうことがありました。原因を調査すると、急ぎの提案案件が重なり、同時にサービスを利用する営業部社員が多かったことが分かりました。その結果、システムが負荷に耐えられず障害に繋がってしまったようです。現在のシステム構成は、Webサーバーを4台用意し、前段にELBを配置しています。しかし、調査を進めると、ピーク時には8台分のWebサーバーがないと、安定して機能提供できないことが分かりました。ただし、そのピーク時負荷は今回のような提案案件が重なったときのみにまれに発生し、いつ発生するかは前もって分からない状況です。

コストを最適化しつつ、システムの安定稼働を達成するために最も適した対応はどれですか。

- A. めったに負荷が上がることはないので、このまま4台のインスタンスのままで運用する。
- B. インスタンスを増やし、常に6台のインスタンスで運用するように構成を変更する。
- C. インスタンスを増やし、常に8台のインスタンスで運用するように構成を変更する。
- D. Auto Scalingを利用し、最小4台、最大8台のインスタンスになるよう設定を行う。

> ✔ 例題の解答
> ----
> 　この問題は可用性とコスト最適化の両方を問うものです。コストを抑えたことで障害が発生しやすい構成にするのは論外ですが、リソースを必要以上に使ってしまい、コストが予算を超えてしまうのも問題です。
>
> 　選択肢Aの記述は、何も手を打たないという判断です。平常時は問題なくても、ピーク時に再び障害が発生し、ビジネスの機会を逃すことに繋がります。BもAに比べると可用性が上がるかもしれませんが、今回と同じリクエスト量がきたときは障害に繋がるでしょう。
>
> 　逆に、Cの設計はピーク時のリクエスト量に耐えられる設計ではあるのですが、頻繁には発生しない状況のために常に余剰のリソースを抱えておくことは、コスト最適とは言えないでしょう。
>
> 　リクエスト増にも耐えられ、コスト最適化も実現しているのがDのAuto Scalingを用いる方式です。必要なときに必要な分だけリソースを提供する、まさにクラウドならではの設計です。**正解はD**となります。

　さらに、この例題を使って人的リソースのコスト最適化についても考えてみましょう。選択肢に「ピーク時を予想し、事前にインスタンス数を増やす対応を行う」という対応があったらどうでしょうか。ピーク時を予想できるかはさておき、コスト面・可用性面ともにDの選択肢に近づけるかもしれません。しかし、ピークが発生する前後に、毎回運用メンバーが本番作業を行う必要があります。AWSリソースの費用だけでなく、このような人的リソースにかかる費用を考えると、コスト最適とは言えないでしょう。

　オペレーションを自動化する、あるいは今回のようにAuto Scalingの機能を活用して人手が必要な作業を減らす運用設計をするのも、アーキテクトに求められるポイントです。

　環境構築についても、CloudFormationなどの自動構築サービスを利用することで人手を減らすことができます。特に、本番環境、テスト環境、開発環境のように、同じ環境を複数用意する必要がある場合は、自動化することで得られるコストメリットが大きくなります。

14-2

模擬試験

 問題1

あなたは資産管理のためのWebサービス開発に携わっています。ELBの配下にWebサーバー用のEC2インスタンスを4台用意し、それぞれがRDSに接続するアーキテクチャを採用しました。サービスを公開する前に、ピーク時のリクエスト量に耐えられるかを確認する負荷試験を行うことにしました。

負荷試験を行うにあたり気をつけるべきことはどれですか。2つ選択してください。

A. RDSをマスター／スタンバイ構成にし、負荷試験に耐えられるようにする。
B. RDSと同じAZにすべてのWebサーバーがあることを確認する。
C. ピーク時のリクエスト量を一気に送る場合は、事前にELBのプレウォーミング申請を行う。
D. 負荷試験をする前に必ずAuto Scalingの設定を行う。
E. 負荷をかけるサーバーとしてEC2を用いる場合は、必要な負荷をかけられるインスタンスタイプや台数を用意するよう注意する。

 問題2

あなたは新規サービスを開発しています。サービスリリースは半年後ですが、先立って宣伝用の静的なサイトを作れないかと相談されました。サイトに必要な静的ファイルは別チームが用意してくれるとのことだったので、あなたはS3の機能を用いてこのサイトを公開することにしました。

下記の中で必要な設定はどれですか。2つ選択してください。

A. S3にIAMロールを割り当て、外部からのアクセスに必要な設定を行う。
B. バケットポリシーを設定して、外部からのアクセスに必要な設定を行う。
C. アクセスキーを同じS3バケットに配置し、外部からアクセスできるようにする。
D. 静的Webサイトホスティング機能を有効にする。
E. S3エンドポイントの設定を有効にする。

問題3

ある企業はAWSを導入し、既存のシステムの一部を移行することにしました。移行プロジェクトの最初の工程で権限管理の設計を行うことにしました。

下記の中で誤っているものはどれですか。

- A. ルートユーザーは権限が大きいので、通常の作業には使用しないルールを定めた。
- B. 最初にIAMグループを作成し、IAMグループにIAMポリシーを紐付け、その後IAMユーザーをIAMグループに所属するようにした。
- C. IAMグループにSQSの権限を付けた後、EC2インスタンスをIAMグループに紐付けることで、SQSからメッセージを受け取れるようにできる。
- D. IAMユーザーは利用者ごとに作成し、共用することは許さないルールを定めた。

 問題4

あなたはAWS上に構築したWebサービスの運用を行っています。Webサービスは、ELB、EC2、RDSなどを用いた構成を採用しています。リリースから少し経ったある日、利用者数が増えたことで性能劣化することがあるという報告を受けました。

下記の中で、この報告に対して正しい対応はどれですか。1つ選択してください。

- A. EC2がすべて同じAZにあったため、半分を別のAZに移すことを提案した。
- B. 調査の結果、DBアクセスに時間がかかっていることが分かった。特にデータ書き込みに時間がかかっていることが分かったので、RDSをマスター／スタンバイ構成にすることを提案した。
- C. 調査の結果、DBアクセスに時間がかかっていることが分かった。同時に、書き込みに比べて参照リクエストが多く発生していることも分かったので、RDSのリードレプリカを使うことを提案した。
- D. ELBのヘルスチェックの間隔が長かったので、それを短くすることを提案した。

 問題5

ある企業では多くのAWSアカウントを管理しています。アカウントを新たに作成したときに運用メンバーのIAMユーザーを作る作業がありますが、この作業を自動化

したいと考えています。

この要件を満たす手段はどれですか。

- **A**. CloudFormation
- **B**. Elastic Beanstalk
- **C**. IAMグループ
- **D**. Simple Workflow Service

 問題6

ある企業では2年前に基幹システムをAWSに移行しました。移行からそれなりに日が経っていることもあり、最近は安定した運用ができています。ある日、システム部の部長から、このシステムのインフラ費用をもう少し下げることはできないかと相談されました。

正しい対応はどれですか。

- **A**. IAMユーザーを定期的に棚卸しすることを提案する。
- **B**. EBS最適化インスタンスを利用することを提案する。
- **C**. EC2のインスタンスタイプを変更することはしばらくなさそうなので、スポットインスタンスを利用することを提案する。
- **D**. EC2のインスタンスタイプを変更することはしばらくなさそうなので、リザーブドインスタンスを利用することを提案する。

 問題7

ある企業でPHPを用いたWebシステムを開発しています。ELB、EC2、RDSを用いて、負荷に応じてAuto Scalingする設計としました。ある日、現在RDSに格納しているセッション情報を、RDS以外で管理することでDBへのアクセスを減らしたい、という相談を受けました。

この要件を満たす最適な手段はどれですか。

- **A**. EC2上にファイル形式で格納する。
- **B**. ElastiCacheを導入する。
- **C**. CloudFrontを導入する。
- **D**. Redshiftを導入する。

問題8

あなたはソリューションアーキテクトとして、新規サービスの設計を行っています。事前検証の結果、Webサーバーを4台用意する構成としました。続けて、各サーバーをどのようにAZに配置するかを検討しています。

下記のうち、最も正しい説明はどれですか。

- A. マルチAZにWebサーバーを配置するとコストが上がってしまう。費用対効果を検討する必要がある。
- B. マルチAZにWebサーバーを配置すると、AZ間での通信レイテンシーが非常に大きいので、性能検証を追加で行う必要がある。
- C. マルチAZにWebサーバーを配置することで、可用性の高い設計にすることができる。
- D. マルチAZにWebサーバーを配置すると、1つのAZに配置する場合とは異なり、アプリケーションをステートレスに設計する必要がある。

問題9

あなたはAWS上で稼働するシステムの運用メンバーです。ある日、開発者からアプリケーションの開発からリリースまでをより効率的にする方法がないかと相談されました。

下記のうち、正しい記述はどれですか。

- A. CodeBuildを利用して、ユニットテスト実行を自動化することを提案する。
- B. プログラムのバージョン管理をCodeDeployで行うように提案する。
- C. 新しいモジュールのリリースまでの一連の提携作業をData Pipelineを使って自動化することを提案する。
- D. 各サーバーへのモジュール配置を手作業からCodeCommitに変更することで、運用負荷を減らすことを提案する。

問題10

あなたはあるWebシステムの開発リーダーです。システムの中でCSVファイルをアップロードし、ファイルに書かれた内容に従いメールを送信する機能があります。この機能を下記のような処理フローとして設計を行いました。

Webサーバーの役割をするEC2インスタンスがファイルを受け付け、それをS3にアップロードします。同時にSQSにメッセージを追加します。そのメッセージにはS3上のCSVファイルパスが記載されています。後続の処理を行うワーカー EC2インスタンスは、SQSをポーリングし、S3からファイルを取得します。ワーカーはファイルの中身を確認し、SES経由でメールを送信します。

このとき、利用ユーザーが増えてもスケーリングするようにするために、設計の見直しが必要なコンポーネントはどれですか。2つ選択してください。

- **A**. Webサーバー用EC2インスタンス
- **B**. S3
- **C**. SQS
- **D**. ワーカー用EC2インスタンス
- **E**. SES

問題11

あなたはDynamoDBやLambdaなどを利用したサーバーレス構成のWebサービスを開発しています。DynamoDBには日々データがストアされ続けますが、ある一定期間を過ぎたデータはアプリケーションにとって不要になることもあり、データを定期的に削除したいという要件が発生しました。

この要件を満たすための提案と注意事項について、最適なものはどれですか。

- **A**. DynamoDBのTTL機能を利用する。TTL機能は一時的にキャパシティユニットを消費するので、事前に費用の見積もりや検証が必要である。
- **B**. DynamoDBのTTL機能を利用する。TTL機能は指定した時間ですぐにデータが消えるわけではないので、それでも問題ないか要件を確認する必要がある。
- **C**. Lambdaを用いて不要なデータを削除する。このときDynamoDBのキャパシティユニットは消費しないので、性能面での懸念はない。
- **D**. Lambdaを用いてDynamoDBのテーブルを削除する。その後、同じキーのDynamoDBのテーブルを再作成する。

問題12

あなたはソリューションアーキテクトとして、新規プロジェクトの開発支援を行っています。プロジェクトは順調に進捗していましたが、ある日、性能面の課題が発生してしまいました。その際、アプリケーションチームの担当者からEBS最適化インスタンスを使えばこの問題を解決できるか、と質問を受けました。

EBS最適化インスタンスの正しい説明はどれですか。

- **A**. EBSにはボリュームタイプがあるが、利用状況に応じて最適なタイプを選ぶオプション
- **B**. EBSのディスクサイズを利用状況に応じて動的に増減させるオプション
- **C**. EC2の通常のネットワーク帯域とEBSアクセス用の帯域を別々にするオプション
- **D**. EBSがディスク断片化したときに、それを自動的に解消するオプション

問題13

あなたはWeb上でタスク管理を行うサービスを開発しています。現在、ELBやEC2を使って機能を提供し、ドメインの名前解決にはRoute 53を利用しています。ある日、万が一障害や不具合などでサービス提供ができないときに、S3の静的ホスティング機能を使ってSorryページを表示できないか、とアプリケーションチームから相談を受けました。

要件を満たすのに有効なRoute 53のルーティングポリシーはどれですか。

- **A**. フェイルオーバールーティングポリシー
- **B**. 位置情報ルーティングポリシー
- **C**. レイテンシールーティングポリシー
- **D**. 加重ルーティングポリシー

問題14

あなたはソリューションアーキテクトとして、学校向けのWebサービスを提供するチームに参画しています。過去の写真やテスト問題など、更新頻度の少ないデータや大容量のマルチメディアコンテンツを保存するためのストレージサービスを検討しています。

AWSサービスの中でこの要件を満たすオブジェクトストレージサービスはどれですか。

A. Amazon CodeCommit
B. Amazon EBS
C. Amazon EFS
D. Amazon S3

 問題15

あなたは新システムを開発するチームに所属するソリューションアーキテクトです。現在、ネットワーク関連の設計を進めています。

インターネットゲートウェイについて正しい説明はどれですか。2つ選択してください。

A. VPCにアタッチする。可用性に考慮し、複数個アタッチすることが望ましい。
B. VPCにアタッチする。インターネットゲートウェイはマネージドサービスとして裏側で冗長化されている。VPCごとに1つ作成すればよい。
C. パブリックサブネットのルートテーブルを作成し、そのデフォルトルートの向き先をインターネットゲートウェイに設定する。
D. プライベートサブネットのルートテーブルを作成し、そのデフォルトルートの向き先をインターネットゲートウェイに設定する。
E. プライベートサブネットのルートテーブルを作成し、VPC内通信の向き先をインターネットゲートウェイに設定する。

 問題16

あなたはAWS上で稼働しているWebサービスの運用を担当しています。現在手動でデプロイ作業を行っており、これを自動化するためにCodeDeployの利用を検討しています。

CodeDeployについて説明が誤っているものはどれですか。

A. CodeDeployエージェントをインストールできればオンプレミスのサーバーも対象にすることができる。
B. Auto Scalingグループをデプロイ対象として選択できるので、対象のサーバー台数が増減したときにも対応できる。

C. デプロイの前後に何かしらの処理を挟みたい場合は、appspec.ymlに処理を記述する。

D. EC2を対象とする場合は、CodeDeployエージェントのインストールは不要である。

問題17

あなたはソリューションアーキテクトとして、新規プロダクト開発の支援を行っています。このプロダクトでは、海外リージョンにDR環境を構築する要件があるため、AWSリソースの構築を自動化するためにCloudFormationを利用することにしました。以下のCloudFormationに関連する記述のうち、正しいものはどれですか。

A. 組み込み関数などを使ってリージョンによらず利用できるテンプレートを作成する。

B. テンプレートごとにCloudFormationスタックは1つしか作れないため、リージョンごとにテンプレートを用意する。

C. IAMユーザーの作成はCloudFormationではできないので、アカウントごとに手作業で作成する必要がある。

D. リージョンごとに1つしかCloudFormationスタックを作れないので、必要なAWSリソースの記述はすべて1つのテンプレートに書く必要がある。

問題18

あなたはWebシステムの開発を担当するソリューションアーキテクトです。現在の設計では、システムに必要なデータはすべてRDSに格納しており、Webサーバーやバッチサーバーの役割を担うEC2インスタンスからRDSに接続しています。ある日、RDSのデータの一部をインメモリキャッシュに移すことでパフォーマンスを改善できないかと他のメンバーから相談されました。対象のデータはロストすると業務上影響の出るものなので、永続化できることが必須要件となります。

以下の記述から最も適した提案はどれですか。

A. CloudFrontを導入する。

B. ElastiCache for Memcachedを導入する。

C. ElastiCache for Redisを導入する。

D. Lambda@Edgeを利用する。

14-2 模擬試験

 問題19

あなたはオンライン学習サイトを運営しています。サイトの性質上、夜21時〜24時の利用が多いため、Auto Scalingを用いてEC2インスタンスの台数を増減させています。ある日、夜間の利用時にサイトが重くなるという報告を複数件受けました。調査してみると、Auto ScalingによってEC2インスタンスが作られているものの、そのインスタンスがELBに紐付くまでに時間がかかっていることが分かりました。

この問題に対する対策として適切なものはどれですか。2つ選択してください。

- **A.** Auto Scalingの設定を変更し、最大インスタンス数を増やす。
- **B.** ELBヘルスチェックの間隔を短くする。
- **C.** ELBヘルスチェックの間隔を長くする。
- **D.** ELBヘルスチェックの正常判定の閾値を小さくする。
- **E.** ELBヘルスチェックの正常判定の閾値を大きくする。

 問題20

あなたは画像投稿サイトの開発メンバーです。サービスをリリース後、利用者から画像の読み込みに時間がかかるという苦情を受けました。調査の結果、Webサーバーの画像を返却する処理がボトルネックになっていることが分かりました。

この課題を解決する可能性が最も高いサービスはどれですか。

- **A.** ElastiCache
- **B.** CloudFront
- **C.** CloudFormation
- **D.** S3 Glacier

 問題21

あなたはソリューションアーキテクトとして開発チームに参画しています。あるエンジニアからOpsWorksを利用したいと相談されました。

OpsWorksのユースケースに最も合っているものはどれですか。

- **A.** 定番のインフラ構成を自動的に構築する。
- **B.** 連続した運用ジョブのワークフローを定義する。

C. 構成管理ツールを使ってEC2インスタンスへのソフトウェア導入・設定を自動的に行う。
D. キュー管理を行い、ワーカーインスタンスとの間でキューのやり取りを行う。

 問題22

あなたはある企業のAWS導入を支援しているITコンサルタントです。顧客から、マネジメントコンソール上での操作を監視し、特定の操作があったときに検知できるようにしたいという要望をもらいました。

AWSサービスを組み合わせてこの要件を満たすことを考えたとき、どのサービスを組み合わせればよいですか。最適なものを2つ選択してください。

A. CloudWatch Events
B. CloudTrail
C. CloudFront
D. CloudWatch Logs
E. EMR

 問題23

あなたはtoC向けの販売サイトを開発するチームに所属しています。トランザクションデータの管理にDynamoDBを利用する設計をしていますが、テーブルを暗号化する必要が出てきました。

DynamoDBのテーブルを暗号化するときに利用できるサービスはどれですか。

A. AWS IAM
B. AWS KMS
C. DynamoDB Streams
D. Amazon Elastic Transcoder

 問題24

あなたはモバイルバックエンドのAPIを開発するチームに所属しています。現在セキュリティ関連の設計を行うフェーズで、セキュリティグループとネットワークACLをどのように用いるかを検討しています。

セキュリティグループとネットワークACLについて正しい記述を、2つ選択してください。

- A. セキュリティグループはステートレスなので、インバウンド／アウトバウンド両方の許可があるもののみ通信を許可する。
- B. ネットワークACLはステートフルなので、インバウンド通信に対してはインバウンドの許可のみがあれば通信を許可する。
- C. セキュリティグループはEC2インスタンスに紐付け、そのインスタンスの通信トラフィックを制御する。
- D. ネットワークACLはサブネットに紐付け、そのサブネットの通信トラフィックを制御する。
- E. セキュリティグループとネットワークACLは同時に利用できないので、ネットワークACLが紐付いたサブネット内のEC2インスタンスにセキュリティグループを紐付けることはできない。

 問題25

あなたはElastic Beanstalkを用いてサービス開発を行っています。デプロイの方式として、All at Once方式とRoute 53のレイヤーで切り替えるブルーグリーンデプロイメントのどちらにすべきか検討を行っています。

検討内容として正しいものを2つ選んでください。

- A. All at Once方式のほうがデプロイ時間が短いことが多い。
- B. ブルーグリーンデプロイメントのほうがデプロイにかかる時間が短いことが多い。
- C. All at Once方式のほうがリリースに失敗したときに切り戻しがしやすい。
- D. ブルーグリーンデプロイメントのほうがリリースに失敗したときに切り戻しがしやすい。
- E. All at Once方式では古いインスタンスが削除されるので、その前提で設計を進めるようにする。

 問題26

あなたは社内研修の管理サイトをAWSにリプレイスする案件に参画しています。EC2上にMySQLを導入するかRDS for MySQLを利用するか検討しています。

EC2上にMySQLを導入する場合と比べたときのRDSの特徴について、誤っているものはどれですか。

- **A.** 定期的にスナップショット（バックアップ）を取得する機能が備わっており、作り込む必要がない。
- **B.** DBインスタンスにSSHで接続し、パラメータチューニングを行うことができる。
- **C.** マスター／スタンバイな構成を簡単に構築することができ、可用性を向上することができる。
- **D.** 参照専用のレプリカを簡単に構築することができ、性能面の改善を行うことができる。

 問題27

あなたは小売店向けの受発注システムを運用するエンジニアです。現在、システムは順調に稼働しています。ある日、新しい機能や施策を考える上で、現在の売り上げ情報を分析する仕組みがほしいという要望がありました。

この要望に対する最も適切なAWSのデータウェアサービスはどれですか。

- **A.** RDS
- **B.** Redshift
- **C.** DynamoDB
- **D.** EMR

 問題28

あなたはソリューションアーキテクトとして、キャンペーン用サイト構築の相談を受けています。商品に興味を持ったユーザーにメール送信する要件があるので、SESの利用を提案しようと考えています。

SESの特徴として正しいものを2つ選んでください。

- **A.** マネージドサービスなので冗長性や可用性について利用者側が意識する必要がない。
- **B.** 存在しないメールアドレスへのメール送信で配信エラーになるが、そのようなアドレスへの対応もSESが自動で行ってくれる。

C. SDKやCLIからメール送信することはできるが、マネジメントコンソールからメール送信することはできない。
D. メール送信はできるが、メール受信はできない。
E. 独自ドメインからメール送信することができる。

 問題29

あなたはtoC向けのECサイトの運用をしています。ここ最近、ECサイトが重いという、利用者からのクレームが増えてきました。そこで、運用状況を監視するためにCloudWatchの導入を検討することにしました。

CloudWatchの各種機能の説明として、正しいものを選んでください。

A. CloudWatchではAWSが用意しているメトリクスを監視できるが、独自でメトリクスを定義することはできない。
B. 定期的にLambda関数を実行するにはCloudWatch Logsを利用する。
C. CloudWatchの標準メトリクスにメモリ使用率は含まれていない。
D. CloudWatch Eventsでアプリケーションログを監視することができる。

 問題30

あなたはソリューションアーキテクトとして受発注管理システムのAWS移行案件の支援をしています。他の社内サービスとのファイル連携にS3を利用しようと検討しています。

S3の特徴として誤っているものはどれですか。

A. イレブンナインと呼ばれる99.999999999%の可用性がある。
B. バージョニング機能があり、バケット単位で機能の有効／無効を決めることができる。
C. Webサイトホスティング機能で公開しているサイトにRoute 53を用いて独自ドメインを割り当てる場合、バケット名とドメイン名を一致させる必要がある。
D. 期限を限定してアクセスを許可するときには署名付きURL機能を用いる。

問題31

あなたはソリューションアーキテクトとして、複数のコンテナを利用するシステムを構築しようとしています。このシステムは、時間によって必要とするコンテナの数が増減します。また、コンテナ起動時の時間とシステム全体の管理負荷を最小限にしたいです。コンテナ管理にどのサービスを利用すればよいでしょうか。

A. Elastic BeanstalkのDockerプラットフォーム
B. ECS EC2ベース
C. ECS Fargate
D. EC2上にDockerをインストール

問題32

あなたはファイルサーバーを構築しようとしています。構築するファイルサーバーは、SMBプロトコルをサポートする必要があります。できるだけ構築・運用の負荷を下げたい場合には、どのストレージサービスを使えばよいでしょうか。

A. EFS
B. FSx for Windows
C. FSx for Lustre
D. EBS

問題33

あなたは、AWS上に機密性の高いデータを保存しようとしています。保存先はS3を想定しています。セキュリティ要件として、データはAWS内ではすべて暗号化して保存しておくこと、暗号化・復号のための鍵はそのS3バケット専用とすること、監査証跡として暗号化のための鍵の利用履歴をAWS側で管理できることの3つがあります。どのように保存すればよいでしょうか。

A. S3のデフォルト暗号化設定を有効にし、S3が管理する鍵で暗号化する。
B. S3のCMKによるサーバーサイド暗号化を有効にし、KMSで保存されたCMKを利用して暗号化する。
C. 自身で管理する暗号化鍵でクライアントサイドで暗号化し、データをS3にアップロードする。

D. S3のデフォルト暗号化設定を有効にし、KMSで管理するCMKを利用して暗号化する。

問題34

あなたはAWS上に構築されたアプリケーションの管理をしています。利用者からパフォーマンスの劣化を指摘され、調べてみるとディスクアクセス部分にボトルネックがあることが判明しました。アプリケーションはEC2上で構築され、データは100GBありEBSに格納されています。アプリケーションのディスクアクセスの傾向としては、短期的に3,000IOPS程度のランダムな読み取りがあります。最小のコストでパフォーマンスを満たすには、どのストレージタイプを選択するとよいでしょうか。

A. 汎用SSD（gp2）
B. プロビジョンドIOPS SSD（io1）
C. スループット最適化HDD（st1）
D. マグネティック

問題35

あなたはログデータの保存の仕組みをAWS上に構築しようとしています。ログデータはまとまった単位で圧縮されて、生成されてから6か月はアクセスされる可能性があります。その後、ほとんどアクセスされる可能性はありません。しかし、業界の方針に従い5年間は保持し続ける必要があります。最小限のコストで保存するには、どうしたらよいでしょうか。

A. EBSのライフサイクル機能を利用して、6か月後にS3に移行、5年後に削除する。
B. EBSに保存の上でAWS Backupを利用して、6か月後にS3 Glacierに移行、5年後に削除するライフサイクル設定にする。
C. S3のライフサイクル機能を利用して、6か月後にS3 Glacierに移行、5年後に削除する。
D. ログデータをS3 Glacierに直接出力し、ライフサイクル設定で5年後に削除する。

問題36

あなたはソリューションアーキテクトとして、ミッションクリティカルな業務システムの設計をしています。業務上必要とするパフォーマンスを達成するには、4台のEC2インスタンスが必要であり、常にその状態を維持する必要があります。また、単一のAZで障害が発生しても業務が継続できるように設計する必要があります。必要な性能要件を満たしつつ、最小限のコストで可用性を確保するには、どのようにインスタンスを配置すればよいでしょうか。

A. 1つのAZに4台のインスタンスを配置する。
B. 2つのAZに2台ずつインスタンスを配置する。
C. 2つのAZに4台ずつインスタンスを配置する。
D. 3つのAZに2台ずつインスタンスを配置する。

 問題37

次のようなIAMポリシーがあります。このポリシーでは、どのような操作ができるのでしょうか。

```
{
    "Version": "2012-10-17",
    "Statement": [
        {
            "Effect": "Deny",
            "Action": "*",
            "Condition": {
                "NotIpAddress": {
                    "aws:SourceIp": [
                        "1.1.1.1/32"
                    ]
                }
            },
            "Resource": "*"
        },
        {
            "Effect": "Deny",
            "NotAction": [
                "iam:*"
            ],
```

```
            "Resource": "*",
            "Condition": {
              "BoolIfExists": {
                "aws:MultiFactorAuthPresent": "false"
              }
            }
          }
      ]
  }
//}
```

この設定内容として正しいものを2つ選択してください。

A. IPアドレス1.1.1.1からのアクセスを許可する。
B. IPアドレス1.1.1.1以外からのアクセスの場合、すべての権限を禁止する。
C. IPアドレス1.1.1.1からのアクセスを拒否する。
D. ログイン認証時にMFAを利用していた場合に、IAMに関する権限の利用を許可する。
E. ログイン認証時にMFAを利用していない場合に、IAM以外のすべての権限を拒否する。

問題38

S3のバケットに対して、次のバケットポリシーを適用することで権限設定を行っています。

```
{
  "Version": "2012-10-17",
  "Id": "Policy1234567890",
  "Statement": [
    {
      "Sid": "BucketPolicy",
      "Principal": "*",
      "Action": "s3:*",
      "Effect": "Deny",
      "Resource": ["arn:aws:s3:::examplebucket1",
                   "arn:aws:s3:::examplebucket1/*"],
```

```
      "Condition": {
        "StringNotEquals": {
          "aws:SourceVpce": "vpce-1234abcd"
        }
      }
    }
  ]
}
```

examplebucket1バケットに対してのポリシーの設定内容として正しいものを選択してください。

- **A.** このバケットに対して、指定されたVPCエンドポイントからのすべてのアクションが許可されている。
- **B.** このバケットに対して、指定されたVPCエンドポイントからのすべてのアクションが拒否されている。
- **C.** このバケットに対して、指定されたVPCエンドポイント以外からのすべてのアクションが許可されている。
- **D.** このバケットに対して、指定されたVPCエンドポイント以外からのすべてのアクションが拒否されている。

問題39

あなたは日本にあるオンプレミス環境からAWSへシステム移行をしようとしています。システムの移行を進めるとともに、データの移行方法を検討しています。オンプレミス環境には70TBのデータがあり、これをAWSに移行する必要があります。オンプレミス環境には1GBのインターネット回線が敷設されており、帯域幅の半分であれば稼働中のシステムに影響なく利用できます。最短の方法ですべてのデータを移行するには、どうしたらよいですか。

- **A.** Snowball Edgeによるデータ移行
- **B.** Storage Gatewayによるデータ移行
- **C.** VPN接続によるデータ移行
- **D.** データを入れたハードディスクをAWSに郵送する

問題40

あなたは業務システムのログ管理の設計をしています。ログデータは業界の規定で5年間保存する必要があります。また保存期間中はほとんどアクセスされませんが、監査請求があった場合は全体のデータの中からごく一部を6時間を目処に提供する必要があります。監査の要求に答えつつ、最小のコストで保存するには、S3のどのストレージクラスを利用すればよいでしょうか。

A. S3標準
B. S3 Intelligent-Tiering
C. S3標準－低頻度アクセス
D. S3 １ゾーン
E. S3 Glacier（標準）
F. S3 Glacier Deep Archive

 問題41

あなたはソリューションアーキテクトとして、複数の取引先から利用される業務システムをAWS上にALBとEC2を使って構築しようとしています。取引先はインターネット回線を通じてシステムを利用します。取り扱うデータの機密性が高く、通信経路のすべてを暗号化する必要があります。どのように構築すればよいでしょうか。選択肢の中から2つ選んでください。

A. ALBのプロトコルにHTTPSを指定し、ターゲットグループのプロトコルにもHTTPSを指定する。
B. ALBのプロトコルにTCPを指定し、ターゲットグループのプロトコルにもTCPを指定する。
C. ALBのTLS Termination機能を利用する。
D. EC2にACMのSSL証明書を配置し、HTTPS通信ができるようにサーバー設定をする。
E. EC2に自身で用意したSSL証明書を配置し、HTTPS通信ができるようにサーバー設定をする。

問題42

ある企業では社員が利用したシステムログをS3に保存しています。データアップロード・変更などが日常的に実施されるため、ユーザーが誤ってS3バケット内のオブジェクトを削除してしまう懸念があります。これに対応する設定を実施する必要がありますが、業務に支障がない手段をとる必要があります。

監査要件として、バケットに格納されたデータは、所定の期間、上書きや削除を一切禁止にする必要があります。これは、そのAWSアカウントの所有者や管理者であっても同様です。この厳しい監査要件を、S3のどの機能を使って実現すればよいでしょうか。

A. S3バケットに対して、バージョニングを有効にする。
B. S3オブジェクトロックのガバナンスモードを有効にする。
C. S3オブジェクトロックのコンプライアンスモードを有効にする。
D. バージョニングのMFA Delete機能を有効する。

 問題43

あなたは、会社のWebサイトの管理者です。Webサイトは静的なコンテンツのみで構成されていますが、アクセス数が多く、かつ時間によってアクセス数の変動も大きいです。そのため、ELBとAuto Scalingを導入し、アクセス負荷に応じてEC2インスタンスを増減させる仕組みになっています。あるとき、テレビCMを流したところ、アクセス負荷に耐えられずWebサイトがダウンしました。

今後もテレビCMを流す予定があるので、最小限のコストで急激なアクセス増に耐えられる構成に変更する必要があります。そのために必要な対応を2つ選んでください。

A. ElastiCacheを導入し、コンテンツをキャッシュする。
B. DynamoDB Accelerator（DAX）を導入し、コンテンツをキャッシュする。
C. CloudFrontを導入し、コンテンツをキャッシュする。
D. EC2の部分を、S3の静的Webサイトのホスティング機能に置き換える。
E. 事前にEC2の台数を増やした上で、ELBの暖気申請をする。

問題44

あなたは社内から利用するデータの保存場所に、S3を使っています。S3バケットの設定で、インターネットからのアクセスはできないようになっています。その状態を維持するために、明示的にインターネットなどのパブリックアクセスを禁止したいと考えています。最も簡単なS3の設定を選択してください。

- **A.** バケットポリシーを利用して、パブリックアクセスを拒否する。
- **B.** S3パブリックアクセス機能を利用して、パブリックアクセスのブロックを有効化する。
- **C.** S3パブリックアクセス機能を利用して、パブリックアクセスを非有効化する。
- **D.** IAMの権限設定で、インターネットからのアクセスを禁止する。

問題45

あなたは、データベースをRDS Auroraで構築したシステムを運用しています。最近、システムの応答が遅いという苦情が多く、CloudWatchのメトリクスを調べてみるとデータベースの負荷が高いことが分かりました。対策として、Auroraのリードレプリカを複数台作成し、システムからの参照系アクセスはリードレプリカを利用することにしました。この際、システムからAuroraへの接続はどうすればよいでしょうか。

- **A.** 読み取りエンドポイントを使用する。
- **B.** クラスタエンドポイントを使用する。
- **C.** 作成したリードレプリカのインスタンスエンドポイントを使用する。
- **D.** リードレプリカの一部を指定したカスタムエンドポイントを作成し使用する。

14-3

模擬試験の解答

✔ 問題1の解答

答え：**C、E**

　負荷試験に関する問題です。システムの非機能要件にもよると思いますが、基本的にはリリースを前に本番同等の環境で負荷試験を行うのが望ましいと筆者は考えます。非機能要件を満たしているかを確認するのはもちろんですが、それ以外にも現在の構成でどれくらいのリクエストに耐えられるかを事前に把握しておくことは非常に重要です。この問題は、性能試験とは関係のないものについて消去法でアプローチするとよいでしょう。

　まず、Aの「RDSをマスター／スタンバイ構成にし、負荷試験に耐えられるようにする」ですが、マスター／スタンバイ構成にするかどうかは、システムが守るべき可用性をどのように定義しているかによって決定します。そのため、負荷試験を理由に構成を変更するのはおかしな話です。また、マスター／スタンバイは可用性に関する検討事項です。そのため、Aは×となります。

　続いて、Bの「RDSと同じAZにすべてのWebサーバーがあることを確認する」ですが、前提知識としてAZ間の通信は非常に低レイテンシーです。そのため、RDSとWebサーバーを同じAZに配置することは性能面に大きな影響は与えません。逆に、Webサーバーを1つのAZに集約すると、AZ障害に耐えることができず、可用性が下がります。性能試験のために（といってもほとんど性能面に寄与しませんが）可用性を下げることはありえませんので、Bも×となります。

　そして、Dの「負荷試験をする前に必ずAuto Scalingの設定を行う」についても、Auto Scalingをするかどうかはシステムの特性に応じて決めるものです。Auto Scalingが必ず必要なわけではないので、Dについても×になります。

　よって**正解はCとE**になります。Cの「ピーク時のリクエスト量を一気に送る場合は、事前にELBのプレウォーミング申請を行う」ですが、通常、リクエスト数は徐々に増えていき、ピークの量に達します。この徐々にリクエスト数が増えている間に、ELBも自動的にスケールアウトしていく設計になっています。そのため、いきなりELBにピーク時の負荷をかけてしまうと、本来測定したいWebサーバー（EC2）レイヤーではなく、その手前がボトルネックになってしまい、性能が出ないことがあります。ピーク時に負荷をかける場合は、事前にELBのプレウォーミング申請をしておくことが定石となります。なお、この申請にはビジネスプラン以上のサポートが必要なので注意してください。

　続いて、Eの「負荷をかけるサーバーとしてEC2を用いる場合は、必要な負荷をかけられるインスタンスタイプや台数を用意するよう注意する」についてです。負荷試験を行うときには、負荷をかける（リクエストを投げる）環境も用意する必要があります。AWSでサービスを構築している場合、負荷がけ用のEC2を用意してJMeterなどのソフトウェアを導入すること

304

14-3　模擬試験の解答

で負荷をかけていくことが多いです。このとき、負荷がけ用EC2のスペックが低いと、必要な負荷をかけることができないことに注意しましょう。もしそのような状況になった場合は、インスタンスタイプを上げるか、負荷をかけるためのインスタンス数を増やすといった対応を行ってください。

✔ 問題2の解答
答え：**B、D**

　S3の静的Webサイトホスティング機能に関する問題です。この機能は簡単に利用できるので、ぜひ手元の環境で試していただき、必要な設定を学んでいただければと思います。

　必要な設定は**B**と**D**になります。まず、バケット内のオブジェクトへのアクセス権限をJSON形式で定義する設定がバケットポリシーです。例として、バケット内のオブジェクトをGETする権限を付与するバケットポリシーを示します。

❏ バケットポリシーの例

```
{
  "Version": "2012-10-17",
  "Statement": [
    {
      "Sid": "PublicReadForGetBucketObjects",
      "Effect": "Allow",
      "Principal": "*",
      "Action": "s3:GetObject",
      "Resource": "arn:aws:s3:::(BacketName)/*"
    }
  ]
}
```

　また、バケットごとにWebサイトホスティング機能を有効にするかを選択できます。この設定も有効にする必要があります。

　それ以外の選択肢については誤りか、Webサイトホスティングには関係のない内容です。S3にIAMロールを割り当てることはできないので、Aは誤りです。同じくアクセスキーをS3バケットに配置しても、外部からアクセスできるようになりません。Cも誤りです。アクセス制御はバケットポリシーで設定します。最後に、S3エンドポイントはVPC内から、特にプライベートサブネット内からS3にアクセスするための機能です。ホスティングとは別の機能になるので、Eも誤りです。

✔ 問題3の解答
答え：**C**

　IAMやルートユーザーに関する問題です。ソリューションアーキテクト試験で問われる可能性が高い分野なので、しっかり理解しておきたいところです。この問題は上から順番に正否

14

問題の解き方と模擬試験

305

を見ていきます。

Aの「ルートユーザーは権限が大きいので、通常の作業には使用しないルールを定めた」ですが、正しい対応になります。ルートユーザーはすべての権限を持つので、通常の作業、EC2インスタンスを立てたりS3バケットを作ったり、という作業には利用しないことが定石です。AWSのドキュメントにもその旨が記載されているので、参照してみてください。

📖 AWSアカウントのルートユーザー

`URL` https://docs.aws.amazon.com/ja_jp/IAM/latest/UserGuide/id_root-user.html

続いてBについてですが、IAMグループを使う上で正しいフローになります。IAMユーザーにIAMポリシーを紐付けることももちろん可能ですが、ユーザー数が多い場合にはメンテナンスが大変になってしまいます。このような場面で、インフラ担当チーム用のIAMグループ、アプリケーションチーム用のIAMグループを作成し、必要なIAMポリシーを各グループに割り当てます。そしてIAMグループにIAMユーザーを所属させることで、ユーザーごとに権限を付与せずとも権限を与えることができます。

Cですが、こちらは誤りになります。「EC2インスタンスをIAMグループに紐付けることで」とありますが、EC2に割り当てることができるのは、IAMロールです。Cの記述内の「IAMグループ」となっている部分を「IAMロール」に変えると、正しい文章になります。よって**正解はC**となります。

Dは正しい記述になります。IAMユーザーを使いまわすと、せっかく利用者ごとに行っている権限管理の意味がなくなってしまいます。また、CloudTrailを使って監査ログを取得したとしても、その操作を誰が行ったか分からなくなってしまいます。IAMユーザーを付与する人にこのことを啓蒙していくのもソリューションアーキテクトの大切な役割です。

✔ 問題4の解答

答え：**C**

性能問題に対する打開策を問う問題です。この手の問題は、AWSの各サービスについて正しいことが書かれていても、それが性能改善に繋がるものでなければ正解にはならない点に注意してください。この問題は消去法で考えていきましょう。

まず、Dの「ELBのヘルスチェックの間隔」についてです。ヘルスチェックの間隔を変更しても、基本的には性能面に影響はありません。特に、ヘルスチェックの間隔を短くするということは、それだけサーバーへのヘルスチェックリクエストが多く届くことになるので、軽微ではありますがどちらかというと負荷を上げることに繋がります。そのため、Dは消去法で×にしてしまってもよいのですが、もしAuto Scalingを利用しているとすると少し話が変わってきます。Auto Scalingによってサーバーを増やしたときに、ヘルスチェックの間隔が短くなると、それだけELBに紐付くまでの間隔が短くなります。そうなると性能改善に繋がってくるのですが、この問題にはAuto Scalingを使っていると明記されていないので微妙なところです。そこで、他の解答が明らかに×であればこれを解答にすることにしましょう。

次はAの「EC2がすべて同じAZにあったため、半分を別のAZに移すことを提案した」です。

14-3　模擬試験の解答

記載のようにEC2をAZをまたがって配置することで、AZ障害時にシステム全体が停止することを防げます。ただし、可用性は向上するのですが、性能面の改善には繋がりません。最初に述べたように、ソリューションアーキテクトとして正しい提案ではあるのですが、性能問題の改善には繋がらないのでこちらは×になります。

Bの「調査の結果、データ書き込み時に問題が発生していることが分かったので、RDSをマスター／スタンバイ構成にすることを提案した」ですが、こちらも誤りになります。マスター／スタンバイ構成にすることで、可用性を上げることはできるのですが、性能面の改善には繋がりません。Aと同じ理由でBも×とします。

最後にCですが、こちらは性能面に効果がありそうです。一般的なWebサイトはリクエストの9割が参照だと言われています。「DBアクセスに時間がかかっている」という記載があることから、リードレプリカを導入し、参照とそれ以外の処理を分けることで、性能劣化を防げるか試してみる価値はあるでしょう。この問題の**正解はC**となります。Dを保留としていましたが、より性能改善に効果がありそうなのはCなので、Dは×とします。この問題のDのように、正解か誤りか微妙な問題や文章があるかもしれません。その場合は、より正解に近いものを選ぶようにしましょう。

✔ 問題5の解答

答え：**A**

この問題は、各種AWSサービスでできることを理解しているかという知識を問うものです。**正解はA**のCloudFormationです。CloudFormationは、AWSの各リソースをテンプレートで定義し、自動構築を行うためのものです。IAMもその対象にできます。

他の選択肢を見ていくと、BのElastic BeanstalkもAWSの定番構成を自動的に作るサービスではありますが、IAMは対象ではありません。また、IAM自体にこのような機能は提供されていないので、Cも誤りです。DのSimple Workflow Serviceは、システム間の連携をワークフローとして定義するサービスです。IAMの管理を行うものではないので、こちらも誤りとなります。

✔ 問題6の解答

答え：**D**

コスト最適化の問題です。実はこの問題は、リザーブドインスタンスを知っていればすぐに答えられる問題ではありますが、今回は「コストを下げられる提案か」という切り口から正解を絞り込んでいきましょう。

まずはAのIAMユーザーの棚卸しです。棚卸しを行うこと自体は不要なユーザーを削除できるので正しいことです。ただし、IAMユーザーを削除したところで直接的にコストが安くなるわけではありません。システム部長の要望を満たしていないため、誤りです。

続いて、BのEBS最適化インスタンスです。「最適化」と聞くと、コストが安くなりそうに思う方もいるかもしれませんが、このオプションはEC2のネットワーク帯域とEBSアクセス用の帯域を別々にするものです。パフォーマンス面の向上は望めますが、料金面で安くなることはありません（インスタンスタイプによって、費用が発生する場合と発生しない場合があります）。

ここまででCかDに絞ることができました。直接解答が分からなくても、知っている知識だ

307

けである程度選択肢を絞り込むことができます。試験中、難しい問題や分からない問題に遭遇したときには、少なくとも消去法で消せるものを消してから解答することを心がけましょう。自ずと正答率が上がるはずです。

　さて、この問題ですが、スポットインスタンスかリザーブドインスタンスのどちらが状況に適した提案かを考えることになります。「最近は安定した運用ができている」という記載内容をヒントに考えると、長期利用を念頭に置いたリザーブドインスタンス、すなわち**Dを選ぶのが正解**です。スポットインスタンスは、空きリソースを入札形式で利用するサービスです。安く利用できる反面、急にインスタンスが使えなくなってしまうことがあるため、今回の状況に適しているとは言えません。

✔ **問題7の解答**

答え：**B**

　「セッション情報を管理する」という目的に合わないものを考えていきます。まず、CのCloudFrontですが、このサービスはいわゆるCDNサービスです。ロードバランサーの前段に配置して静的コンテンツをキャッシュすることでオリジンの負荷を減らしたり、レスポンスを早くする役割を担います。今回のセッション情報の管理には適さないので×とします。

　続いてDのRedshiftですが、これはデータウェアハウスサービスで、分析対象となるデータを格納する役割を担います。そのため、セッション情報を保持するには向かないサービスです。こちらも×としましょう。

　残るAとBですが、どちらも「セッション情報を管理する」という意味では、実現できる方式です。ただし、ここで着目したいのが「Auto Scalingする設計」となっている点です。Auto Scalingするということは、EC2インスタンスの数が増減することになります。もしAの方式を採用したときにスケールインが発生すると、それまでインスタンスが保持していたセッション情報が失われてしまうことになります。このことを考えると、最適な方式とは言えないでしょう。**正解はB**となります。ElastiCacheはインメモリサービスで、頻繁にアクセスされるデータを保持するのに向いています。セッション情報はまさに頻繁にアクセスされるデータで、ElastiCacheのユースケースとしてよく登場します。

✔ **問題8の解答**

答え：**C**

　Webサーバーを複数AZにまたがる形で配置する、という方針は本書でも何度か登場してきました。この設問ではその理由が問われています。上から順番に見ていきましょう。

　まずAについてですが、「マルチAZにWebサーバーを配置するとコストが上がる」という部分が誤りです。マルチAZ化しても費用が上がることはありません。続いて、Bの「AZ間での通信レイテンシーが非常に大きい」も誤りです。下記の記述にあるとおり、AZ間は低レイテンシーのリンクで接続する設計になっています。

📖 リージョンとゾーン

`URL` https://docs.aws.amazon.com/ja_jp/AWSEC2/latest/UserGuide/using-
regions-availability-zones.html

14-3 模擬試験の解答

続いて**C**ですが、**こちらが正解**となります。単一のAZにサーバーを集約してしまうと、そのAZ全体の障害が発生したときにシステム全体が停止してしまいます。そうならないように複数台のサーバーを配置するのであれば、AZをまたがる設計としましょう。

そして最後にDですが、こちらは「アプリケーションをステートレスに設計する必要がある」という部分は正しいです。しかし、「1つのAZに配置する場合とは異なり」というのが適切ではありません。サーバーを複数台使うのであれば、各サーバーに状態（ステート）を持つ形ではなく、データはDBに、ファイルはS3に、といった形でステートレスな設計にする必要があります。これはシングルAZでも、マルチAZでも同じ考え方になります。

✔ 問題9の解答

答え：**A**

Codeシリーズを用いたリリース関連作業の自動化に関する問題です。まずAですが、CodeBuildはプログラムのビルドやユニットテストを行う環境を提供するサービスです。記載内容が正しいので、**Aが正解**です。

続いてBですが、ソースコードのバージョン管理を行うのは、CodeDeployではなくCodeCommitです。また、Dも誤った内容となっており、デプロイを支援するのはCodeCommitではなくCodeDeployになります。

最後にCですが、これらのリリースまでの一連の作業をパイプライン化するのはData Pipelineではなく、CodePipelineです。Data PipelineはETLサービスの一種で、データの取得、変換、配置を支援するサービスです。

✔ 問題10の解答

答え：**A、D**

利用者側でスケーラビリティを考慮するサービスとそうでないサービスがあります。この問題はそれが問われています。消去法で見ていきましょう。まず、BのS3は利用者側でキャパシティを定義する必要がないサービスです。リクエストが多い場合は、AWS側で内部的にスケールしてくれます。また、CのSQSやEのSESも同様のサービスで、AWS側で内部的に負荷を吸収してくれます。

よって、**正解はAとD**のEC2インスタンスになります。Webサーバーについては利用者が増えれば増えるほどリクエスト量が増えるので、スケールアウトないしはスケールアップの検討が必要になります。また、利用者が増えることでSQSにメッセージが多く追加されることになります。ワーカーインスタンスの処理性能が低いと、徐々にキューにメッセージが溜まってしまい、いつまで経っても処理が終わらない、という事態が発生してしまいます。この場合も、ワーカーのスペックを上げるか、ワーカー数を増やす対応が必要になります。

✔ 問題11の解答

答え：**B**

DynamoDBのTTL（Time to Live）機能やキャパシティユニットの考え方を理解しているかを問う問題です。まずは、明らかに誤りなものを消していきましょう。はじめに、Dのテーブル削除ですが、今回の要件は「一定期間を過ぎた」データを削除することです。Dの処理は、

RDBで言う DROP CREATE TABLEに近い処理なので、すべてのデータが削除されてしまいます。要件を満たしているとは言えません。続いて、Cも誤りです。Lambdaを用いてデータを削除することはできますが、その際にDynamoDBの書き込みキャパシティを消費します。確保しているキャパシティユニットによっては、他の書き込み処理に影響が出る可能性があります。

ここまででAかBに絞られました。この2つについては、DynamoDBのTTL機能の特徴を知っている必要があります。DynamoDBのTTL機能を利用すると、該当するデータをキャパシティユニットを消費することなく削除できます。ただし、実行からデータ削除までにリードタイムがかかることがあります。よってAは誤りで、**Bが正解**となります。

最後の2択は知識があるかどうかで正解できるかが決まります。この問題を機にDynamoDBのTTL機能の特徴を押さえていただければと思いますが、DynamoDBの基本的な知識だけでも2択に絞るところまでは可能です。ぜひこのような解き方を心がけてください。

✔ 問題12の解答

答え：**C**

EBS最適化インスタンスに関する問題です。この問題については、正しく機能を理解しているかどうかで正解できるかが決まります。この問題の**正解はC**です。オプションが有効化されていない場合は、通常の通信の帯域とEBSとの通信の帯域とを共有しています。このオプションを使うことで、この2つの帯域を別々に確保することができます。今回の性能問題を解消できるかどうかは、ボトルネックがどこかによるのですが、もしEC2の帯域部分が問題であれば試してみる価値はあると考えられます。

それ以外の選択肢についても見ていきます。執筆時点では、Aのボリュームタイプを動的に決める機能、Bのディスクサイズを可変にする機能、Dのディスク断片化を避ける機能は、いずれも存在しません。今後のアップデートでこのような機能が提供されるかもしれませんが、少なくとも「EBS最適化インスタンス」ではないため、この問題の問いに対しては誤りとなります。

✔ 問題13の解答

答え：**A**

Route 53のルーティングポリシーに関する問題です。各ポリシーともに名前から振る舞いが予想しやすいので、これを機にしっかり押さえておいてください。この問題のように、通常時と障害時で振り分ける先を変更したい場合は、フェイルオーバールーティングポリシーを用います。たとえば今回のケースだと、プライマリはELB、セカンダリはS3とすることで要件を満たせます。よって**正解はA**となります。

他の選択肢についても見ていきましょう。Bの位置情報ルーティングポリシーは、リクエスト元の位置情報によって振り分け先を変更するものです。地域限定の配信などにも利用されます。Cのレイテンシールーティングポリシーでは、レイテンシーが最小になるリソースに振り分けが行われます。グローバルにサービスを展開していて、マルチリージョン化している場合などに便利なポリシーです。最後に、Dの加重ルーティングポリシーは、事前に設定した重

310

14-3 模擬試験の解答

みに従ってルーティング先を変更します。たとえば、リクエストの1%だけは新しい機能を提供するサーバーに振り分ける、といったABテストに用いることができます。どれも便利なポリシーですが、設問の要件は満たすことができません。

✔ 問題14の解答

答え：**D**

ストレージサービスに関連する問題です。AWSでは様々なストレージサービスが提供されていますが、利用用途に応じて最適なサービスを使い分けることが求められます。この設問で注目すべきポイントは「オブジェクトストレージサービス」という部分です。これを満たす選択肢はDのS3になります。**正解はD**となります。また、コンテンツへのアクセス頻度が低い場合は、S3 Glacierも選択肢の1つとなるので覚えておくようにしてください。

他の選択肢についても簡単に説明します。AのCodeCommitはマネージドなGitリポジトリを提供するサービスです。BのEBSはおなじみだと思いますが、EC2向けのブロックストレージです。最後にCのEFSですが、規模を柔軟に拡張できる分散型ファイルストレージサービスです。どの選択肢も今回の要件を満たしているとは言えないので、ここでは誤りとなります。

✔ 問題15の解答

答え：**B、C**

インターネットゲートウェイ（以下IGW）に関する問題です。この問題は選択肢を上から見ていきましょう。まず、AとBの可用性に関する選択肢についてです。IGWはマネージドサービスで、裏側で冗長化構成がとられています。十分に高い可用性が担保されており、Bの記述が正しいと言えます。

続いてC、D、EのIGWの設定について見ていきます。IGWはパブリックサブネットのルートテーブルにおいて下記のように指定します。

❏ 送信先とターゲットの指定

送信先	ターゲット
VPC内通信	local
0.0.0.0/0	IGW

VPC内の通信はローカルにルーティングし、それ以外の通信はIGW経由でインターネットに出ていく設定です。よってCの記載が最も正しいと言えます。

以上により、**正解はBとC**になります。VPC、サブネット、ルートテーブル、そしてIGWといったネットワーク関連の機能を苦手と思う方がいらっしゃるかもしれませんが、これらのサービスは実際に手を動かして環境を作ってみると理解しやすいです。ぜひ、アカウントを取得して実際に作業してみてください。

311

✔ 問題 16 の解答

答え：**D**

　CodeDeployの特徴に関する問題です。まず、CodeDeployでは、エージェントのインストールができれば、オンプレミスのサーバーもデプロイ対象にすることができます。よってAは正しい記述です。また、EC2インスタンスでもエージェントのインストールは必須になるため、Dの記述は誤りとなります。よってこの設問としては**Dが正解**となります。

　念のため、残りの選択肢も見ていきます。Bの記述は正しく、動的にサーバーの台数が変わっても対応できます。デプロイ方式を自前で作る場合、動的に変わるサーバーへのリリースには工夫が必要なので、この部分をマネージドサービスに任せられるのは大きな利点です。また、デプロイ前に特定のファイルを削除するといったカスタマイズも可能になります。Cの記述にあるとおり、この定義はappspec.ymlに記述します。

✔ 問題 17 の解答

答え：**A**

　CloudFormationに関する設問です。消去法で見ていきましょう。まず、Dは「リージョンごとに1つしかCloudFormationスタックを作れない」という記述が誤りです。テンプレートが肥大化する場合、レイヤーごとに分けることがベストプラクティスです。たとえば、

- アカウントを単位に管理・設定が必要なサービス（IAM関連リソースの作成、CloudTrailの設定）
- ネットワーク関連の設定（VPC、サブネット、ルートテーブル、IGWなど）
- サーバー関連の設定（EC2、RDSなど）

といった分け方をすることができます。ここで記載したとおり、IAM関連のリソースもCloudFormationで定義可能なので、Cも誤りです。

　また、Bの「テンプレートごとにCloudFormationスタックは1つしか作れない」も誤りで、1つテンプレートを作れば、それを各リージョンに横展開することができます。これがCloudFormationの大きなメリットです。横展開するためにも、アカウントやリージョンに依存しないテンプレートにすることを心がけましょう。よって**正解はA**となります。

✔ 問題 18 の解答

答え：**C**

　インメモリキャッシュに関する問題です。まず消去法でAとDを削除できます。CloudFrontはCDNの役割を果たすサービスです。役割はコンテンツキャッシュなので、この要件には合致しません。また、Lambda@EdgeはCloudFrontのエッジロケーション上でLambdaを実行するサービスです。エンドユーザーに物理的に近い場所でコンピューティングすることができるという特徴がありますが、この設問のニーズには合致しません。

　AWSのインメモリサービスはElastiCacheなので、BかCが正解になります。MemcachedとRedisはどちらもインメモリキャッシュの役割を果たすのですが、今回は「永続化できること」という条件があります。この要件を満たすのはRedisですので、**正解はC**となります。

14-3　模擬試験の解答

✔ 問題19の解答

答え：**B、D**

　ELBのヘルスチェックに関する問題です。ヘルスチェックはELBから各EC2インスタンスにヘルスチェックリクエストを送り、正しいレスポンスが返ってきたインスタンスは正常と見なします。そうでなければ異常な状態と見なし、一定の条件を満たすとELBから切り離されます。結果として、利用者からのリクエストが正しく動くインスタンスのみに届くことになるというメリットがあります。Auto Scalingで増えたインスタンスに対してもヘルスチェックが行われ、正常なインスタンスだと見なされてはじめてELBに紐付きます。

　ヘルスチェックでは、何回失敗したらELBから切り離すか／何回成功したらELBに紐付けるか、という設定ができます。この設問では新しいインスタンスがELBに紐付くための条件をチューニングする必要があるので、「何回成功したらELBに紐付けるか」のパラメータを変更します。インスタンスが正常に動いていることが前提になりますが、この値を小さくするほどインスタンスが早くELBに紐付きますし、逆に大きくすると時間がかかります。よって、今回のケースではこの値を小さくすればいいので、Dが正しい記述となります。

　また、ヘルスチェックリクエストの間隔も指定できます。間隔を短くすればするほど（インスタンスが正常に動いている場合は）ELBに紐付くまでの時間が短くなり、間隔が長くなればなるほど時間がかかってしまいます。よって、Bの記述が正しいです。

　最後にAのAuto Scalingの最大インスタンス数の変更ですが、こちらは効果がありません。なぜならばこの状況で問題になっているのは、インスタンスが増えてからELBに紐付くまでの挙動なので、最大の台数を増やしたところで、今回の問題は解消しないでしょう。よって**正解はBとD**になります。

✔ 問題20の解答

答え：**B**

　静的コンテンツの処理に時間がかかっているという課題です。この課題には、コンテンツキャッシュを導入する設計パターンが有効です。複数ユーザーからのリクエストに対して同じ画像を返すことが頻繁にあるのであれば、毎回オリジンサーバーから返却するのではなくCDNから返す方式に変更します。この処理に変更することでWebサーバーがボトルネックになっている状況を改善できる可能性が高いです。AWSのCDNサービスはCloudFrontですので、**正解はB**となります。

　ElastiCacheはインメモリキャッシュのサービス、CloudFormationはAWSリソース構築の自動化サービス、そしてS3 Glacierは低コストのストレージサービスです。どれもこの設問の課題を解決するものではありません（状況によってはElastiCacheの導入も効果があるかもしれませんが、設問からするとCloudFrontの導入のほうが効果がありそうだと判断できます）。

✔ 問題21の解答

答え：**C**

　OpsWorksはChefを利用した構成管理サービスです。この中で最も正しい説明はCになります。Aも構築自動化サービスですが、「定番構成」とあるのでElastic Beanstalkの説明になり

313

ます。Bのワークフローを定義するサービスはSimple Workflow Service、Dのキュー管理は
SQSの説明になります。よって**正解はC**となります。

✔問題22の解答
- -

答え：**B、D**

監査の問題です。個人でAWSを利用する際はあまり意識しないかもしれませんが、エン
タープライズなサービスにAWSを利用する場合はこのような設計も重要になってきます。
まず「マネジメントコンソール上での操作を監視」とありますが、選択肢の中で該当するサー
ビスはCloudTrailです。CloudTrailを利用するとAWSのAPI呼び出しを記録し、ログ出力
することができます。マネジメントコンソールの操作は裏側でAPIを呼び出しているため、
CloudTrailを使うことで誰がどのような操作を行ったかを記録できます。

もう1つ「特定の操作があったときに検知」したいという要望ですが、CloudTrailが出力し
たログをCloudWatch Logsで監視することで要件を満たせます。CloudWatch Logsではア
ラート対象の文字列を定義できるので、特定の操作が行われたことをトリガーにメールを送
ることが可能です。よって**正解はBとD**となります。

✔問題23の解答
- -

答え：**B**

DynamoDBを利用する場合の暗号化に関する問題です。このユースケースで利用できる
のが、暗号化鍵の作成と管理を行うAWS Key Management Service（KMS）です。KMSは
DynamoDB以外のサービスとも連携しており、暗号化鍵の一元管理を行うことができること
も覚えておくとよいでしょう。

AのIAMですが、IAM自体には暗号化に関する機能はありません。CのDynamoDB
StreamsはDynamoDBテーブルが保持するデータに変更があったことをトリガーに後続の作
業を行う機能です。DのAmazon Elastic Transcoderはメディアファイルの変換を行うサービ
スなので、今回のユースケースとは関係ありません。

✔問題24の解答
- -

答え：**C、D**

セキュリティグループとネットワークACLの特徴や使い分けに関する設問です。この2つ
のサービスには次の表のような特徴があります。

❏ セキュリティグループとネットワークACLの特徴

	セキュリティグループ	ネットワークACL
特徴	ステートフル	ステートレス
紐付ける対象	EC2インスタンス	サブネット

大きな違いとしては、ステートフルかステートレスかが挙げられます。ステートフルなセキ
ュリティグループは、インバウンドの（入ってくる）通信が許可された場合、戻りのトラフィ

314

14-3　模擬試験の解答

ックはアウトバウンドのルールに関係なく通過することができます。逆にステートレスなネットワークACLは、インバウンドの許可とアウトバウンドの許可の両方がないと、通信が通過しません。また、設定の単位も異なっており、セキュリティグループは紐付いたEC2インスタンスのみが対象となるのに対して、ネットワークACLはサブネット全体の通信を制御します。この2つはどちらが優れているというものではなく、要件やセキュリティ設計によって使い分けるべきもので、同時に利用することが可能です。よって、**正解はCとD**になります。

✔ 問題25の解答

答え：**A、D**

　Elastic Beanstalkにおけるデプロイ方式に関する設問です。All at Once方式は一度にすべてのインスタンスにデプロイする方式、ブルーグリーンデプロイメントはデプロイ時に同じ環境を隣に用意し、DNSのレイヤーで切り替える方式です。

　All at Once方式は、同時にすべてのインスタンスにデプロイするので、デプロイ時間が短く済むことがメリットです。ブルーグリーンデプロイメントは、環境を新たに用意するため、デプロイに時間はかかるのですが、何らかの理由で新モジュールに不具合があったときにすぐに旧環境に切り戻すことができます。より安全にデプロイしたい場合に選択される方式です。ブルーグリーンデプロイメントではデプロイがうまくいったときに古いインスタンスは破棄されます。インフラ設計はもちろんですが、アプリケーション設計でもインスタンスがステートを持たないで済む方式にしましょう。以上から、**正解はAとD**になります。

✔ 問題26の解答

答え：**B**

　RDSの特徴を問う問題です。消去法で見ていきましょう。Aの定期スナップショットはRDSで提供されている機能です。EC2にRDBエンジンを導入する場合、バックアップについては利用者側で構築が必要になります。Cのマスター／スタンバイ構成もRDSで提供されている機能の1つです。自前でクラスタ構成を組むのは一苦労なので、この部分をAWSに任せられるのはメリットと言えます。また、Dの機能はRDSのリードレプリカ機能を指します。参照用のレプリカを用意することで、参照リクエストと書き込みリクエストとで負荷を分散できるので性能改善効果が期待できます。

　以上からA、C、Dの機能についてはRDSで提供されているものになります。よって**正解はB**となります。RDSではインスタンスにSSHすることができません。そのかわりにパラメータグループという機能を利用してチューニングを行います。

✔ 問題27の解答

答え：**B**

　データウェアハウスサービスはBのRedshiftです。従来のデータウェアハウスに比べて安価に導入することができ、今回のような分析を始める用途でよく用いられます。RDSやDynamoDBでも分析を行うことはできますが、今回のケースだと最適とは言えません。また、EMRはビッグデータを処理するETLツールです。データウェアハウスに格納する前段の処理を担当するサービスです。

315

✔ 問題28の解答

答え：**A、E**

　SESの特徴を問う問題です。この問題は消去法で誤った記述を消していきましょう。まずB
についてですが、送信できなかったメール（バウンスメール）についての処理は利用者側で必
ず行う必要があります。この処理を行わないと不正なメールサーバーと見なされ、メール機能
を利用することができなくなってしまいます。この処理はSESに限らず、メールサーバーを運
用する際に必要な処理になるので、覚えておいてください。

　続いてDについてですが、SESは受信機能も提供しています。メールの受信をトリガーに何
かしらの処理を行うことも可能になるので、たとえば自動応答なども実装できます。

　さらにCも誤りです。この選択肢については実際にSESを利用したことがないと正否を判
断するのが難しいかもしれません。SESではSDKやCLIを使ってプログラマブルにメール送
信を行うことはもちろんですが、マネジメントコンソールからメール送信することも可能で
す。

　以上から**正解はAとE**になります。Aについては、自前でメールサーバーを運用する場合、
単一障害点にならないよう冗長構成を組む必要がありました。SESはメールサーバーの機能
をサービスとして提供しているため、可用性の担保はサービス側でしてくれています。また、
Route 53と組み合わせることで、独自ドメインからのメール送信もサポートしています。

✔ 問題29の解答

答え：**C**

　CloudWatchに関する問題です。この問題も消去法で見ていきましょう。Aの独自の監視項
目は、カスタムメトリクスという形で定義できるので、これは誤った記述です。BのLambda
関数の定期実行は、CloudWatch Eventsの機能を使って設定します。CloudWatch Logsでは
ないので誤りです。逆にDの記述ですが、ログを監視する機能を提供するのがCloudWatch
Logsとなります。CloudWatch Eventsではないので誤りです。よって**正解はC**になります。標
準メトリクスの一覧をすべて覚える必要はありませんが、メモリ使用率が取得できないこと
はよく知られているので覚えておくとよいでしょう（2020年12月時点）。

✔ 問題30の解答

答え：**A**

　S3に関する問題です。Aは「イレブンナインの可用性」と書かれていますが、正しくは「イ
レブンナインの耐久性」です。S3では、ファイルをアップロードすると内部的に複数のAZに
コピーされます。この機能により、いずれかのAZでデータが消えてしまってもデータを復旧
することができます。この仕組みによってイレブンナイン（99.999999999%）の耐久性を担
保しています。サービスの可用性としては、99.99%と定義されています。可用性と耐久性の
定義を勘違いしてしまうことがよくあるので、注意してください。その他の記述はすべて、S3
で提供されている機能の説明として正しいです。

14-3 模擬試験の解答

✔ 問題31の解答

答え：**C**

コンテナを管理するサービスの選定の問題です。どの方法でもコンテナを構築することは可能なので、問題文に含まれている要件を満たすにはどうすればよいのか検討する必要があります。要件は3つです。複数台のコンテナを利用できること、コンテナの増減を短時間でできること、そしてシステム全体の管理負荷が低いことです。

まずAとDです。Elastic Beanstalkは、インスタンスごとに1つのコンテナを立ち上げることができます。コンテナを増やす場合は、複数台のインスタンスが必要になり起動まで数分程度必要になります。EC2上だと、自前でオーケストレーションツールを用意することにより複数台のコンテナを起動できますが、CPUやメモリの上限に達した場合はインスタンスの増設が必要です。また、コンテナやオーケストレーションツール、インスタンスの管理が必要です。

AWSではコンテナ管理も含めたサービスとしてECSがあります。ECSにはEC2を起動してクラスタを管理するものと、EC2部分をAWSがまとめて管理し見えない形にして、コンテナだけ使うFargateがあります。どちらも短時間でコンテナを増減できますが、より管理負荷が低いのはEC2すら不要なFargateです。よって**正解はC**のECS Fargateになります。

✔ 問題32の解答

答え：**B**

ストレージサービスの選択の問題です。SMBプロトコルに対応したファイルサーバーを作るには、LinuxにSambaの構築・設定をするか、Windows Serverの機能を使うかのどちらかです。Windows Serverのほうがネイティブの機能のみで構築できるので簡単です。それぞれのストレージの用途と一緒に確認していきましょう。

まずAのEFSは、NFS v4に対応しています。Windows Serverのデフォルトのドライバでは利用することができずにLinuxからの利用が想定されています。Sambaの設定とLinuxの運用が必要になります。またDのEBSは、WindowsとLinuxどちらでも利用できます。必要な容量のEBSをアタッチしてという形はシンプルですが、Windows Serverの運用が必要となります。両者の構築・運用の手間を考えると、別の選択肢がありそうです。

BのFSx for Windowsは、フルマネージド型のファイルストレージサービスです。Windows Server上で構築されていてSMBプロトコルが利用可能です。ユーザーごとの容量制限やAD対応などもデフォルトで備えており、OS部分のパッチ当てなどの運用もAWS側が管理します。これが正解になります。FSx for Lustreは、Linuxから利用することが前提で、ハイパフォーマンスコンピューティングなど高速ストレージを必要とするアプリケーション向けに設計されています。

✔ 問題33の解答

答え：**B**

S3上のデータの暗号化手法に関する問題です。S3には、サーバーサイド暗号化とクライアントサイド暗号化（CSE）の2つの暗号化方式があります。サーバーサイド暗号化には、さら

14

問題の解き方と模擬試験

317

にS3で管理された暗号化鍵によるサーバー側の暗号化（SSE-S3）と、KMSに保存されているカスタマーマスターキー（CMK）によるサーバー側の暗号化（SSE-KMS）の2種類に分けることができます。

SSE-S3とSSE-KMSの違いは、SSE-S3はすべてのS3バケットに共通の鍵を使い、鍵に対する個別のアクセス制御は不可能です。また鍵の使用に対してCloudTrailの履歴は残りません。SSE-KMSは、CMKに対する個別のアクセス制御が可能で、CMKに対するアクセスはKMSを通じて行われるためCloudTrailに履歴が残ります。これを踏まえて選択肢を見ていきましょう。

AはSSE-S3によるサーバーサイド暗号化です。暗号化はできていますが、鍵をそのバケット専用とすることと監査証跡のための鍵の利用履歴の追跡ができません。Cはクライアントサイド暗号化方式です。暗号化と運用によりそのバケット専用の鍵の管理はできますが、鍵の利用履歴をAWS側で管理することはできません。クライアントサイドでもKMSを利用可能なので、KMSを利用したクライアントサイド暗号化にしておけば3つの要件を達成できていました。Dですが、デフォルト暗号化（SSE-S3）では、KMSに保存したCMKではななくS3で管理する鍵を利用します。よって、**Bの方式（SSE-KMS）が正解**となります。

✔ 問題34の解答

答え：**A**

EBSのストレージタイプを選択する問題です。EBSのストレージタイプは、パフォーマンス・コストなどの要件を元に最適なものを選びます。この問題では3,000IOPSと高めの数値を求められています。まず求められるパフォーマンスを出せないものから弾いていきましょう。マグネティックは旧タイプのEBSで、最大200IOPSまでしか出ません。またスループット最適化HDDは、大量のデータをシーケンシャルに読む場合に高いパフォーマンスを発揮しますが、ランダム読み取りは不得意です。

残るは汎用SSD（gp2）とプロビジョンドIOPS SSD（io1）です。どちらも3,000IOPSのパフォーマンスは達成できます。汎用SSDの場合、ベースラインパフォーマンスが1GBあたり3IOPSで、100IOPSに満たない場合は100IOPSになります。つまり100GBのサイズであれば、ベースラインパフォーマンスは300IOPSと、必要とする3,000IOPSには足りません。しかし、短期的であればバーストして3,000IOPSまでの性能を発揮します。今回は高IOPSが必要なのは短期間なので、gp2のバースト機能を利用するのが最も安価になります。

プロビジョンドIOPSは、性能面ではもちろん達成可能です。しかし、課金体系がボリュームサイズと設定したIOPSを足し合わせたものになります。今回の場合は、ベースラインを前提にしたgp2のほうが月あたりのコストが低くなります。求められるIOPSとボリュームサイズ、アクセス傾向によって最適なものは変わります。それぞれのコスト計算方法を把握した上で、最適なものを選べるようにしましょう。

✔ 問題35の解答

答え：**C**

データのライフサイクル機能に関する問題です。現時点で、ライフサイクル機能を有しているのは、S3とAWS Backupのみです。そのため、AのEBSのライフサイクル設定はできません。

318

また、ライフサイクル機能でS3からS3 Glacierにストレージクラスを変更できますが、これはS3のライフサイクル機能を利用しています。S3 Glacierに直接データを投入した場合、S3のライフサイクル機能は使えません。よってDも不正解です。

Bのように、EBSからAWS Backupを使ってライフサイクル設定を行うことは可能です。ただし、対象のサービスごとにウォームストレージ・コールドストレージの利用可否は違います。EBSはコールドストレージは利用できず、さらにS3への移行はできません。よって**正解はC**です。

✔ 問題36の解答

答え：**D**

AZ障害を見越した信頼性設計を問う問題です。このような設問は、様々なバリエーションがあり、要件によって答えも変わってくるので注意が必要です。今回の問題は、パフォーマンス・コスト・可用性の3つを達成することが求められています。また、AZの1つに障害が発生した場合でも、前提条件を守ったままシステムを稼働する必要があります。そのため、どのような状態になっても最低4台のインスタンスが稼働している必要があります。その条件を守りつつコストが一番低いものを選びましょう。

Aの1AZに4台のインスタンスは、コストは最小になりますが、そのAZに障害が発生した場合はシステムが使えなくなります。またBの2AZに2台ずつのインスタンスは、業務システムは動き続けますが2台で稼働することになるので必要なパフォーマンスに達しません。よって両方とも不正解です。

Cの2つのAZに4台ずつの場合、片方のAZに障害が発生しても4台が稼働しているのでパフォーマンスも問題なく業務が継続できます。ただし、通常時は8台のインスタンスが稼働することになるのでコストの最小化は達成できません。**正解は、Dの3AZに2台ずつ**になります。通常時は6台のインスタンス、1つのAZに障害が発生したときは4台のインスタンスが稼働します。コスト・パフォーマンスとも達成した状態で可用性も確保しています。

今回はコスト・パフォーマンス・可用性の3つの要件がありましたが、コスト・可用性だけであれば、2AZで2台ずつ稼働させAZの障害発生時に2台だけで稼働させるという設計が許容されます。何を求められるかによって構成が変わるということを認識しておきましょう。

✔ 問題37の解答

答え：**B、E**

IAMポリシーを読み解く問題です。このIAMポリシーには2つの挙動が記載されています。どちらも許可（Allow）ではなく拒否（Deny）を規定しているのがポイントです。1つ目は、特定のIPアドレスから来た場合の挙動が記載されています。条件式を見ると、IPアドレス1.1.1.1以外からアクセスされた場合と設定されています。Actionの対象がすべてなので、1.1.1.1以外から来た場合はすべて拒否となります。IAMの明示的許可・明示的拒否設定は、拒否が一番強いです。他のポリシーで許可されている権限でも、明示的拒否があると拒否で上書きされます。それを利用して、特定の場所からのみ利用させたい場合は、そのIP以外からの明示的拒否のポリシーを独立させて、権限付与系のIAMポリシーを別途記述するといった利用の仕方が多いです。

2つ目の記述は、MFA利用を強制させるための記述です。MFAを使って認証していない場合はIAM以外のすべての権限を拒否しています。IAMを許可している理由としては、アカウント作成時にはMFAの設定がされていないため、自身でMFAの設定を可能にするためです。よって、**正解はBとE**になります。

✔ 問題38の解答

答え：**D**

バケットポリシーの読み解きの問題です。バケットポリシーの構文も、IAMポリシーとほぼ同様です。どのバケットが対象か（Resource）と条件（Condition）、アクションの許可 / 拒否をじっくり見ていけば解答が導けます。このステートメントの条件が、StringNotEqualsと文字列が一致しない場合となっています。比較対象がSourceVpceとVPCエンドポイントのIDの評価です。読み解くと、指定されたVPCエンドポイント以外からのS3に関するすべてのアクションが拒否となっているので、**正解はD**となります。

S3のバケットポリシーの注意点としては、特定のIPアドレスからの許可・拒否は条件判定のステートメントにIpAddressもしくはNotIpAddressを利用します。ただし、これは外部のグローバルIPからのみ適用されます。VPCエンドポイント経由のVPCのプライベートIPで評価しようとしても、想定どおりの評価はされません。特定のVPCからのみアクセスさせたい場合は、この問題のようにVPCエンドポイントを指定するか、VPC IDを判定条件にするようにしてください。

✔ 問題39の解答

答え：**A**

大量データ転送に関する方法論の問題です。データ転送の問題は、移行するデータ量、利用可能な通信回線とその帯域、移行にかけることが可能な期間によって、最適な移行方法が変わります。この設問では、1GBと比較的大きな帯域の回線がありますが、利用可能なのはそのうちの半分です。また転送対象のデータは70TBと大容量です。

まずBのStorage GatewayとCのVPN接続から考えてみましょう。転送方法は違えど転送速度は自前の回線速度が上限となります。70TBのデータを、1GBの半分の帯域でオーバーヘッドなしで転送できたとしても342時間と、14日以上かかります。それプラス、Storage GatewayやVPN接続によるオーバーヘッドがあるので、実際にはそれ以上の時間がかかります。またVPN接続は、回線帯域に余裕があったとしても転送速度の上限はあります。

データを入れたハードディスクを郵送するという方法ですが、実はSnowball登場以前から、AWS Import/Exportというサービスで存在しました。ただし、北米など一部の地域でしか利用できません。正解は、Snowball Edgeによるデータ移行となります。Snowball EdgeはSnowballの後継のサービスで100TBまでのデータを格納可能です。サービスを申し込むとSnowballの筐体が契約の配送業者により配送されます。その後、ユーザー自身によりSnowballにデータを保存し、再度配送業者に引き渡します。引き渡し後およそ1週間程度で、S3にデータが移動されます。

320

14-3 模擬試験の解答

✔ 問題40の解答

答え：**E**

S3のストレージクラス選択の問題です。データロストの可能性を抑えつつ（耐久性が高い）、低コストかつ監査請求に対応できる取り出し速度を満たしたストレージクラスを選ぶ必要があります。まずDのS3 1ゾーンですが、これはS3の標準設計である3AZ以上でデータを保存するのではなく、1つのAZのみで保存する方式です。標準の方式に比べるとデータの耐久性が劣るため、再作成可能なデータに使用することが前提となります。そのため、ログデータなどの保存に利用してはいけません。

次にS3標準ですが、これは耐久性および取り出し速度は要件を満たしますが、コストは選択肢の中では一番高くなります。BとCは、アクセス頻度が低いデータであれば標準に比べて低コストで運用できます。しかし、S3 Glacierのほうがより低コストになります。

正解は、S3 Glacierの2つのストレージクラスのどちらかになります。コスト的には、S3 Glacier Deep Archiveが一番低くなります。後は、もう1つの要件である取り出し速度が絞り込みの決め手となります。今回は6時間以内という条件があります。Deep Archiveは取り出しが12時間以内なので、要件を満たしません。よって**正解はEのS3 Glacier（標準）**になります。S3 Glacier（標準）の場合は、3〜5時間ほどでデータの取り出しが可能です。

✔ 問題41の解答

答え：**A、E**

通信経路の暗号化の問題です。通信要件によっては、ALBの先まで暗号化してデータを送る必要がある場合があります。その際の構築方法を問う問題です。ALB側とEC2側のそれぞれの施策が必要です。まずALB側ですが、BのTCPのプロトコルは指定できません。またCのTLS Termination機能も利用できないので、**正解の1つはA**となります。

次にEC2に設定するSSL証明書です。ACMを使うと手軽に証明書管理ができて便利なのですが、EC2からACMのSSL証明書を使うことはできません。よって**もう1つの正解はE**になります。

✔ 問題42の解答

答え：**C**

S3のデータ保護に関する問題の一種で、オブジェクトロックに関する問題です。S3のオブジェクトロックには2種類のモードがあり、ガバナンスモードとコンプライアンスモードがあります。ガバナンスモードは、特別なアクセス権限を持たない限り、オブジェクトの上書きや削除、ロック設定の変更ができません。コンプライアンスモードはもっと制約が強く、指定された保持期間中はAWSアカウントのルートユーザーを含め誰もオブジェクトの上書きや削除、ロック設定の変更ができません。よって**正解はC**です。

Aのバージョニングもデータ保護の一種です。バージョニングを有効にすると、指定された世代数分は変更・削除前のデータを保持しています。誤操作等でオブジェクトを消してしまった場合も、過去のバージョニングから戻すことも可能です。今回は、一切の変更が不可という要件のため、バージョニングだけでは要件を満たせません。DのバージョニングのMFA

14

問題の解き方と模擬試験

321

Delete機能は、バージョニング有効時のデータを削除する際に、MFAで認証しないと削除処理をできなくする機能です。いずれにせよ、元の要件を満たすことはできません。

✔ 問題43の解答

答え：**C、D**

　S3の静的Webホスティング機能とCloudFrontを利用した静的サイト構築の問題です。S3のWebホスティング機能を利用すると、極めて低コストで静的なWebサイトを構築できます。ただし、S3へのアクセスが短期間で集中すると、スロットリングが発動してアクセス不可になります。そこで、S3の前面にCloudFrontを配置することで、より多くのアクセス数をさばけるようになります。よって**正解はCとD**です。

　AとBは、データベースの内容をキャッシュし参照系の負荷を下げる際の施策です。動的サイトでは有効ですが、今回はデータベースもない静的サイトなので構成上不要です。Eの施策については、アクセス負荷対策としては有効ですが、コストも高いので不正解です。ELBは緩やかなアクセス増に対応できるようなアーキテクチャなので、急激にアクセスが増える場合は事前に暖気申請をする必要があります。

✔ 問題44の解答

答え：**B**

　S3のパブリックアクセス機能を利用したパブリックアクセスをブロックする問題です。S3バケットの公開は、ACLもしくはバケットポリシーの設定で行えます。この設定の誤りで、意図しない形でS3バケットがインターネットに対して公開され、情報漏えいが発生する事故が散見されるようになりました。

　そこで登場したのが、S3パブリックアクセス機能です。この機能を使うと、アカウント全体もしくはバケット単位、アクセスポイント単位でパブリックアクセスのブロックを簡単に設定できます。よって**正解はB**です。ブロック設定なので、Cのように公開するための設定ではありません。そのため、公開の非有効化という記述は誤りです。Aのバケットポリシーでインターネットからのアクセス拒否はできるのですが、今回の問題はその上でより上位のレベルで公開不可にする方法を求められています。よって不正解です。またDのIAMの権限設定のみで、バケットに対してのアクセス制御はできません。

✔ 問題45の解答

答え：**A**

　Auroraのエンドポイントの選択の問題です。Auroraには、クラスタエンドポイント、読み取りエンドポイント（リーダーエンドポイント）、インスタンスエンドポイント、カスタムエンドポイントの4種類の接続方法があります。クラスタエンドポイントは、ライターノードに接続するエンドポイントです。読み取りエンドポイントは、リーダーノードに接続するエンドポイントです。インスタンスエンドポイントは、個々のインスタンスを指定して接続するためのエンドポイントです。カスタムエンドポイントは、特定の1台以上のインスタンスのグループを作成して接続するためのエンドポイントです。これを踏まえて選択肢を見ていきましょう。

14-3 模擬試験の解答

　Aの読み取りエンドポイントは、リーダーノードに接続するためのエンドポイントです。これが正解になります。Bのクラスタエンドポイントはライターノードに接続するので不正解です。Cのインスタンスエンドポイントは、特定のノード1台に接続するためのエンドポイントです。複数台のリードレプリカを有効に活用するためには、アプリケーション側で対応が必要になってきます。そのため、ここでは不正解です。最後のDのカスタムエンドポイントについては、たとえばすべてのリードレプリカを指定するのであれば間違いではありません。ただし、その場合は読み取りエンドポイントを利用したほうが構成の手間はないし、リードレプリカを増やした場合の対応も不要になります。そのため、読み取りエンドポイントを利用するほうがよりよいでしょう。

　カスタムエンドポイントは、バッチ処理等で負荷の高いクエリーを投げるなどの際に、他のシステムに影響を与えたくない場合に利用するといった上級者向けの仕組みです。

14

問題の解き方と模擬試験

索引

A

ACL	116
ACM	184
Action	174
ALB	64
All at Once デプロイ	226
Amazon Athena	253
Amazon Aurora	147
Amazon CloudFront	44
Amazon CloudWatch	87
Amazon DocumentDB	166
Amazon DynamoDB	156
Amazon EBS	98
Amazon EBS マルチアタッチ	104
Amazon EFS	106
Amazon Elastic Compute Cloud	56
Amazon Elastic Container Registry	76
Amazon Elastic Container Service	73
Amazon Elastic Container Service for Kubernetes	76
Amazon Elastic MapReduce	244
Amazon ElastiCache	161
Amazon FSx	131
Amazon Keyspaces	166
Amazon Kinesis	248
Amazon Machine Image	57
Amazon Mechanical Turk	197
Amazon Neptune	166
Amazon QLDB	167
Amazon Quantum Ledger Database	167
Amazon QuickSight	253
Amazon RDS	141
Amazon Redshift	151
Amazon Route 53	47
Amazon S3	111
Amazon S3 Glacier	120
Amazon Simple Email Service	199
Amazon Simple Notification Service	199
Amazon Simple Queue Service	192
Amazon Simple Workflow	197
Amazon Timestream	167
Amazon Virtual Private Cloud	29
amazon-efs-utils	106

AMI	57, 262
Apache Spark	246
Application Load Balancer	64
appspec.yml	215
Athena	246, 253
Aurora	21, 147, 264
Auto Recovery	272
Auto Scaling	21, 54, 65, 260, 268, 272
AWS Black Belt	10
AWS Certificate Manager	184
AWS CLI	226
AWS CloudFormation	233
AWS CloudHSM	179
AWS CloudTrail	91
AWS Config	266
AWS Direct Connect	38
AWS Elastic Beanstalk	225
AWS Fargate	75
AWS Glue	250
AWS Hands-on for Beginners	14
AWS Key Management Service	179
AWS Lambda	77
AWS OpsWorks	229
AWS Organizations	172
AWS PrivateLink	36
AWS Snowball	96
AWS Step Functions	197
AWS Storage Gateway	124
AWS Toolkit for Eclipse	226
AWS Transit Gateway	38
AWS Well-Architected フレームワーク	11, 16, 258
AWS::AccountId	239
AWS::Region	239
AWS アカウント	172
AWS 管理ポリシー	174
AWS ドキュメント	9
AWS 認定試験	2
更新	55
試験ガイド	5
出題範囲	5
AZ	26
A レコード	48

324

索引

B

Batch ワーカー構成	225
Black Belt	10
BurstCreditBalance	109

C

CA	183
CD（継続的デリバリー）	206
CDK	181
CDN	44
Chef	229
Chef Automate	231
Chef Client ローカル方式	229
Chef Server/Client 方式	229
CI（継続的インテグレーション）	206
CI/CD 環境	206
CidrBlock	237
CIDR ブロック	30
Classic Load Balancer	64
CLB	64
CloudFormation	22, 233, 262, 271
CloudFormation スタック	234
CloudFormation テンプレート	234
CloudFront	22, 44, 265, 270
CloudHSM	179
CloudTrail	91, 266
CloudWatch	22, 87, 260, 265, 268, 270, 272
BurstCreditBalance	109
PercentIOLimit	108
CloudWatch Events	89
CloudWatch Logs	88, 92
Cluster	74
CMK	181
CNAME レコード	48
CodeBuild	211, 212
CodeCommit	208, 271
CodeDeploy	214, 271
CodePipeline	217, 271
CodeStar	207
Cold HDD	100
Compute Savings Plans	61
Consistent Read	159
Customer Data Key	181
Customer Master Key	181

D

Data Analytics	248
Data Firehose	248
Data Pipeline	249
Data Streams	248
DAX	160
Decrypt	180
DevOps	222
Direct Connect	38
Direct Connect Gateway	38
DNS	47
DNS フェイルオーバー	50
Docker コンテナ	73
DocumentDB	166
DV	183
DynamoDB	156, 261, 264
DynamoDB Accelerator	160
DynamoDB Streams	159

E

EB CLI	226
EBS	21, 58, 98, 263, 269
拡張	102
可用性	103
セキュリティ	103
耐久性	103
変更	102
EBS 最適化インスタンス	58, 265
EBS マルチアタッチ	104
eb コマンド	228
EC2	21, 54, 56, 263
EC2 Instance Savings Plans	61
ECR	76
ECS	54, 73, 263, 272
Effect	174
EFS	106, 262
スループットモード	108
パフォーマンスモード	107
EKS	76
Elastic Beanstalk	22, 225, 263, 271
Elastic Block Store	58, 98
Elastic File System	106
Elastic Load Balancing	54, 63
ElastiCache	23, 161, 261, 264, 265
ELB	21, 54, 63, 267, 272
EMR	244, 269
EMRFS	245
Encrypt	180
Ethereum	167
ETL ツール	248

325

EV 183
Eメール送信サービス 201

F

FIFOキュー 193
FindInMap関数 238, 240
Flink 246
FSx 131, 262
FSx for Lustre 132
FSx for Windowsファイルサーバー ... 131

G

GenerateDataKey 180
Git 208
Glue 250
gp2 99
GSI 158

H

Hadoop 244
Hands-on for Beginners 14
HBase 246
HDFS 244
Hyperledger Fabric 167

I

IAM 20, 116, 266
IAMポリシー 174
IAMユーザー 172, 266
IAMロール 177, 266
IDフェデレーション 177
IGW 29, 34
Immutableデプロイ 227
ImportValue関数 240
Infrastructure as Code 271
io1 100
IOPS 99
IPアドレス 30

K

Keyspaces 166
Key-Value型データベース 156
Kinesis 248
KMS 179
Kubernetes 76

L

Lambda 54, 77, 263, 265
    課金体系 81
    プログラミング言語 79
Lambda関数 77
ListVaults 121
LSI 158

M

Mappingsセクション 238
Mechanical Turk 197
Memcached 161
MongoDB 166
MPP 153
MXレコード 48

N

NATゲートウェイ 35, 267
Neptune 166
Network Load Balancer 64
NLB 64
NoSQL 139

O

Ops Works for Chef Automate 231
OpsWorks 22, 229, 262
OpsWorksエージェント 230
OpsWorksスタック 230
OV 183

P

Parametersセクション 237
PercentIOLimit 108
Presto 246
PrivateLink 36
Properties 237
Publisher 200

Q

QLDB 167
QuickSight 253

R

RCU 157
RDB 139
RDS 21, 141, 260, 264
    ストレージタイプ 142
    セキュリティ 146

索引

データ暗号化	146
Read Capacity Unit	157
Redis	161
Redshift	151, 264
Redshift Spectrum	155
Redshift クラスタ	151
Ref関数	238, 239
Resource	174
Resources セクション	237
REST	111
RI	60
Rolling with additional batch デプロイ	227
Rolling デプロイ	227
Route 53	22, 47, 272
Running	59

S

S3	21, 111, 264, 269
Webサイトホスティング機能	115
アクセス管理	116
ストレージクラス	112
データ暗号化	118
バージョニング機能	115
ライフサイクル管理	114
S3 1ゾーン－IA	113
S3 Access Analyzer	118
S3 Glacier	21, 113, 120, 269
データ暗号化	122
S3 Glacier Deep Archive	114
S3 Glacier Select	121
S3 Intelligent － Tiering	113
S3 Select	118
S3 Transfer Acceleration	119
S3標準	112
S3標準－低頻度アクセス	113
SAA	4
Savings Plans	61
sc1	100
SCP	172
Select関数	240
Service	75
SES	199, 201
Simple Storage Service	111
Snowball	96
SNS	23, 88, 199, 270, 272
SOAP	111
SPOF	34, 63, 156, 277
SQL	139

SQS	23, 192, 265
SSL	183
SSL証明書	183
st1	100
Standard キュー	193
Step Functions	197
Stopped	59
Storage Gateway	124
セキュリティ	129
Subscriber	200
SWF	197

T

Tags	237
Task	74
Task Definition	74
Terminated	59
Time to Live	159
Timestream	167
TLS	183
Transit Gateway	38
Trusted Advisor	269
TTL	159
Type	237

U、V

URL Swap デプロイ	228
VGW	29, 36
Video Streams	248
VPC	20, 29, 267
VPCエンドポイント	36
VPC ピアリング	37
VPC フローログ	38

W、Z

WCU	157
Web ID フェデレーション	177
Webサーバー構成	225
Webサイトホスティング機能	115
Well-Architected フレームワーク	11, 16, 258
WLM	154
wlm_json_configuration	154
Workload Management	154
Write Capacity Unit	157
Zone Apex	48

327

あ

アーカイブ	121
アウトバウンド	33
アップロードバッファボリューム	127
アプリケーションサービス	190
アベイラビリティゾーン	26
暗号化	267

い

移行アクション	114
位置情報ルーティングポリシー	49
イベント	89
イベントソース	89
イレブンナイン	120
インスタンス	56
インスタンスエンドポイント	148
インスタンスサイズ	58
インスタンスタイプ	57, 265
インスタンスファミリー	57
インターネットゲートウェイ	29, 34
インバウンド	33
インベントリ	121
インメモリ型データベース	161
インラインポリシー	174

う、え

ウォームアップ	69
運用	271
エンドポイント	148, 192
エンベロープ暗号化	181

お

オブジェクト	112
オブジェクトストレージ	97, 131
オペレーション	271
オリジンサーバー	44
オンデマンドインスタンス	59, 269
オンラインセミナー	10

か

拡張認証	183
可視性タイムアウト	194
加重ルーティングポリシー	49
カスタマー管理ポリシー	174
カスタムエンドポイント	149
カスタムメトリクス	87
仮想プライベートゲートウェイ	29, 36
カナリアデプロイメント	272

か（右）

カラムナデータベース	152
簡易スケーリング	67
関係データベース	139
監査ログ	91
管理イベント	91
管理ポリシー	174

き

疑似パラメータ	239
キャッシュ DNS	47
キャッシュ型ボリューム	125, 127
キュー	192

く

クールダウン	69
組み込み関数	236, 239
クライアント側での暗号化	118
クライアントサイド暗号化	182
クラスタエンドポイント	148
グラフデータベース	166
グループ	176
グローバルセカンダリインデックス	158
クロスアカウントアクセス	177

け

継続的インテグレーション	206
継続的デリバリー	206
ゲートウェイ	34
ゲートウェイエンドポイント	36
結果整合性方式	112
権威DNS	47

こ

コアサービス	18
コアノード	244
公式ドキュメント	9
公式トレーニング	12
高速コンピューティング	60
構築自動化サービス	224
購読	200
コードによるオペレーション	271
コスト	268
コンピューティングサービス	54
コンピューティング最適化	60
コンピューティングリソース	263
コンピュートノード	151

索引

さ

サーバー側での暗号化	118
サーバーサイド暗号化	182
サーバー証明書	183
サーバーレスアーキテクチャ	54, 77
サービスコントロールポリシー	172
最小権限の原則	266
最大I/Oパフォーマンスモード	107
削除禁止機能	122
サブネット	31
サポートアプリケーション	246

し

シェアードナッシング	153
時系列データ	167
時系列データベース	167
試験ガイド	5
自己証明書	183
自動バックアップ	145
シャード	163
終了ポリシー	70
出題範囲	5
手動スナップショット	145
ショートポーリング	193
ジョブ	121
署名付きURL	117
シンプルルーティングポリシー	48
信頼性	259

す

スケーリングクールダウン	69
スケールアウト	63, 70, 261
スケールアップ	63, 261
スケールイン	70
スケジュール	89
スケジュールされたリザーブドインスタンス	61
スタック	230
ステートレス	261
ステップスケーリング	67
ストリーミングディストリビューション	45
ストレージクラス	112
ストレージサービス	96
ストレージ最適化	61
ストレージリソース	263
スパイク	65
スポットインスタンス	59, 269

スループット最適化HDD	100

せ、そ

セカンダリインデックス	158
セキュリティ	266
RDS	146
Storage Gateway	129
セキュリティグループ	33, 267
セクション	236
世代	57
セルフペースラボ	13
全冠	136
組織アカウント	172
組織認証	183
ソリューションアーキテクト	222

た行

ターゲット	89
ターゲット追跡スケーリング	68
台帳データベース	167
ダウンロードディストリビューション	45
タスクノード	244
多要素認証	172
単一障害点	34, 63, 156, 277
遅延キュー	194
チュートリアル	13
地理的近接性ルーティングポリシー	49
通知サービス	199
データ暗号化	
RDS	146
S3	118
S3 Glacier	122
データイベント	91
データウェアハウス	151
データキー	180
データベースリソース	264
テープゲートウェイ	125, 128
デッドレターキュー	195
デプロイ	214
トピック	200
ドメイン管理	47
ドメイン認証	183

な行

認証局	183
認定スペシャリティ	222
認定プロフェッショナル	222
ネットワークACL	34, 267

329

ネットワークセキュリティ	146	ボールト	120
ネットワークリソース	264	ボールトロック	122
ノードスライス	152	保管型ボリューム	125, 127
		ホストゾーン	48
		ポリシー	174

は

バージョニング	267	ボリュームゲートウェイ	125, 126
バージョニング機能	115	ホワイトペーパー	11

ま行

バーストスループットモード	108	マグネティック	99
バースト性能	101	マスターキー	180
パーティション	157	マスターノード	244
バケット	112	マネージドポリシー	174
バケットポリシー	116	マルチ AZ	27, 32, 272
バックアップ	267	マルチ AZ 構成	143, 260
バックエンドサーバー	44	メタデータ	112
パブリックサブネット	32, 35	メッセージキューイングサービス	192
ハンズオン	13	メッセージタイマー	194
汎用	60	メトリクス	87
汎用 SSD	99	メモリ最適化	60
汎用パフォーマンスモード	107		

ゆ、よ

		有効期限アクション	114

ひ、ふ

標準メトリクス	87	ユーザー	176
ファイルゲートウェイ	125, 126	猶予期間	68
ファイルストレージ	97, 130	読み取りエンドポイント	148
フェイルオーバールーティングポリシー			
	48		

ら行

フォールトトレラントアーキテクチャ	50	ライフサイクルフック	70
複合キーテーブル	158	リージョン	26
複数値回答ルーティングポリシー	49	リーダーノード	151
プライベートサブネット	32, 35	リードレプリカ	144
プライマリキー	158	リザーブドインスタンス	60, 269
ブルーグリーンデプロイメント	22, 272	リポジトリサービス	208
プルリクエスト	210	ルートテーブル	33
プログラミング言語	79	ルートユーザー	172
ブロックストレージ	96, 130	レイテンシールーティングポリシー	49
ブロックチェーンフレームワーク	167	レイヤー	230
ブロックパブリックアクセス機能	118	レコード情報	48
プロビジョニングサービス	224	レシピ	229
プロビジョニングスループットモード	109	列指向型データベース	152
プロビジョンド IOPS SSD	100	ローカルセカンダリインデックス	158
分散処理アプリケーション基盤	246	ローリングデプロイメント	272
分散処理基盤	245	ロングポーリング	193
分散処理フレームワーク	244		

わ

へ、ほ

ベースライン性能	101	ワークフロー	197
ベストプラクティス	258		
ヘルスチェック	65, 68, 260		

■ 著者略歴

● 佐々木拓郎（ささきたくろう）

NRIネットコム株式会社　クラウド事業推進部　部長。

専門はクラウドに関するコンサルティングから開発まで。クラウドの対象範囲拡大にともない、AIやIoTなど様々な領域に進出することになる。

趣味は新幹線でワインを飲みながらの執筆。新幹線でソムリエナイフでワイン開けてる人がいれば、多分佐々木です。

資格本を書いたことを契機に、重い腰をあげてワインエキスパートの受験申し込みをした。

● 林晋一郎（はやししんいちろう）

NRIネットコム株式会社　Webインテグレーション事業部。

オンプレミス、クラウドを問わずシステムインフラの構築・運用業務を担当。

次々に登場する運用管理面の新サービスをいかに現行システムに取り込んでいくかを考えるのが専らの悩み事。いま一番気になるサービスはAWS Systems Manager。AWSでの業務システム運用はこのサービスが鍵になるのではと考えている。

● 金澤圭（かなざわけい）

新規事業・新規プロダクト開発を担当するエンジニア。

事業開発のスピードを上げるためのクラウドサービスを追い、現在はサーバーレス系サービスにどっぷり浸かり中。好きなAWSサービスはAWS LambdaとAmazon DynamoDB。子供に関わる社会問題を解決するプロダクトを開発し、「これ、おとうが作ったんだ」とドヤ顔で娘に言うのが夢。

本書のサポートページ
https://isbn2.sbcr.jp/07388/

本書をお読みいただいたご感想・ご意見を上記 URL からお寄せください。本書に関するサポート情報やお問い合わせ受付フォームも掲載しておりますので、あわせてご利用ください。

AWS認定資格試験テキスト
AWS認定 ソリューションアーキテクトーアソシエイト 改訂第2版

2019年 5月 1日　初　　版　　第1刷 発行
2021年 1月30日　改訂第2版　　第1刷 発行
2021年 2月18日　改訂第2版　　第2刷 発行

著　者　　佐々木拓郎／林晋一郎／金澤圭
発行者　　小川 淳
発行所　　SBクリエイティブ株式会社
　　　　　〒106-0032 東京都港区六本木2-4-5
　　　　　https://www.sbcr.jp/
印　刷　　株式会社シナノ
制　作　　編集マッハ
装　丁　　米倉英弘（株式会社細山田デザイン事務所）

※乱丁本、落丁本はお取替えいたします。小社営業部（03-5549-1201）までご連絡ください。
※定価はカバーに記載されております。

Printed in Japan　　ISBN978-4-8156-0738-8